教養の線形代数　六訂版

村上 正康・佐藤 恒雄・野澤 宗平・稲葉 尚志　共著

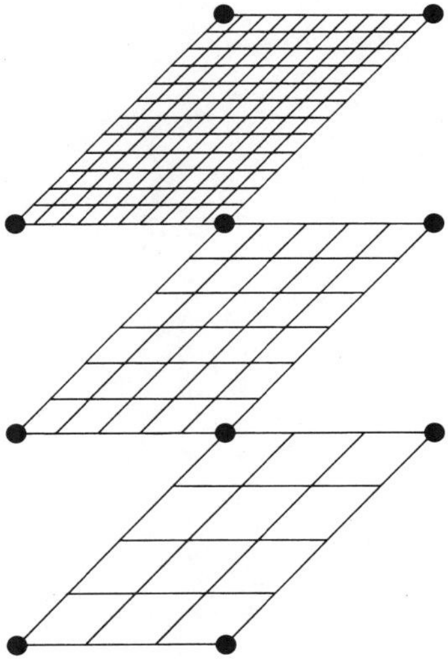

培風館

まえがき

あれからもう40年前になりますが，ある日の数学教室会議において，大学教養課程における線形代数の教科書を，自然科学系および社会科学系の学生を対象に書いてみよう，という話が起こり，それが発端となって本書が出来上がりました.

以来，幸いにも，多数の大学の講義で採用され，大学教育における線形代数の標準的な教科書としての役割の一端を担うことができました．また，その間に読者からいただいた数々の貴重なご意見を採り入れ，二訂，三訂，四訂，五訂と，内容の改良・充実に努めてきました.

六訂版にあたる今回の改訂は，高校の学習指導要領の最近の大きな改訂に対応するものです．色刷り部分を増やして読みやすくし，図を入れて見やすくし，高校数学とのつながりを考えて，内容もいくつかの箇所で書き改めました.

本書の方針と特徴は，次のように要約されると思います.

(1) 全体を通して，線形代数の主要な内容を出来るだけわかりやすく紹介することを目標におき，基礎的概念や基本的方法については，多くの例によって，詳しく平易に説明することを心掛けました.

(2) 基本変形による手法を一貫して用いることによって，そして，その応用としての基本行列を登場させることによって，連立1次方程式，行列の階数，行列式などの理論を明確に説明しました．連立1次方程式，行列式，固有値については図形的解釈を施しました.

(3) さらに意を用いたのは，線形代数の構造がしっかりつかめるようにしたことです．理解しにくいといわれるベクトル空間，線形写像，表現行列についても平易に具体的に解説しました.

(4) 各章の練習問題は，標準的と思われるものを選び，ほとんどすべてに解答を付け，証明問題の場合にはヒントまたは略解を付けました.

本書誕生のきっかけは五味淵正詞教授による発題でした．その考えに賛成した村上が佐藤・野澤とともに執筆作業に入り，2年後に初版が出来上がりました．二訂から稲葉が加わりました．本書は，著者らの検討のうえで出来上がったものですが，著者らの未熟さのため欠点もあると思われます．使用された方々のご叱正をいただき，今後も改善していきたいと思っております．

終わりに，初版から今回の六訂版まで，数多くの方々にお世話になったことをここに記して感謝したいと思います．初版では原稿の清書や解答作成に協力してくれた安田巧，鈴木惇の両君，編集を担当してくださった牧野末喜，横山伸，村山高志の各氏．さらに，改訂に際して，執筆方針を理解してくださった培風館の山本格社長，および出版に関してご尽力いただいた営業部の山本新氏，編集部の岩田誠司，江連千賀子の両氏，すべての関係者に心より感謝の意を表します．

2016 年 1 月

著　者

目　次

主要単語英訳表

本書では人名以外は日本語で通しているが，授業時あるいは将来において英語表記に遭遇する機会も多いであろう．その際の参考として，本書で現れる主要単語についてここにその英訳を掲げておく．

線形代数	linear algebra
行列	matrix
行	row
列	column
成分	entry
ベクトル	vector
スカラー	scalar
転置	transpose
逆	inverse
単位行列	identity matrix
対称行列	symmetric matrix
交代行列	alternating matrix
対角行列	diagonal matrix
零因子	zero divisor
連立 1 次方程式	system of linear equations
階段行列	matrix in echelon form
階数	rank
行基本変形	elementary row operation
基本行列	elementary matrix
1 次独立	linearly independent
1 次従属	linearly dependent
行列式	determinant
余因子	cofactor

ベクトル空間	vector space
部分空間	subspace
生成系	system of generators
基底	basis
次元	dimension
線形変換	linear transformation
線形写像	linear mapping
核	kernel
像	image
内積	inner product
直交	orthogonal
正規直交	orthonormal
固有値	eigenvalue
固有ベクトル	eigenvector
対角化可能	diagonalizable
2 次形式	quadratic form

1 行　列

数学で「行列」といえば，普段使うときの意味とは違って，いくつかの数を正方形や長方形状に並べたもののことをさす．しかし，単なる数の並びにどれほどの意味があるのだろうか？ その問いに答えるのが本書の目的の１つである．実は，驚くべきことに，行列には数の並びというありふれた外見の奥に，深く美しい数学的構造が隠れているのである．本書を読み通してそのことをぜひ理解してほしい．では，行列の定義から始めていこう．

1.1 行列の定義

下の表は，ある年のサッカーの国別対抗リーグ戦の勝敗表である．

	勝ち	分け	敗け
A 国	3	0	0
B 国	1	1	1
C 国	1	0	2
D 国	0	1	2

この表から数値だけを抜き出すと次のようになる．

$$\begin{bmatrix} 3 & 0 & 0 \\ 1 & 1 & 1 \\ 1 & 0 & 2 \\ 0 & 1 & 2 \end{bmatrix}$$

このように，いくつかの数を長方形状に配列し，両側をカッコでくくったものを**行列**という．また，おのおのの数を行列の**成分**という．

$$\begin{bmatrix} 3 & 1 & 4 \\ 1 & 5 & 9 \end{bmatrix}, \quad \begin{bmatrix} 2 & 7 \\ 1 & 8 \end{bmatrix}, \quad \begin{bmatrix} -6 \\ 0 \end{bmatrix}, \quad \begin{bmatrix} 13 & -1 & 20 & 8 \end{bmatrix}$$

のように，行列のサイズはいろいろある．行列においては，横の並びを行といい，縦の並びを列という．

一般に，m, n を自然数とし，mn 個の数

$$a_{ij} \qquad (i = 1, 2, \cdots, m;\ j = 1, 2, \cdots, n)$$

を m 個の行と n 個の列からなる長方形状に並べて，両側をカッコでくくった

$$\begin{bmatrix} a_{11} & a_{12} & \cdots & a_{1j} & \cdots & a_{1n} \\ a_{21} & a_{22} & \cdots & a_{2j} & \cdots & a_{2n} \\ \vdots & \vdots & & \vdots & & \vdots \\ a_{i1} & a_{i2} & \cdots & a_{ij} & \cdots & a_{in} \\ \vdots & \vdots & & \vdots & & \vdots \\ a_{m1} & a_{m2} & \cdots & a_{mj} & \cdots & a_{mn} \end{bmatrix}$$

を **m 行 n 列の行列**，または **$m \times n$ 行列**，**$m \times n$ 型の行列**などという．

上から i 番目の横に並んだ成分の組 $a_{i1}, a_{i2}, \cdots, a_{in}$ を**第 i 行**，左から j 番目の縦に並んだ成分の組 $a_{1j}, a_{2j}, \cdots, a_{mj}$ を**第 j 列**という．

また，第 i 行と第 j 列の交わりにある成分 a_{ij} を行列の **(i, j) 成分**という．

問 1　3×4 行列 $\begin{bmatrix} 9 & 8 & 7 & 6 \\ 5 & 4 & 3 & 2 \\ 1 & 0 & -1 & -2 \end{bmatrix}$ の第 3 行，第 4 列，$(1, 3)$ 成分，$(2, 4)$ 成分，$(3, 2)$ 成分をそれぞれ求めよ．

行列の表記法　一般に，行列は大文字 $A, B, C, \cdots$ を用いて

$$A = \begin{bmatrix} a_{11} & a_{12} & \cdots & a_{1n} \\ a_{21} & a_{22} & \cdots & a_{2n} \\ \vdots & \vdots & & \vdots \\ a_{m1} & a_{m2} & \cdots & a_{mn} \end{bmatrix}$$

のように表す．特に，右辺は単に (i, j) 成分だけを代表させて

$$A = \begin{bmatrix} a_{ij} \end{bmatrix}$$

と略記することもある．

- 1×1 行列は数とみなして，カッコをつけないのが普通である．そこで本書では以後カッコはつけないこととする．
- 行と列の個数が等しい $n \times n$ 行列を **n 次正方行列**という．このとき，対角線上に並んだ n 個の成分 $a_{11}, a_{22}, \cdots, a_{nn}$ を対角成分という．

$$\begin{bmatrix} \boxed{a_{11}} & a_{12} & \cdots & a_{1n} \\ a_{21} & \boxed{a_{22}} & \cdots & a_{2n} \\ \vdots & \vdots & & \vdots \\ a_{n1} & a_{n2} & \cdots & \boxed{a_{nn}} \end{bmatrix}$$

- 1つの行だけからなる $1 \times n$ 行列を **(n 次) 行ベクトル**という[1)].

$$[a_1,\ a_2,\ \cdots,\ a_n]$$

- 1つの列だけからなる $m \times 1$ 行列を **(m 次) 列ベクトル**という.

$$\begin{bmatrix} a_1 \\ \vdots \\ a_m \end{bmatrix}$$

本書では，行列を大文字で表すが，行ベクトルと列ベクトルは原則として，小文字の太字 $\boldsymbol{a}, \boldsymbol{b}, \cdots, \boldsymbol{x}, \boldsymbol{y}, \cdots$ などを用いて表す.

例 1
$$\begin{bmatrix} 2 & 1 \\ 9 & 7 \end{bmatrix}, \quad [1,\ 3,\ 4], \quad \begin{bmatrix} 2 \\ 8 \end{bmatrix}$$
は，それぞれ2次正方行列，3次行ベクトル，2次列ベクトルである.

問2　(i,j) 成分が i と j の最大公約数であるような4次正方行列を書き下せ．また，(i,j) 成分が i と j の最小公倍数であるような4次正方行列を書き下せ.

1.2　行列の演算

行列を単に数字の集まりとしてとらえるのではなく，そこに 和 $A+B$, 差 $A-B$, 積 AB, スカラー倍 kA といった演算を導入する．これによって，行列は数 (文字式) とほぼ同じように扱うことができる.

行列の和と差は同じ型の行列の間でのみ定義される．型の異なる行列の和と差は考えない.

行列の和　$A = [a_{ij}]$, $B = [b_{ij}]$ が同じ $m \times n$ 行列のとき，(i,j) 成分が

$$a_{ij} + b_{ij} \qquad (i = 1, 2, \cdots, m;\ j = 1, 2, \cdots, n)$$

である $m \times n$ 行列を A と B の和といい，$A + B$ と書く.

$$A + B = [a_{ij}] + [b_{ij}] = [a_{ij} + b_{ij}]$$

行列の差　$A = [a_{ij}]$, $B = [b_{ij}]$ が同じ $m \times n$ 行列のとき，(i,j) 成分が

$$a_{ij} - b_{ij} \qquad (i = 1, 2, \cdots, m;\ j = 1, 2, \cdots, n)$$

である $m \times n$ 行列を A と B の差といい，$A - B$ と書く.

$$A - B = [a_{ij}] - [b_{ij}] = [a_{ij} - b_{ij}]$$

---

1)　行ベクトルは，座標の表示と同様に成分の区切りにコンマ (,) を入れて表すことが多い.

いくつかの数の集まりである行列に対して，通常の数をスカラーという．

スカラー倍　行列 $A=[a_{ij}]$ とスカラー k に対して，(i,j) 成分が ka_{ij} の行列 (A のすべての成分を k 倍した行列) を A の k 倍といい，kA と書く．

$$kA=k\left[a_{ij}\right]=\left[ka_{ij}\right]$$

特に，A の -1 倍を $-A$ で表す．すなわち

$$-A=(-1)A$$

例 2　$A=\begin{bmatrix}0&1&2\\3&1&-1\end{bmatrix}$, $B=\begin{bmatrix}3&-2&1\\1&0&-1\end{bmatrix}$ とするとき

$$\begin{aligned}5A+B&=5\begin{bmatrix}0&1&2\\3&1&-1\end{bmatrix}+\begin{bmatrix}3&-2&1\\1&0&-1\end{bmatrix}\\&=\begin{bmatrix}0&5&10\\15&5&-5\end{bmatrix}+\begin{bmatrix}3&-2&1\\1&0&-1\end{bmatrix}=\begin{bmatrix}3&3&11\\16&5&-6\end{bmatrix}\end{aligned}$$

問 3　例 2 の行列 A,B に対して，次の計算をせよ．
(1) $A-2B$　　(2) $3A+4B$　　(3) $-A+B$

2 つの行列 A と B の積は，「A の列の個数」$=$「B の行の個数」のときにのみ定義される．

行列の積　$A=\left[a_{ij}\right]$ を $m\times n$ 行列，$B=\left[b_{ij}\right]$ を $n\times \ell$ 行列とする．このとき，(i,j) 成分が，A の第 i 行と B の第 j 列の対応する成分どうしを掛けて加えた

$$\begin{aligned}c_{ij}&=a_{i1}b_{1j}+a_{i2}b_{2j}+\cdots+a_{in}b_{nj}\\&=\sum_{k=1}^{n}a_{ik}b_{kj}\qquad(i=1,2,\cdots,m;\ j=1,2,\cdots,\ell)\end{aligned}$$

である $m\times\ell$ 行列 $\left[c_{ij}\right]$ を A と B の積といい，AB と書く．

$$\begin{bmatrix}a_{11}&a_{12}&\cdots&a_{1n}\\\vdots&\vdots&&\vdots\\a_{i1}&a_{i2}&\cdots&a_{in}\\\vdots&\vdots&&\vdots\\a_{m1}&a_{m2}&\cdots&a_{mn}\end{bmatrix}\begin{bmatrix}b_{11}&\cdots&b_{1j}&\cdots&b_{1\ell}\\b_{21}&\cdots&b_{2j}&\cdots&b_{2\ell}\\\vdots&&\vdots&&\vdots\\b_{n1}&\cdots&b_{nj}&\cdots&b_{n\ell}\end{bmatrix}=\begin{bmatrix}c_{11}&\cdots&c_{1j}&\cdots&c_{1\ell}\\\vdots&&\vdots&&\vdots\\c_{i1}&\cdots&c_{ij}&\cdots&c_{i\ell}\\\vdots&&\vdots&&\vdots\\c_{m1}&\cdots&c_{mj}&\cdots&c_{m\ell}\end{bmatrix}$$

例 3　$A=\begin{bmatrix}1&2\\3&4\\-2&1\end{bmatrix}$, $B=\begin{bmatrix}2&5\\3&4\end{bmatrix}$ とするとき，AB, BA を求めてみよう．A は 3×2 型，B は 2×2 型の行列であるから，積 AB は定義されていて，

3×2 型の行列である．また，その成分は

$$AB = \begin{bmatrix} 1 & 2 \\ 3 & 4 \\ -2 & 1 \end{bmatrix} \begin{bmatrix} 2 & 5 \\ 3 & 4 \end{bmatrix} = \begin{bmatrix} 1 \cdot 2 + 2 \cdot 3 & 1 \cdot 5 + 2 \cdot 4 \\ 3 \cdot 2 + 4 \cdot 3 & 3 \cdot 5 + 4 \cdot 4 \\ -2 \cdot 2 + 1 \cdot 3 & -2 \cdot 5 + 1 \cdot 4 \end{bmatrix} = \begin{bmatrix} 8 & 13 \\ 18 & 31 \\ -1 & -6 \end{bmatrix}$$

しかし，BA は B の列の個数 2 と A の行の個数 3 が違うので定義されない．

問 4　$A = \begin{bmatrix} -1 & 0 & 3 \\ 2 & 1 & 1 \end{bmatrix}$, $B = \begin{bmatrix} 3 & -2 \\ 7 & 1 \end{bmatrix}$ とするとき，AB, BA を求めよ．

例 4　1.1 節で述べた国別対抗リーグ戦の結果を表す行列を A とする．各試合での勝ち点を，勝った試合は 3，引き分けは 1，負けは 0 と定める．また，それとは別に，勝ち試合に 1，負け試合に -1，引き分けに 0 を与える．以上を表にしたものが次である．

	勝ち点	勝ち負け
勝	3	1
分	1	0
負	0	−1

これから数値を抜き出した行列

$$\begin{bmatrix} 3 & 1 \\ 1 & 0 \\ 0 & -1 \end{bmatrix}$$

を B とする．このとき，積 AB を計算すると

$$AB = \begin{bmatrix} 3 & 0 & 0 \\ 1 & 1 & 1 \\ 1 & 0 & 2 \\ 0 & 1 & 2 \end{bmatrix} \begin{bmatrix} 3 & 1 \\ 1 & 0 \\ 0 & -1 \end{bmatrix} = \begin{bmatrix} 9 & 3 \\ 4 & 0 \\ 3 & -1 \\ 1 & -2 \end{bmatrix}$$

となる．得られた行列の第 1 列は各国の総勝ち点を表し，第 2 列は各国の勝ち越し数を表している．この例からわかるように，行列の積の定義は，日常生活においてよく行われる計算をもとにしたもので，自然な定義といえる．

例 5　$1 \times n$ 行列 A と $n \times 1$ 行列 B の積 AB は 1×1 行列である．よって，この行列は数とみなし，カッコをつけない．すなわち

$$AB = [a_1, a_2, \cdots, a_n] \begin{bmatrix} b_1 \\ b_2 \\ \vdots \\ b_n \end{bmatrix} = a_1 b_1 + a_2 b_2 + \cdots + a_n b_n$$

問 5　例 5 の行列 A, B に対して，積 BA を求めよ．

1.3 行列の演算法則

行列の演算は，慣れ親しんだ数の世界と同様な演算法則を満たす．したがって，一部の例外を除き，行列の計算は文字式の計算とほとんど同じに扱える．

まず，2つの行列が等しいことを示すには，何をいえばよいかの確認から始めよう．

行列の相等　2つの行列 $A = \left[a_{ij}\right]$ と $B = \left[b_{ij}\right]$ が

(1) 同じ型 (例えば，どちらも $m \times n$ 行列) で，かつ

(2) 対応する成分どうしがそれぞれ等しい (つまり各 i, j について $a_{ij} = b_{ij}$)

を満たすとき，A と B は等しいといい，$A = B$ と書く．

また，A と B が等しくないとき，$A \neq B$ と書く [1]．

例 6　連立1次方程式 $\begin{cases} x + 2y + 3z = 4 \\ 5x + 7y + 9z = 8 \end{cases}$ において，係数，未知数，右辺の値をそれぞれまとめて

$$A = \begin{bmatrix} 1 & 2 & 3 \\ 5 & 7 & 9 \end{bmatrix}, \qquad \boldsymbol{x} = \begin{bmatrix} x \\ y \\ z \end{bmatrix}, \qquad \boldsymbol{b} = \begin{bmatrix} 4 \\ 8 \end{bmatrix}$$

とおく．このとき，$A\boldsymbol{x} = \boldsymbol{b}$ が成り立つ．

実際，A は 2×3 型，$\boldsymbol{x}$ は 3×1 型である．したがって，$A\boldsymbol{x}$ が定義されて，$A\boldsymbol{x}$ は $\boldsymbol{b}$ と同じ 2×1 型である．また，積の定義より

$$A\boldsymbol{x} = \begin{bmatrix} 1 & 2 & 3 \\ 5 & 7 & 9 \end{bmatrix} \begin{bmatrix} x \\ y \\ z \end{bmatrix} = \begin{bmatrix} x + 2y + 3z \\ 5x + 7y + 9z \end{bmatrix}$$

よって，与えられた方程式の第1式および第2式より，$A\boldsymbol{x}$ と $\boldsymbol{b}$ の対応する成分どうしは等しい．以上により，$A\boldsymbol{x} = \boldsymbol{b}$ が示せた．

問 6

$$A = \begin{bmatrix} 1 & 1 & 9 \\ 0 & -2 & 3 \\ 2 & 9 & 1 \end{bmatrix}, \qquad \boldsymbol{x} = \begin{bmatrix} x_1 \\ x_2 \\ x_3 \end{bmatrix}, \qquad \boldsymbol{b} = \begin{bmatrix} 1 \\ 2 \\ 3 \end{bmatrix}$$

とするとき，$A\boldsymbol{x} = \boldsymbol{b}$ を連立1次方程式の形で表せ．

---

1) $A \neq B$，すなわち $A = B$ の否定は

A と B の型が違う か，または 対応する成分の中に異なるものがある

である．

以下に述べる演算法則では，左辺に現れる行列どうしの和・差・積がすべて定義されているものとする．

和・スカラー倍に関する演算法則

$$A + B = B + A \quad \text{(交換法則)}$$
$$(A + B) + C = A + (B + C) \quad \text{(結合法則)}$$
$$(k + \ell)A = kA + \ell A \quad \text{(分配法則)}$$
$$k(A + B) = kA + kB \quad \text{(分配法則)}$$
$$(k\ell)A = k(\ell A) \quad \text{(結合法則)}$$

証明　いずれも和，スカラー倍に関する演算の定義から，容易に従う． □

積に関する演算法則

$$(AB)C = A(BC) \quad \text{(結合法則)}$$
$$A(B + C) = AB + AC \quad \text{(分配法則)}$$
$$(B + C)D = BD + CD \quad \text{(分配法則)}$$
$$(kA)B = k(AB) = A(kB)$$

証明　結合法則を示してみよう．$A = [a_{ij}]$, $B = [b_{ij}]$, $C = [c_{ij}]$ をそれぞれ $m \times n$ 型，$n \times p$ 型，$p \times q$ 型の行列とする．

まず，両辺の型が同じことをみる．AB は $m \times p$ 型，C は $p \times q$ 型だから，$(AB)C$ は $m \times q$ 型である．一方，A は $m \times n$ 型，BC は $n \times q$ 型だから，$A(BC)$ も $m \times q$ 型となる．よって，$(AB)C$ と $A(BC)$ は同じ型である．

次に，両辺の (i, j) 成分どうしが等しいことをみる．AB の (i, k) 成分は $\sum_{\ell=1}^{n} a_{i\ell} b_{\ell k}$ であるから，$(AB)C$ の (i, j) 成分は

$$\sum_{k=1}^{p} \left(\sum_{\ell=1}^{n} a_{i\ell} b_{\ell k} \right) c_{kj} = \sum_{k=1}^{p} \sum_{\ell=1}^{n} a_{i\ell} b_{\ell k} c_{kj} \quad ①$$

同様に，A の第 i 行の成分と BC の第 j 列の成分から，$A(BC)$ の (i, j) 成分は

$$\sum_{\ell=1}^{n} a_{i\ell} \left(\sum_{k=1}^{p} b_{\ell k} c_{kj} \right) = \sum_{\ell=1}^{n} \sum_{k=1}^{p} a_{i\ell} b_{\ell k} c_{kj} \quad ②$$

ここで，①, ② の右辺はともに $a_{i\ell} b_{\ell k} c_{kj}$ を k と ℓ について全部加えた和で等しい．よって，$(AB)C$ と $A(BC)$ の (i, j) 成分どうしは等しい．以上により

$$(AB)C = A(BC)$$

である． □

行列の演算において，数の世界における 0 や 1 と同じ役割を演じる 2 つの行列を定める．

零行列　成分がすべて 0 である行列を零行列といい，O (アルファベットの大文字オー) で表す．

$$O = \begin{bmatrix} 0 & \cdots & 0 \\ \vdots & & \vdots \\ 0 & \cdots & 0 \end{bmatrix}$$

- 零行列の型を強調したいときは，$\boldsymbol{m} \times \boldsymbol{n}$ 型の零行列といい，$O_{m\times n}$ と書く．単に，O で表されているとき，型が違えば異なる零行列であることに注意してほしい．
- 成分がすべて 0 である行ベクトルおよび列ベクトルは零ベクトルといい，$\boldsymbol{o}$ (アルファベットの小文字オーの太字) で表す．すなわち

$$\boldsymbol{o} = [0,\ 0,\ \cdots,\ 0] \quad \text{または} \quad \begin{bmatrix} 0 \\ \vdots \\ 0 \end{bmatrix}$$

零行列に関する演算法則

A を $m \times n$ 行列とするとき，次が成り立つ．

$$A + O_{m\times n} = A, \qquad A - A = O_{m\times n}$$
$$AO_{n\times \ell} = O_{m\times \ell}, \qquad O_{\ell\times m}A = O_{\ell\times n}$$
$$0A = O_{m\times n}$$

単位行列　正方行列で，対角成分がすべて 1 で，他の成分がすべて 0 である行列を単位行列といい，I で表す．

$$I = \begin{bmatrix} 1 & 0 & \cdots & 0 \\ 0 & 1 & \ddots & \vdots \\ \vdots & \ddots & \ddots & 0 \\ 0 & \cdots & 0 & 1 \end{bmatrix} \quad \left(\text{右辺は} \begin{bmatrix} 1 & & O \\ & \ddots & \\ O & & 1 \end{bmatrix} \text{とも略記される} \right)$$

- 型を強調したいときは，$\boldsymbol{n}$ 次単位行列といい，I_n と書く．
- 零行列と同様，単に I と表されているとき，次数が違えば異なる単位行列である．
- A を $m \times n$ 行列とすると

$$AI_n = A, \qquad I_mA = A$$

- テキストによっては，単位行列を E で表すものもある．

クロネッカーの記号　$$\delta_{ij} = \begin{cases} 1 & (i = j) \\ 0 & (i \neq j) \end{cases}$$

で定義される記号 δ_{ij} を **Kronecker**(クロネッカー)**のデルタ**という．単位行列 I は，(i, j) 成分が δ_{ij} の正方行列といえる．すなわち

$$I = [\delta_{ij}]$$

行列と数の相違点　行列の演算法則は，数の世界における演算法則をすべて満たすわけではない．特に，次の 3 点には十分注意したい．

(1)　行列の積においては，つねに $AB = BA$ とは限らない．
　$AB = BA$ が成り立つとき，A と B は**可換**であるという．

(2)　$A \neq O,\ B \neq O$ であるが $AB = O$ となる行列 A, B が存在する
(このような行列 A, B を**零因子**という)．

(3)　$A \neq O$ であっても $AX = I,\ YA = I$ となる行列 X, Y が存在するとは限らない．

例 7　(1)　$A = \begin{bmatrix} 1 & 0 \\ 0 & 2 \end{bmatrix},\ B = \begin{bmatrix} 0 & 4 \\ 3 & 0 \end{bmatrix}$ のとき

$$AB = \begin{bmatrix} 0 & 4 \\ 6 & 0 \end{bmatrix}, \quad BA = \begin{bmatrix} 0 & 8 \\ 3 & 0 \end{bmatrix}$$

なので，$AB \neq BA$ である．

(2)　$A = \begin{bmatrix} 1 & 0 \\ 1 & 0 \end{bmatrix} \neq O,\ B = \begin{bmatrix} 0 & 0 \\ 1 & 1 \end{bmatrix} \neq O$ であるが

$$AB = \begin{bmatrix} 0 & 0 \\ 0 & 0 \end{bmatrix} = O$$

よって，A, B は零因子である．

(3)　$A = \begin{bmatrix} 1 & 0 \\ 0 & 0 \end{bmatrix} \neq O$ であるが，AX，YA の $(2, 2)$ 成分はつねに 0 となる．よって，$AX = I,\ YA = I$ となる行列 X, Y は存在しない．

問 7　次を確かめよ．

(1)　$A = \begin{bmatrix} 1 & a \\ 0 & 1 \end{bmatrix},\ B = \begin{bmatrix} 1 & b \\ 0 & 1 \end{bmatrix}$ は可換である．

(2)　$A = \begin{bmatrix} 1 & 1 \\ 1 & 1 \end{bmatrix},\ B = \begin{bmatrix} 2 & 2 \\ -2 & -2 \end{bmatrix}$ とすると，$AB = O$ である．

(3)　$A = \begin{bmatrix} 1 & 1 \\ 2 & 2 \end{bmatrix}$ とすると，$AX = I,\ YA = I$ となる行列 X, Y は存在しない．

正方行列のべき乗　k を非負整数とし，正方行列 A に対して，A の k 乗(またはべき乗) を

$$A^k = \begin{cases} \overbrace{A \cdots A}^{k\ 個} & (k \geqq 1) \\ I & (k = 0) \end{cases}$$

と定める．特に

ある自然数 k に対して，$A^k = O$ となる正方行列 A をべき零行列，

$A^2 = A$ を満たす正方行列 A をべき等行列

という．

例 8　(1)　$A = \begin{bmatrix} 0 & 1 & 1 \\ 0 & 0 & 1 \\ 0 & 0 & 0 \end{bmatrix}$ のとき，$A^2 = \begin{bmatrix} 0 & 0 & 1 \\ 0 & 0 & 0 \\ 0 & 0 & 0 \end{bmatrix}$，$A^3 = O$

であるから，A はべき零行列である．

(2)　$B = \begin{bmatrix} 0 & 0 \\ 0 & 1 \end{bmatrix}$ のとき，$B^2 = B$ であるから，B はべき等行列である．

問 8　次の行列 A, B はべき零行列か，べき等行列かを答えよ．

$$A = \begin{bmatrix} 0 & 1 & 1 & 1 \\ 0 & 0 & 1 & 1 \\ 0 & 0 & 0 & 1 \\ 0 & 0 & 0 & 0 \end{bmatrix}, \qquad B = \begin{bmatrix} 2 & -3 & 1 \\ 1 & -2 & 1 \\ 1 & -3 & 2 \end{bmatrix}$$

1.4　行列の転置

転置行列　$m \times n$ 行列 A の行と列をそっくり入れ替えてできる $n \times m$ 行列を A の転置行列といい，${}^tA$ で表す．すなわち

$$A = \begin{bmatrix} a_{11} & a_{12} & \cdots & a_{1n} \\ a_{21} & a_{22} & \cdots & a_{2n} \\ \vdots & \vdots & & \vdots \\ a_{m1} & a_{m2} & \cdots & a_{mn} \end{bmatrix} \text{ ならば，} \quad {}^tA = \begin{bmatrix} a_{11} & a_{21} & \cdots & a_{m1} \\ a_{12} & a_{22} & \cdots & a_{m2} \\ \vdots & \vdots & & \vdots \\ a_{1n} & a_{2n} & \cdots & a_{mn} \end{bmatrix}$$

特に，${}^tA$ の (i, j) 成分 $=$ A の (j, i) 成分である．

例 9　$A = \begin{bmatrix} 1 & 2 & 3 \\ 4 & 5 & 6 \end{bmatrix}$，$\boldsymbol{b} = [7,\ 2,\ -1]$ のとき

$${}^tA = \begin{bmatrix} 1 & 4 \\ 2 & 5 \\ 3 & 6 \end{bmatrix}, \qquad {}^t\boldsymbol{b} = \begin{bmatrix} 7 \\ 2 \\ -1 \end{bmatrix}$$

問 9 $\boldsymbol{a} = \begin{bmatrix} 1 \\ 2 \\ 3 \end{bmatrix}$, $B = \begin{bmatrix} 4 & 3 \\ 2 & 1 \end{bmatrix}$ の転置行列をそれぞれ求めよ．

定理 1.1 (転置行列の性質)

(1) ${}^t({}^tA) = A$

(2) ${}^t(A+B) = {}^tA + {}^tB$

(3) ${}^t(kA) = k\,{}^tA$

(4) ${}^t(AB) = {}^tB\,{}^tA$

(2) と (4) では，左辺の和，積が定義されているものとする．

証明 (1), (2), (3) は定義から直ちに導ける．

(4) $A = [a_{ij}]$, $B = [b_{ij}]$ をそれぞれ $m \times n$ 型，$n \times \ell$ 型の行列とする．

まず，型が同じことをみる．AB は $m \times \ell$ 型であるから，${}^t(AB)$ は $\ell \times m$ 型となる．一方，${}^tB$, ${}^tA$ はそれぞれ $\ell \times n$ 型，$n \times m$ 型であるから，${}^tB\,{}^tA$ は $\ell \times m$ 型となる．よって，${}^t(AB)$, ${}^tB\,{}^tA$ は同じ型である．

また，対応する (i,j) 成分どうしが等しいことは，次の ① と ② の比較による．

${}^t(AB)$ の (i,j) 成分 $=$ AB の (j,i) 成分

$= a_{j1}b_{1i} + a_{j2}b_{2i} + \cdots + a_{jn}b_{ni},$ ①

${}^tB\,{}^tA$ の (i,j) 成分 $=$ ${}^tB$ の第 i 行と ${}^tA$ の第 j 列の対応する成分どうしの積和

$=$ B の第 i 列と A の第 j 行の対応する成分どうしの積和

$= b_{1i}a_{j1} + b_{2i}a_{j2} + \cdots + b_{ni}a_{jn}$ ②

よって，${}^t(AB) = {}^tB\,{}^tA$ を得る． □

問 10 ${}^t(ABC) = {}^tC\,{}^tB\,{}^tA$ を示せ．

対称行列・交代行列

${}^tA = A$ を満たす正方行列 A を**対称行列**といい，
${}^tA = -A$ を満たす正方行列 A を**交代行列**という．

$A = [a_{ij}]$ とし，行列の成分で言い換えると

A が対称行列 $\iff$ 任意の i, j に対して，$a_{ij} = a_{ji}$．すなわち
対角線に関して対称な位置にある成分どうしが等しい．

A が交代行列 $\iff$ 任意の i, j に対して，$a_{ij} + a_{ji} = 0$．

例 10 (1) $\begin{bmatrix} 1 & 4 & 5 \\ 4 & 2 & 6 \\ 5 & 6 & 3 \end{bmatrix}$ は対称行列，$\begin{bmatrix} 0 & -1 & 2 \\ 1 & 0 & -3 \\ -2 & 3 & 0 \end{bmatrix}$ は交代行列である．

(2) 対角成分以外の成分がすべて 0 である正方行列 (これを対角行列という) は対称行列である．したがって，I は対称行列である．

問 11 交代行列の対角成分は，すべて 0 であることを示せ．

問 12 A が交代行列ならば，A^2 は対称行列であることを示せ．

三角行列 対角成分より下 (または上) にある成分が，すべて 0 である正方行列，すなわち

$$\begin{bmatrix} a_{11} & \cdots & a_{1n} \\ & \ddots & \vdots \\ O & & a_{nn} \end{bmatrix} \qquad \left(\text{または} \quad \begin{bmatrix} a_{11} & & O \\ \vdots & \ddots & \\ a_{n1} & \cdots & a_{nn} \end{bmatrix} \right)$$

を上三角行列 (または下三角行列) という．上三角行列と下三角行列を総称して，単に三角行列という．

- 上三角行列の転置行列は下三角行列であり，下三角行列の転置行列は上三角行列である．
- 対角行列は，上三角行列でもあり，下三角行列でもある．
- 上三角行列どうしの積は上三角行列となり，下三角行列どうしの積は下三角行列となる．

1.5 正 則 行 列

数の世界では，0 でない任意の数 a に対して，その逆数 a^{-1} $\left(= \dfrac{1}{a}\right)$ がただ 1 つ存在して

$$aa^{-1} = a^{-1}a = 1$$

が成り立つ．行列の世界でも，逆数 a^{-1} に対応するものを考える．

正則行列 正方行列 A に対して

$$AX = I \qquad \text{かつ} \qquad XA = I$$

を満たす正方行列 X が存在するとき，A を正則行列 (または単に正則である) という．

- 与えられた正方行列 A に対して，上の等式を満たす正方行列 X はいつでも存在するとは限らない．しかし，あれば1つしかない．なぜならば，X の他に正方行列 Y も $AY = I$ かつ $YA = I$ を満たすと仮定すると
$$Y = IY = (XA)Y \overset{\text{結合法則}}{=} X(AY) = XI = X$$
となるからである．
- A が正則行列のとき，一意的 ("ただ1つしかない" の意) に定まる X を A の逆行列といい，A^{-1} で表す (A インバースと読む).
$$AA^{-1} = A^{-1}A = I$$

例 11 単位行列 I は正則で，$I^{-1} = I$ である．しかし，n 次零行列 O は正則でない．

例 12 $A = \begin{bmatrix} 1 & b \\ 0 & 1 \end{bmatrix}$ の逆行列は，$A^{-1} = \begin{bmatrix} 1 & -b \\ 0 & 1 \end{bmatrix}$ である．なぜならば
$$\begin{bmatrix} 1 & b \\ 0 & 1 \end{bmatrix}\begin{bmatrix} 1 & -b \\ 0 & 1 \end{bmatrix} = \begin{bmatrix} 1 & 0 \\ 0 & 1 \end{bmatrix}, \qquad \begin{bmatrix} 1 & -b \\ 0 & 1 \end{bmatrix}\begin{bmatrix} 1 & b \\ 0 & 1 \end{bmatrix} = \begin{bmatrix} 1 & 0 \\ 0 & 1 \end{bmatrix}$$
が成り立つから．

問 13 1つの行 (または列) の成分がすべて0である正方行列は，正則でないことを示せ．

与えられた正方行列が正則である (すなわち，逆行列をもつ) ための判定条件や，逆行列を求めるための具体的な計算法については，2章で考察する．

逆行列に関して，次の演算法則が成り立つ．

定理 1.2 (逆行列の性質)

A, B が正則行列ならば，A^{-1}, AB, ${}^tA$ はいずれも正則で

(1) $(A^{-1})^{-1} = A$

(2) $(AB)^{-1} = B^{-1}A^{-1}$

(3) $({}^tA)^{-1} = {}^t(A^{-1})$

証明 (1) A は正則なので，逆行列 A^{-1} が存在し，$AA^{-1} = A^{-1}A = I$ が成り立つ．この式で A を X で置き換えると
$$XA^{-1} = A^{-1}X = I$$
よって，A^{-1} は正則で，$X = A$ が A^{-1} の逆行列 $(A^{-1})^{-1}$ である．

(2) $B^{-1}A^{-1}$ と AB との積を計算すると
$$(AB)(B^{-1}A^{-1}) = A(BB^{-1})A^{-1} = AIA^{-1} = AA^{-1} = I,$$
$$(B^{-1}A^{-1})(AB) = B^{-1}(A^{-1}A)B = B^{-1}IB = B^{-1}B = I$$

よって，AB は正則であり，$(AB)^{-1} = B^{-1}A^{-1}$ を得る．

(3) $AA^{-1} = A^{-1}A = I$ の転置をとると

$$ {}^t(A^{-1})\,{}^tA = {}^tA\,{}^t(A^{-1}) = I $$

☞ ${}^t(AB) = {}^tB\,{}^tA,\ {}^tI = I$

よって，${}^tA$ は正則であり，$({}^tA)^{-1} = {}^t(A^{-1})$ を得る． □

問 14　r 個の正則行列 $A_1, A_2, \cdots, A_r$ に対して，次を示せ．

$$ (A_1A_2\cdots A_r)^{-1} = A_r{}^{-1}\cdots A_2{}^{-1}A_1{}^{-1} $$

注意　一般に，$AX = I$ を満たす正方行列 X は，つねに $XA = I$ を満たす．このことは，後述の変形定理を使っても証明できるし (2 章の問 6)，行列式の性質からも導ける (3 章の定理 3.8)．

1.6 行列の分割

与えられた行列をいくつかのブロックに分ける考え方は，大きな行列の計算に役立つだけでなく，行列の一般的な性質を調べるうえでも有用である．ここでは，最も よく出会う 4 つのブロックへの分割，行ベクトルへの分割，列ベクトルへの分割に限定して，議論を進める．

分割と小行列　行列 A に，縦線と横線の区切り線を入れて，4 つのブロックに分ける．各ブロックを行列とみなして

$$ A = \left[\begin{array}{c:c} A_{11} & A_{12} \\ \hdashline A_{21} & A_{22} \end{array}\right] = \begin{bmatrix} A_{11} & A_{12} \\ A_{21} & A_{22} \end{bmatrix} $$

と表す (普通，区切り線は省略して書かない)．このように，縦と横の区切り線で行列 A をいくつかのブロックに分けること を A の分割という．また，分割で用いた各ブロックの行列 $A_{11}, A_{12}, A_{21}, A_{22}$ を A の小行列という．

例 13

$$ A = \left[\begin{array}{ccc:c} a_{11} & a_{12} & a_{13} & a_{14} \\ a_{21} & a_{22} & a_{23} & a_{24} \\ \hdashline a_{31} & a_{32} & a_{33} & a_{34} \end{array}\right] = \begin{bmatrix} A_{11} & A_{12} \\ A_{21} & A_{22} \end{bmatrix} $$

の分割における各小行列は以下のようになる．

$$ A_{11} = \begin{bmatrix} a_{11} & a_{12} & a_{13} \\ a_{21} & a_{22} & a_{23} \end{bmatrix}, \qquad A_{12} = \begin{bmatrix} a_{14} \\ a_{24} \end{bmatrix}, $$

$$ A_{21} = \begin{bmatrix} a_{31}, & a_{32}, & a_{33} \end{bmatrix}, \qquad A_{22} = a_{34} $$

分割行列の演算 A, B を $m \times n$ 行列とし，それぞれ同じ形に分割する．

$$A = \overset{\quad r \qquad s}{\begin{bmatrix} A_{11} & A_{12} \\ A_{21} & A_{22} \end{bmatrix}} \begin{matrix} p \\ q \end{matrix}, \qquad B = \overset{\quad r \qquad s}{\begin{bmatrix} B_{11} & B_{12} \\ B_{21} & B_{22} \end{bmatrix}} \begin{matrix} p \\ q \end{matrix}$$

$$(m = p + q,\ n = r + s)$$

このとき，和・差・スカラー倍は対応する小行列ごとに計算できる．すなわち

$$A \pm B = \begin{bmatrix} A_{11} \pm B_{11} & A_{12} \pm B_{12} \\ A_{21} \pm B_{21} & A_{22} \pm B_{22} \end{bmatrix} \qquad \text{(複号同順)},$$

$$kA = \begin{bmatrix} kA_{11} & kA_{12} \\ kA_{21} & kA_{22} \end{bmatrix}$$

が成り立つ．また，分割行列の転置行列は

$${}^tA = \begin{bmatrix} {}^tA_{11} & {}^tA_{21} \\ {}^tA_{12} & {}^tA_{22} \end{bmatrix}$$

となる．

分割行列の積は，A を $m \times n$ 行列，B を $n \times \ell$ 行列とするとき，A の列の分け方と B の行の分け方が同じになるように

$$A = \overset{\quad p \qquad q}{\begin{bmatrix} A_{11} & A_{12} \\ A_{21} & A_{22} \end{bmatrix}}, \qquad B = \begin{bmatrix} B_{11} & B_{12} \\ B_{21} & B_{22} \end{bmatrix} \begin{matrix} p \\ q \end{matrix}$$

$$(\text{ここで，} p + q = n)$$

と分割する．このとき，積 AB は (A の行の分け方や B の列の分け方に無関係に) 小行列をあたかも成分のように扱って計算できる．すなわち

$$\begin{aligned} AB &= \begin{bmatrix} A_{11} & A_{12} \\ A_{21} & A_{22} \end{bmatrix} \begin{bmatrix} B_{11} & B_{12} \\ B_{21} & B_{22} \end{bmatrix} \\ &= \begin{bmatrix} A_{11}B_{11} + A_{12}B_{21} & A_{11}B_{12} + A_{12}B_{22} \\ A_{21}B_{11} + A_{22}B_{21} & A_{21}B_{12} + A_{22}B_{22} \end{bmatrix} \end{aligned}$$

が成り立つ．ここで，A の列の分け方と B の行の分け方が同じならば

- 各小行列どうしの積 $A_{i1}B_{1j}$, $A_{i2}B_{2j}$ はすべて定義されている．
- しかも，$A_{i1}B_{1j}$ と $A_{i2}B_{2j}$ は同じ型の行列で，和も定義されている．

例 14 A, B を r 次正方行列，C, D を s 次正方行列，X, Y を $r \times s$ 行列とする．このとき

$$\begin{bmatrix} A & X \\ O & C \end{bmatrix} \begin{bmatrix} B & Y \\ O & D \end{bmatrix} = \begin{bmatrix} AB & AY + XD \\ O & CD \end{bmatrix}$$

問 15　次の分割行列の積は定義されているものとして，積を計算せよ．

(1) $\begin{bmatrix} O & I \\ I & O \end{bmatrix}\begin{bmatrix} X & Y \\ Z & W \end{bmatrix}$　　(2) $\begin{bmatrix} I & B \\ O & I \end{bmatrix}\begin{bmatrix} X & Y \\ Z & W \end{bmatrix}$

(3) $\begin{bmatrix} I & O \\ C & I \end{bmatrix}\begin{bmatrix} I & O \\ -C & I \end{bmatrix}$　　(4) $\begin{bmatrix} A & O \\ O & I \end{bmatrix}\begin{bmatrix} I & O \\ C & I \end{bmatrix}\begin{bmatrix} I & O \\ O & D \end{bmatrix}$

ベクトルへの分割　$A = \left[a_{ij}\right]$ を $m \times n$ 行列とする．A の各列ベクトルを

$$\boldsymbol{a}_1 = \begin{bmatrix} a_{11} \\ a_{21} \\ \vdots \\ a_{m1} \end{bmatrix}, \quad \boldsymbol{a}_2 = \begin{bmatrix} a_{12} \\ a_{22} \\ \vdots \\ a_{m2} \end{bmatrix}, \quad \cdots, \quad \boldsymbol{a}_n = \begin{bmatrix} a_{1n} \\ a_{2n} \\ \vdots \\ a_{mn} \end{bmatrix}$$

とおくとき，A の分割

$$A = \left[\boldsymbol{a}_1,\ \boldsymbol{a}_2,\ \cdots,\ \boldsymbol{a}_n\right]$$

を A の列ベクトル分割という．また，A の行ベクトルをそれぞれ

$$\boldsymbol{a}_1{}' = \left[a_{11},\ a_{12},\ \cdots,\ a_{1n}\right],$$
$$\boldsymbol{a}_2{}' = \left[a_{21},\ a_{22},\ \cdots,\ a_{2n}\right],$$
$$\vdots$$
$$\boldsymbol{a}_m{}' = \left[a_{m1},\ a_{m2},\ \cdots,\ a_{mn}\right]$$

とおくとき，A の分割

$$A = \begin{bmatrix} \boldsymbol{a}_1{}' \\ \boldsymbol{a}_2{}' \\ \vdots \\ \boldsymbol{a}_m{}' \end{bmatrix}$$

を A の行ベクトル分割という．

例 15　n 次単位行列 I の列ベクトルをそれぞれ

$$\boldsymbol{e}_1 = \begin{bmatrix} 1 \\ 0 \\ \vdots \\ \vdots \\ 0 \end{bmatrix}, \quad \boldsymbol{e}_2 = \begin{bmatrix} 0 \\ 1 \\ 0 \\ \vdots \\ 0 \end{bmatrix}, \quad \cdots, \quad \boldsymbol{e}_j = \begin{bmatrix} 0 \\ \vdots \\ 1 \\ \vdots \\ 0 \end{bmatrix} \leftarrow j, \quad \cdots, \quad \boldsymbol{e}_n = \begin{bmatrix} 0 \\ \vdots \\ \vdots \\ 0 \\ 1 \end{bmatrix}$$

とおく．各 $\boldsymbol{e}_j$ を $\boldsymbol{n}$ **次基本ベクトル**という．このとき

$$I = \left[\boldsymbol{e}_1,\ \boldsymbol{e}_2,\ \cdots,\ \boldsymbol{e}_n\right]$$

は単位行列 I の列ベクトル分割を与える．

また，n 次単位行列 I の行ベクトル分割は，基本ベクトルを用いると

$$I = \begin{bmatrix} {}^t\boldsymbol{e}_1 \\ {}^t\boldsymbol{e}_2 \\ \vdots \\ {}^t\boldsymbol{e}_n \end{bmatrix} \qquad (\text{ただし，} {}^t\boldsymbol{e}_i = [0,\ \cdots,\ 0,\ \overset{\overset{i}{\downarrow}}{1},\ 0,\ \cdots,\ 0])$$

となる．

問 16 $m \times n$ 行列 $A = [\boldsymbol{a}_1,\ \boldsymbol{a}_2,\ \cdots,\ \boldsymbol{a}_n]$ と n 次列ベクトル $\boldsymbol{x} = \begin{bmatrix} x_1 \\ x_2 \\ \vdots \\ x_n \end{bmatrix}$ に対して

$$A\boldsymbol{x} = x_1\boldsymbol{a}_1 + x_2\boldsymbol{a}_2 + \cdots + x_n\boldsymbol{a}_n$$

となることを確かめよ．

$m \times n$ 行列 A の行ベクトル分割と $n \times \ell$ 行列 B の列ベクトル分割に対して，次の等式が成り立つ．

(1) $$AB = \begin{bmatrix} \boldsymbol{a}_1{}' \\ \boldsymbol{a}_2{}' \\ \vdots \\ \boldsymbol{a}_m{}' \end{bmatrix} B = \begin{bmatrix} \boldsymbol{a}_1{}'B \\ \boldsymbol{a}_2{}'B \\ \vdots \\ \boldsymbol{a}_m{}'B \end{bmatrix}$$

(2) $$AB = A[\boldsymbol{b}_1,\ \boldsymbol{b}_2,\ \cdots,\ \boldsymbol{b}_\ell] = [A\boldsymbol{b}_1,\ A\boldsymbol{b}_2,\ \cdots,\ A\boldsymbol{b}_\ell]$$

(3) $$AB = \begin{bmatrix} \boldsymbol{a}_1{}' \\ \boldsymbol{a}_2{}' \\ \vdots \\ \boldsymbol{a}_m{}' \end{bmatrix} [\boldsymbol{b}_1,\ \boldsymbol{b}_2,\ \cdots,\ \boldsymbol{b}_\ell] = \begin{bmatrix} \boldsymbol{a}_1{}'\boldsymbol{b}_1 & \boldsymbol{a}_1{}'\boldsymbol{b}_2 & \cdots & \boldsymbol{a}_1{}'\boldsymbol{b}_\ell \\ \boldsymbol{a}_2{}'\boldsymbol{b}_1 & \boldsymbol{a}_2{}'\boldsymbol{b}_2 & \cdots & \boldsymbol{a}_2{}'\boldsymbol{b}_\ell \\ \vdots & \vdots & & \vdots \\ \boldsymbol{a}_m{}'\boldsymbol{b}_1 & \boldsymbol{a}_m{}'\boldsymbol{b}_2 & \cdots & \boldsymbol{a}_m{}'\boldsymbol{b}_\ell \end{bmatrix}$$

(3) の右辺で，各 $\boldsymbol{a}_i{}'\boldsymbol{b}_j$ は 1×1 行列 (例 5 参照) なので，スカラーである．

例 16 A を $m \times n$ 行列，単位行列 I_m, I_n の列ベクトル分割をそれぞれ

$$I_m = [\boldsymbol{e}_1,\ \boldsymbol{e}_2,\ \cdots,\ \boldsymbol{e}_m], \qquad I_n = [\tilde{\boldsymbol{e}}_1,\ \tilde{\boldsymbol{e}}_2,\ \cdots,\ \tilde{\boldsymbol{e}}_n]$$

とする [1]．このとき

- $A = I_mA = \begin{bmatrix} {}^t\boldsymbol{e}_1A \\ \vdots \\ {}^t\boldsymbol{e}_mA \end{bmatrix}$ より，${}^t\boldsymbol{e}_iA$ は A の第 i 行を表す．
- $A = AI_n = [A\tilde{\boldsymbol{e}}_1,\ A\tilde{\boldsymbol{e}}_2,\ \cdots,\ A\tilde{\boldsymbol{e}}_n]$ より，$A\tilde{\boldsymbol{e}}_j$ は A の第 j 列を表す．
- 上の 2 つより，${}^t\boldsymbol{e}_iA\tilde{\boldsymbol{e}}_j$ は A の (i, j) 成分を表す．

---

1) I_m の列ベクトルと I_n の列ベクトルとの混乱を避けるために，後者の基本ベクトルには，便宜上 ~ をつけて $\tilde{\boldsymbol{e}}_i$ などと書くことにする．

1章の問題

★ 基礎問題 ★

1.1 次のことを証明せよ.

(1) $AB = I,\ CA = I$ ならば $B = C$ である.

(2) A を n 次正則行列, B, C を $n \times m$ 行列とするとき, $AB = AC$ ならば, $B = C$ である.

1.2 $\begin{bmatrix} 0 & 0 & 1 \\ 0 & 2 & 0 \\ 3 & 0 & 0 \end{bmatrix} A \begin{bmatrix} 0 & 1 & 0 \\ 1 & 0 & 0 \\ 0 & 0 & 1 \end{bmatrix} = \begin{bmatrix} 1 & 2 & 3 \\ 2 & 3 & 4 \\ 3 & 4 & 5 \end{bmatrix}$ を満たす行列 A を求めよ.

1.3 $A = \begin{bmatrix} 1 & 2 & -1 \\ 3 & 1 & 0 \end{bmatrix},\quad B = \begin{bmatrix} 2 & 0 & 1 \\ -1 & 1 & 0 \\ 0 & 1 & 3 \end{bmatrix},\quad \boldsymbol{a} = \begin{bmatrix} 1 \\ -2 \\ 1 \end{bmatrix},\quad \boldsymbol{b} = [3,\ 2]$

のとき, 次の計算をせよ.

(1) ${}^tAA$ (2) $A\,{}^tA$ (3) B^2 (4) AB (5) ${}^t\boldsymbol{a}B\boldsymbol{a}$ (6) $\boldsymbol{ab}$

1.4 3つの2次複素正方行列 [1)]

$$\sigma_x = \begin{bmatrix} 0 & 1 \\ 1 & 0 \end{bmatrix},\quad \sigma_y = \begin{bmatrix} 0 & -i \\ i & 0 \end{bmatrix},\quad \sigma_z = \begin{bmatrix} 1 & 0 \\ 0 & -1 \end{bmatrix} \quad (\textbf{Pauli}\text{のスピン行列})$$

(Pauli: パウリ)

に対して, 次が成り立つことを示せ. ここで, i は虚数単位 $\sqrt{-1}$ である.

(1) ${\sigma_x}^2 = I,\ {\sigma_y}^2 = I,\ {\sigma_z}^2 = I$

(2) $\sigma_x\sigma_y + \sigma_y\sigma_x = O,\ \sigma_y\sigma_z + \sigma_z\sigma_y = O,\ \sigma_z\sigma_x + \sigma_x\sigma_z = O$

(3) $\sigma_x\sigma_y - \sigma_y\sigma_x = 2i\sigma_z,\ \sigma_y\sigma_z - \sigma_z\sigma_y = 2i\sigma_x,\ \sigma_z\sigma_x - \sigma_x\sigma_z = 2i\sigma_y$

1.5 どんな条件のもとで, 次が成り立つかを示せ.

(1) $(A+B)^2 = A^2 + 2AB + B^2$ (2) $(A+B)(A-B) = A^2 - B^2$

1.6 $A = \begin{bmatrix} 0 & 0 & 1 \\ 0 & 1 & 0 \\ 1 & 0 & 0 \end{bmatrix}$ に対して, $AX = XA$ を満たす行列 X をすべて求めよ.

1.7 ${}^tAA$ は対称行列であることを示せ.

1.8 A, B を対称行列とするとき, 次の2条件は同値であることを示せ.

(1) AB は対称行列である. (2) $AB = BA$

1.9 A が対称行列ならば, A^k (k は自然数) も対称行列であることを示せ.

1.10 対角行列 $D = \begin{bmatrix} \lambda_1 & & O \\ & \ddots & \\ O & & \lambda_n \end{bmatrix}$ が正則となるための条件を与えよ. また, そのとき, D の逆行列を求めよ.

---

1) 複素数を成分にもつ行列を複素行列という.

★ 標準問題 ★

1.11 任意のベクトル $\boldsymbol{x}$ に対して，$A\boldsymbol{x} = B\boldsymbol{x}$ ならば $A = B$ となることを示せ．

1.12 正則行列 A が対称行列ならば，A^{-1} も対称行列であることを示せ．

1.13 次のことを証明せよ．

(1) A を任意の正方行列とするとき，$\dfrac{1}{2}(A + {}^tA)$ は対称行列であり，$\dfrac{1}{2}(A - {}^tA)$ は交代行列である．

(2) 任意の正方行列は，対称行列と交代行列の和で表される．

1.14 ${}^tAA$ は正則行列で，$B = A({}^tAA)^{-1}\,{}^tA$ とするとき，次のことを証明せよ．

(1) B はべき等行列で，かつ対称行列である．

(2) $I - B$ はべき等行列である．

1.15 $I - X$ が正則ならば，次式が成り立つことを証明せよ．

$$\begin{aligned} I + X + X^2 + \cdots + X^{k-1} &= (I - X)^{-1}(I - X^k) \\ &= (X^k - I)(X - I)^{-1} \end{aligned}$$

1.16 正方行列 $A = \begin{bmatrix} a_{ij} \end{bmatrix}$ において，対角成分の和 $\sum_{i=1}^{n} a_{ii}$ を A のトレース (trace) といい，これを記号 $\operatorname{tr} A$ で表す．すなわち

$$\operatorname{tr} A = a_{11} + a_{22} + \cdots + a_{nn}$$

行列のトレースに関して，次が成り立つことを証明せよ．ただし，(3) で P は正則行列である．

(1) $\operatorname{tr}(A + B) = \operatorname{tr} A + \operatorname{tr} B$

(2) $\operatorname{tr}(AB) = \operatorname{tr}(BA)$

(3) $\operatorname{tr}(P^{-1}AP) = \operatorname{tr} A$

1.17 $AB - BA = I$ となるような正方行列 A, B は存在しないことを示せ．

1.18 実行列[1] A に対して，$\operatorname{tr}({}^tAA) \geqq 0$ であることを示せ．

1.19 任意の正方行列 X に対して，$\operatorname{tr}(AX) = 0$ となる正方行列 A は，$A = O$ であることを示せ．

1.20 A, B を正則行列とするとき，次を示せ．

(1) $P = \begin{bmatrix} A & O \\ O & B \end{bmatrix}$ は正則で，$P^{-1} = \begin{bmatrix} A^{-1} & O \\ O & B^{-1} \end{bmatrix}$.

(2) $Q = \begin{bmatrix} A & C \\ O & B \end{bmatrix}$ は正則で，$Q^{-1} = \begin{bmatrix} A^{-1} & -A^{-1}CB^{-1} \\ O & B^{-1} \end{bmatrix}$.

---

1) 実数を成分にもつ行列を実行列という．

★ 発展問題 ★

1.21　A を正方行列とするとき，すべての列ベクトル $\boldsymbol{x}$ に対して，${}^t\boldsymbol{x}A\boldsymbol{x}=0$ ならば，A は交代行列であることを証明せよ．

1.22　A,B,C,D を正方行列とする．$A+B$，$A-B$ が正則のとき

$$AX+BY=C, \qquad BX+AY=D$$

を満たす行列 X,Y を求めよ．

1.23　A,B を正方行列とする．$A+B$，$A-B$ が正則のとき $\begin{bmatrix} A & B \\ B & A \end{bmatrix}$ も正則であることを示せ．

1.24　次のことを証明せよ．ただし，A は実行例とする．

(1)　${}^tAA=O$ ならば，$A=O$ である．

(2)　$P\,{}^tAA=Q\,{}^tAA$ ならば，$P\,{}^tA=Q\,{}^tA$ である．

1.25　A がべき零行列ならば，$I-A$ は正則であることを示せ．

1.26　2 次正方行列 A がある自然数 n に対して $A^n=O$ であれば，$A^2=O$ であることを証明せよ．

1.27　$\begin{bmatrix} a & 1 & 0 \\ 0 & a & 1 \\ 0 & 0 & a \end{bmatrix}$ の n 乗を求めよ．

1.28　$\begin{bmatrix} \frac{2}{3} & \frac{1}{3} \\ \frac{1}{3} & \frac{2}{3} \end{bmatrix}$ のとき，$\lim_{n\to\infty} A^n$ を求めよ．

1.29　$\left[\begin{array}{ccc:c} 0 & 0 & 1 & 1 \\ 0 & 1 & 0 & 1 \\ 1 & 0 & 0 & 1 \\ \hdashline 0 & 0 & 0 & 1 \end{array}\right]$ の n 乗を求めよ．

1.30　(i,j) 成分が 1 で，その他の成分がすべて 0 の n 次正方行列を行列単位といい，記号 E_{ij} で表す．行列単位に関して次のことを示せ．

(1)　任意の n 次正方行列 $A=\left[a_{ij}\right]$ に対して，$A=\sum_{i=1}^{n}\sum_{j=1}^{n} a_{ij}E_{ij}$．

(2)　$E_{ij}E_{kl}=\delta_{jk}E_{il}$

研究　行列と確率

製品 X が将来どの程度普及するかを，次の設定のもとで調べてみたい．

現在，製品 X を使用している人が，来月もその製品 X を使用する確率は 0.7 で，来月は使わない確率が 0.3 とする．一方，現在，製品 X を使用していない人が来月も使用しない確率は 0.9 で，来月は使用する確率が 0.1 とする．そして，このような推移は毎月ほぼ一定とする．

$A = \begin{bmatrix} 0.7 & 0.3 \\ 0.1 & 0.9 \end{bmatrix}$ とし，製品 X の使用者が n ヵ月後も使用者である確率を p_n，製品 X の未使用者が n ヵ月後は使用者である確率を q_n とする．このとき，数学的帰納法により

$$A^n = \begin{bmatrix} p_n & 1 - p_n \\ q_n & 1 - q_n \end{bmatrix}$$

であることがわかる．したがって，A^n が計算できれば，その極限

$$\lim_{n \to \infty} A^n$$

を求めることで，製品 X の普及率を知ることができる．しかし

$$A^2 = \begin{bmatrix} 0.52 & 0.48 \\ 0.16 & 0.84 \end{bmatrix}, \quad A^3 = \begin{bmatrix} 0.412 & 0.588 \\ 0.196 & 0.804 \end{bmatrix}, \ \cdots$$

と計算を続けていっても，A^n の予測がつかない．そこで，次の目標は，A^n をうまく求める方法を見いだすことになる．

6 章の結果を先取りすると，正則行列として $P = \begin{bmatrix} 1 & -3 \\ 1 & 1 \end{bmatrix}$ をとれば

$$P^{-1}AP = \begin{bmatrix} 1 & 0 \\ 0 & 0.6 \end{bmatrix}$$

となり，これから

$$A^n = \frac{1}{4} \begin{bmatrix} 1 + 3 \cdot 0.6^n & 3 - 3 \cdot 0.6^n \\ 1 - 0.6^n & 3 + 0.6^n \end{bmatrix}$$

が求まる．

製品 X の市場規模が 10 億人であるとすると，将来 (すなわち，$n \to \infty$ のとき) 製品 X を使用すると予想できる人数は，どのくらいであろうか?

10 億人のうち，現在，製品 X の使用者が a 人，未使用者が b 人とすると

$$a \lim_{n \to \infty} p_n + b \lim_{n \to \infty} q_n = \frac{1}{4}(a + b) = 250\,000\,000$$

であるから，2 億 5000 万人が製品 X を使用すると予測できる．

2

連立１次方程式と階数

連立１次方程式が与えられたとき，その解はいつもただ１組に定まるとは限らない．解が存在しないこともあるし，解が無数にあって１つには定まらないこともある．この章では，そのような場合もすべて含めて，連立１次方程式の構造を明らかにする．

2.1 連立１次方程式と行列

連立１次方程式は

Ⅰ．１つの方程式の両辺に０でない数を掛ける．

Ⅱ．１つの方程式の両辺に他の方程式の両辺を何倍かしたものを辺々加える．

Ⅲ．２つの方程式を入れ替える．

の３つの操作によって，与えられた方程式をより簡単な方程式に変形していくことにより解かれる．解く過程では，未知数や等号は省略し，係数だけを集めた行列をつくって，方程式に行う操作と同じ操作をこの行列に対して行っていくのが効率的である．

ここで，連立１次方程式

$$\begin{cases} x - 2y + 3z = 1 & \cdots\cdots① \\ 3x + y - 5z = -4 & \cdots\cdots② \\ -2x + 6y - 9z = -2 & \cdots\cdots③ \end{cases}$$

について

「方程式を解く式変形」　と　「対応する行列の変形」

の両方を並記してみよう．

$$\begin{cases} x - 2y + 3z = 1 \\ 3x + y - 5z = -4 \\ -2x + 6y - 9z = -2 \end{cases} \qquad \begin{bmatrix} 1 & -2 & 3 & 1 \\ 3 & 1 & -5 & -4 \\ -2 & 6 & -9 & -2 \end{bmatrix}$$

第 2 式に第 1 式の -3 倍を加え　　第 2 行に第 1 行の -3 倍を加え
第 3 式に第 1 式の 2 倍を加える　　第 3 行に第 1 行の 2 倍を加える

$$\begin{cases} x - 2y + 3z = 1 \\ 7y - 14z = -7 \\ 2y - 3z = 0 \end{cases} \qquad \begin{bmatrix} 1 & -2 & 3 & 1 \\ 0 & 7 & -14 & -7 \\ 0 & 2 & -3 & 0 \end{bmatrix}$$

第 2 式を $\frac{1}{7}$ 倍する　　第 2 行を $\frac{1}{7}$ 倍する

$$\begin{cases} x - 2y + 3z = 1 \\ y - 2z = -1 \\ 2y - 3z = 0 \end{cases} \qquad \begin{bmatrix} 1 & -2 & 3 & 1 \\ 0 & 1 & -2 & -1 \\ 0 & 2 & -3 & 0 \end{bmatrix}$$

第 1 式に第 2 式の 2 倍を加え　　第 1 行に第 2 行の 2 倍を加え
第 3 式に第 2 式の -2 倍を加える　　第 3 行に第 2 行の -2 倍を加える

$$\begin{cases} x - z = -1 \\ y - 2z = -1 \\ z = 2 \end{cases} \qquad \begin{bmatrix} 1 & 0 & -1 & -1 \\ 0 & 1 & -2 & -1 \\ 0 & 0 & 1 & 2 \end{bmatrix}$$

第 1 式に第 3 式を加え　　第 1 行に第 3 行を加え
第 2 式に第 3 式の 2 倍を加える　　第 2 行に第 3 行の 2 倍を加える

$$\begin{cases} x = 1 \\ y = 3 \\ z = 2 \end{cases} \qquad \begin{bmatrix} 1 & 0 & 0 & 1 \\ 0 & 1 & 0 & 3 \\ 0 & 0 & 1 & 2 \end{bmatrix}$$

となって，解 $x = 1$, $y = 3$, $z = 2$ が得られる．

以上のことを一般化し，行列の言葉で置き換えることによって，連立 1 次方程式の解法がより理論的に構成されることをみていこう．

2.2 基本行列

基本行列の定義　次の 3 つの型の正方行列 $P_i(c)$, $P_{ij}(c)$, P_{ij} を基本行列という．

$P_i(c)$　：単位行列の第 i 行を c 倍 $(c \neq 0)$ した行列
$P_{ij}(c)$：単位行列の第 i 行に第 j 行の c 倍を加えた行列
P_{ij}　：単位行列の第 i 行と第 j 行を入れ替えた行列

すなわち

$$
P_i(c) = \begin{bmatrix}
1 & & & \vdots & & & \\
& \ddots & & \vdots & & O & \\
& & 1 & \vdots & & & \\
\cdots & \cdots & \cdots & c & \cdots & \cdots & \cdots \\
& & & \vdots & 1 & & \\
& O & & \vdots & & \ddots & \\
& & & \vdots & & & 1
\end{bmatrix} \quad \leftarrow \text{第 } i \text{ 行}
$$

第 i 列 ↓

$$
P_{ij}(c) = \begin{bmatrix}
1 & & & \vdots & & O \\
& \ddots & & \vdots & & \\
\cdots & \cdots & 1 & \cdots & c & \cdots \cdots \\
& & & \ddots & \vdots & \\
& & & & 1 & \\
& O & & \vdots & & \ddots \\
& & & \vdots & & 1
\end{bmatrix} \quad \leftarrow \text{第 } i \text{ 行}
$$

第 j 列 ↓

$$
P_{ij} = \begin{bmatrix}
1 & & & \vdots & & & \vdots & & \\
& \ddots & & \vdots & & & \vdots & O & \\
& & 1 & \vdots & & & \vdots & & \\
\cdots \cdots & \cdots & 0 & \cdots \cdots & \cdots & 1 & \cdots \cdots & \\
& & & \vdots & 1 & & \vdots & & \\
& & & \vdots & & \ddots & \vdots & & \\
& & & \vdots & & & 1 & \vdots & \\
\cdots \cdots & \cdots & 1 & \cdots \cdots & \cdots & 0 & \cdots \cdots & \\
& & & \vdots & & & \vdots & 1 & \\
& O & & \vdots & & & \vdots & & \ddots \\
& & & \vdots & & & \vdots & & 1
\end{bmatrix}
\begin{matrix} \\ \\ \\ \leftarrow \text{第 } i \text{ 行} \\ \\ \\ \\ \leftarrow \text{第 } j \text{ 行} \\ \\ \\ \end{matrix}
$$

第 i 列 ↓　　　第 j 列 ↓

基本行列との積　基本行列を行列 A の左から掛けてみると

$P_i(c)A$ ：A の第 i 行を c 倍した行列
$P_{ij}(c)A$: A の第 i 行に第 j 行の c 倍を加えた行列
$P_{ij}A$ 　：A の第 i 行と第 j 行を入れ替えた行列

となることがわかる．

問 1　次の掛け算をせよ．

(1) $P_3\left(\dfrac{1}{3}\right)\begin{bmatrix}1&4&7\\2&5&8\\3&6&9\end{bmatrix}$　(2) $P_{21}(-2)\begin{bmatrix}1&2&3\\2&5&8\\0&1&2\end{bmatrix}$　(3) $P_{13}\begin{bmatrix}8&1&6\\3&5&7\\4&9&2\end{bmatrix}$

問 2　次を示せ．

(1) $P_{ij}=P_{ij}(-1)P_{ji}(1)P_j(-1)P_{ij}(1)$　(2) $P_i(c)P_j(d)=P_j(d)P_i(c)$
(3) $P_{ij}(c)P_{kj}(d)=P_{kj}(d)P_{ij}(c)$　(4) $P_{ij}(c)P_{ik}(d)=P_{ik}(d)P_{ij}(c)$

基本行列の正則性　実際に計算して $P_i(c)P_i\left(\dfrac{1}{c}\right)=I$ などを確かめることにより，次の結果を得る．

定理 2.1 (基本行列の逆行列)

すべての基本行列は正則行列で，その逆行列もまた同じ型の基本行列である．すなわち

$$P_i(c)^{-1}=P_i\left(\frac{1}{c}\right),\qquad P_{ij}(c)^{-1}=P_{ij}(-c),\qquad {P_{ij}}^{-1}=P_{ij}$$

2.3 行基本変形と階段行列

行基本変形　行列の行に関する次の 3 つの操作を行基本変形という．

(R1) 第 i 行を c 倍する (ただし，$c\neq 0$).　(記号 cr_i)
(R2) 第 i 行に第 j 行の c 倍を加える．　(記号 r_i+cr_j)
(R3) 第 i 行と第 j 行を入れ替える．　(記号 $r_i\leftrightarrow r_j$)

2.2 節で確認したように，行列 A に対して上の行基本変形を行うことは，基本行列 $P_i(c)$, $P_{ij}(c)$, P_{ij} を，それぞれ A の左から掛けることと同等である．すなわち

「行基本変形」 $\Longleftrightarrow$ 「基本行列 $\times A$」

階段行列　どんな行列も，適当な行基本変形を何回か繰り返すことによって，階段行列とよばれる特別な形の行列に変形できることを以下で示す．ここで，$m \times n$ 型の階段行列とは，次の 3 条件を満たす行列をいう．(零行列も階段行列とよぶが，簡単のため以下の条件においては零行列でないとする．)

(1)　ある k $(1 \leqq k \leqq m)$ に対して，第 1 行から第 k 行まではどれも零ベクトルでなく，残りの $m-k$ 個の行はすべて零ベクトルである．

(2)　第 i 行 $(1 \leqq i \leqq k)$ の成分を左から順にみて，0 でない最初の数は 1 である．また，この 1 が第 i 行の q_i 番目にあったとすると

$$q_1 < q_2 < \cdots < q_k$$

(3)　第 q_i 列 $(1 \leqq i \leqq k)$ は m 次基本ベクトル $\boldsymbol{e}_i$ である．

例 1

$$\begin{bmatrix} 0 & \overset{\overset{q_1}{\downarrow}}{1} & * & \overset{\overset{q_2}{\downarrow}}{0} & * & * & \overset{\overset{q_3}{\downarrow}}{0} & * \\ 0 & 0 & 0 & 1 & * & * & 0 & * \\ 0 & 0 & 0 & 0 & 0 & 0 & 1 & * \\ 0 & 0 & 0 & 0 & 0 & 0 & 0 & 0 \\ 0 & 0 & 0 & 0 & 0 & 0 & 0 & 0 \end{bmatrix}$$

は 5×8 階段行列で，$k = 3$, $q_1 = 2$, $q_2 = 4$, $q_3 = 7$ である．ここで，$*$ はどんな数でもよい．

問 3　次の階段行列をすべて求めよ．

(1)　2 次正方行列　　(2)　2×3 行列　　(3)　3×2 行列

問 4　どの行ベクトルも零ベクトルでない n 次正方階段行列は，単位行列 I_n であることを示せ．

定理 2.2 (変形定理)

任意の行列 A は，適当な行基本変形を何回か行うことにより，必ず階段行列 B に変形できる．特に，(一連の行基本変形に対応する基本行列の積の形をした) 正則行列 P が存在して

$$B = PA$$

と表せる．

証明　掃き出し法とよばれる次の手順に従って，A を

$$A \to A_1 \to A_2 \to \cdots \to A_k = B$$

と，何回かのステップを経て B に変形する．

ステップ 1:

(1-0) Aの各列を第1列から順にみて，零ベクトルでない最初の列を第q_1列とする．さらに，第q_1列を上から順にみて，0でない最初の成分$(=\alpha_1)$をもつ行を第i_1行とする．

(1-1) もし$\alpha_1 \neq 1$ならば，第i_1行を$\frac{1}{\alpha_1}$倍し(i_1, q_1)成分を1にする（行基本変形R1）．

(1-2) この(i_1, q_1)成分1をもとに，行基本変形R2を必要なだけ繰り返し，第q_1列の残りの成分をすべて0にする（この操作を(i_1, q_1)成分を軸とする第q_1列の成分の掃き出しという）．

(1-3) もし$i_1 \neq 1$ならば，第1行と第i_1行を入れ替える（行基本変形R3）．

$$A$$

$$\Big\downarrow P_{i_1}\left(\tfrac{1}{\alpha_1}\right) \ (1\text{-}1)$$

$$\begin{bmatrix} 0 & \cdots & 0 & 0 & \\ \vdots & & \vdots & \vdots & \\ \vdots & & \vdots & 0 & \\ 0 & \cdots & 0 & 1 & * \\ \vdots & & \vdots & * & \\ \vdots & & \vdots & \vdots & \\ 0 & \cdots & 0 & * & \end{bmatrix} \quad (\text{第 } q_1 \text{ 列})$$

$$\Big\downarrow P_{ji_1}(*) \ (1\text{-}2)$$

$$\begin{bmatrix} 0 & \cdots & 0 & 0 & \\ \vdots & & \vdots & \vdots & \\ \vdots & & \vdots & 0 & \\ 0 & \cdots & 0 & 1 & * \\ \vdots & & \vdots & 0 & \\ \vdots & & \vdots & \vdots & \\ 0 & \cdots & 0 & 0 & \end{bmatrix}$$

$$\Big\downarrow P_{1i_1} \ (1\text{-}3)$$

$$A_1 = \begin{bmatrix} 0 & \cdots & 0 & 1 & \\ 0 & \cdots & 0 & 0 & \\ \vdots & & \vdots & \vdots & * \\ \vdots & & \vdots & \vdots & \\ 0 & \cdots & 0 & 0 & \end{bmatrix}$$

ステップ 2:

(2-0) ステップ1で得られた行列A_1の第q_1+1列以降を順にみて，上から2番目以下の成分に0でない数をもつ最初の列を第q_2列とする．さらに，第q_2列の2番目以下の成分を上から順にみて，0でない最初の成分$(=\alpha_2)$をもつ行を第i_2行とする．

(2-1) もし$\alpha_2 \neq 1$ならば，第i_2行を$\frac{1}{\alpha_2}$倍し(i_2, q_2)成分を1にする．

$$\Big\downarrow P_{i_2}\left(\tfrac{1}{\alpha_2}\right) \ (2\text{-}1)$$

$$\begin{bmatrix} 0 \cdots 0 & 1 & * & \cdots & * & * & \\ 0 \cdots 0 & 0 & 0 & \cdots & 0 & 0 & \\ \vdots & \vdots & \vdots & & \vdots & \vdots & \\ \vdots & \vdots & \vdots & & \vdots & 0 & \\ \vdots & \vdots & \vdots & & \vdots & 1 & * \\ \vdots & \vdots & \vdots & & \vdots & * & \\ \vdots & \vdots & \vdots & & \vdots & \vdots & \\ 0 \cdots 0 & 0 & 0 & \cdots & 0 & * & \end{bmatrix} \quad (q_1 \text{ 列}, q_2 \text{ 列})$$

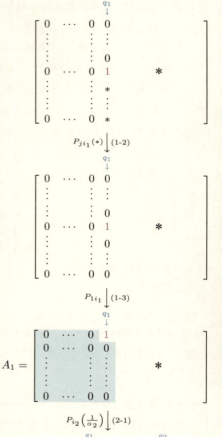

(2-2) この成分 1 を軸にして第 q_2 列の成分を掃き出す.

(2-3) もし $i_2 \neq 2$ ならば，第 2 行と第 i_2 行を入れ替える.

$$\Big\downarrow P_{ji_2}(*) \quad (2\text{-}2)$$

$$\begin{bmatrix} 0 & \cdots & 0 & \overset{q_1}{\downarrow}1 & * & \cdots & * & \overset{q_2}{\downarrow}0 & \\ 0 & \cdots & 0 & 0 & 0 & \cdots & 0 & 0 & \\ \vdots & & \vdots & \vdots & \vdots & & \vdots & \vdots & \\ \vdots & & \vdots & \vdots & \vdots & & \vdots & 0 & \\ \vdots & & \vdots & \vdots & \vdots & & \vdots & 1 & * \\ \vdots & & \vdots & \vdots & \vdots & & \vdots & 0 & \\ \vdots & & \vdots & \vdots & \vdots & & \vdots & \vdots & \\ 0 & \cdots & 0 & 0 & 0 & \cdots & 0 & 0 & \end{bmatrix}$$

$$\Big\downarrow P_{2i_2} \quad (2\text{-}3)$$

$$A_2 = \begin{bmatrix} 0 & \cdots & 0 & \overset{q_1}{\downarrow}1 & * & \cdots & * & \overset{q_2}{\downarrow}0 & \\ 0 & \cdots & 0 & 0 & 0 & \cdots & 0 & 1 & \\ \vdots & & \vdots & \vdots & \vdots & & \vdots & 0 & * \\ \vdots & & \vdots & \vdots & \vdots & & \vdots & \vdots & \\ 0 & \cdots & 0 & 0 & 0 & \cdots & 0 & 0 & \end{bmatrix}$$

以下，同様の掃き出し操作を可能な限り続けて，k 回目のステップで完了し，行列 $A_k = B$ が得られたとする．このとき

$$B = \begin{bmatrix} 0\cdots 0 & \overset{q_1}{\downarrow}1 & * & \cdots & * & \overset{q_2}{\downarrow}0 & \cdots\cdots & \overset{q_k}{\downarrow}0 & \\ \vdots \quad \vdots & 0 & 0 & \cdots & 0 & 1 & * & \vdots & \\ \vdots \quad \vdots & \vdots & \vdots & & \vdots & 0 & & \vdots & * \\ \vdots \quad \vdots & \vdots & \vdots & & \vdots & \vdots & & 0 & \\ \vdots \quad \vdots & \vdots & \vdots & & \vdots & \vdots & \cdots 0 & 1 & \\ \vdots \quad \vdots & \vdots & \vdots & & \vdots & \vdots & \cdots\cdots & 0 & 0\cdots 0 \\ \vdots \quad \vdots & \vdots & \vdots & & \vdots & \vdots & \cdots\cdots & \vdots & \vdots \quad \vdots \\ 0\cdots 0 & 0 & 0 & \cdots & 0 & 0 & \cdots\cdots & 0 & 0\cdots 0 \end{bmatrix}$$

は階段行列の 3 条件を満たしている．

また，r 回の行基本変形によって，A から B に変形されたとし，各行基本変形に対応する基本行列を P_1，P_2，$\cdots$，P_r とする．各変形行列は左から対応する基本行列を順に掛けることによって得られるから

$$B = P_r \cdots P_2 P_1 A$$

と表せる．したがって

$$P = P_r \cdots P_2 P_1$$

とおけば，$B = PA$ で，P は基本行列 (正則行列) の積だから正則行列である． □

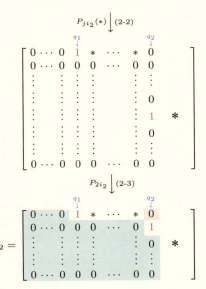

行列の階数 行列を階段行列に変形する仕方は何通りも考えられるが，階段行列における零ベクトルでない行の数 (すなわち，階段行列の段の数) k は，変形の仕方に関係しない定数であることが後で示される (定理 2.10)．この定数 k を行列 A の**階数**といい，$\mathrm{rank}\,A$ で表す．零行列の階数は 0 と約束する．

注意 実は，階数だけでなく，階段行列も変形の仕方に関係なく一意的に定まる (定理 2.11)．以後，A から得られる階段行列を A の**階段行列**とよぶことにする．

例 2 $A = \begin{bmatrix} 1 & 2 & 2 & 0 & -3 \\ 2 & 4 & 4 & 3 & 0 \\ -1 & -1 & 1 & 0 & 3 \\ 0 & 1 & 3 & 2 & 4 \end{bmatrix}$ の階段行列と階数を求めよ．

解答 縦書きの表にして変形行列を書いていくと計算が便利である．以下の表で，上段の行列から下段の行列を得るには，下段左側の行基本変形を上段の行列に施せばよい．また，○印で囲まれた成分は，その列の成分を掃き出すとき軸に用いた成分を表す．

基本変形	行		列			基本行列との積[1]
	①	2	2	0	-3	
	2	4	4	3	0	A
	-1	-1	1	0	3	
	0	1	3	2	4	
	1	2	2	0	-3	
$r_2 + (-2)r_1$	0	0	0	3	6	$P_{31}(1)P_{21}(-2)A = A_1$
$r_3 + r_1$	0	1	3	0	0	
	0	1	3	2	4	
	1	2	2	0	-3	
$r_2 \leftrightarrow r_3$	0	①	3	0	0	$P_{23}A_1 = A_2$
	0	0	0	3	6	
	0	1	3	2	4	
$r_1 + (-2)r_2$	1	0	-4	0	-3	
	0	1	3	0	0	$P_{42}(-1)P_{12}(-2)A_2 = A_3$
	0	0	0	3	6	
$r_4 + (-1)r_2$	0	0	0	2	4	
	1	0	-4	0	-3	
	0	1	3	0	0	$P_3\left(\frac{1}{3}\right)A_3 = A_4$
$\frac{1}{3}r_3$	0	0	0	①	2	
	0	0	0	2	4	
	1	0	-4	0	-3	
	0	1	3	0	0	$P_{43}(-2)A_4 = B$
	0	0	0	1	2	
$r_4 + (-2)r_3$	0	0	0	0	0	

1) 実際の計算では，右側の基本行列との積の段は書く必要はない．

よって，求める階段行列は $B = \begin{bmatrix} 1 & 0 & -4 & 0 & -3 \\ 0 & 1 & 3 & 0 & 0 \\ 0 & 0 & 0 & 1 & 2 \\ 0 & 0 & 0 & 0 & 0 \end{bmatrix}$ で，特に $\mathrm{rank}\, A = 3$. □

問 5 次の行列の階段行列と階数を求めよ．

(1) $\begin{bmatrix} 0 & -1 & 4 \\ 1 & 2 & 3 \end{bmatrix}$ (2) $\begin{bmatrix} 1 & 2 & 4 & 3 \\ 0 & 1 & 3 & 1 \\ 2 & 1 & -1 & 3 \end{bmatrix}$ (3) $\begin{bmatrix} 2 & 1 & 0 & 4 \\ 1 & 0 & 2 & 2 \\ 3 & 2 & 1 & 9 \end{bmatrix}$

問 6 (変形定理を用いて) 次を示せ．n 次正方行列 A, X に対して，$AX = I$ ならば $XA = I$ である．

問 6 より，A が正則であるための必要十分条件は，$AX = I$ を満たす行列 X が存在することである．

2.4 連立 1 次方程式の解法

2.1 節の例にならって，ここでは n 個の未知数 $x_1, x_2, \cdots, x_n$ に関する m 個の式からなる一般の連立 1 次方程式の解法について考えよう．

行列表示 連立 1 次方程式

$$\begin{cases} a_{11}x_1 + a_{12}x_2 + \cdots + a_{1n}x_n = b_1 \\ a_{21}x_1 + a_{22}x_2 + \cdots + a_{2n}x_n = b_2 \\ \cdots\cdots \\ a_{m1}x_1 + a_{m2}x_2 + \cdots + a_{mn}x_n = b_m \end{cases}$$

において，係数，未知数および右辺の定数がつくる行列をそれぞれ

$$A = \begin{bmatrix} a_{11} & a_{12} & \cdots & a_{1n} \\ a_{21} & a_{22} & \cdots & a_{2n} \\ \vdots & \vdots & & \vdots \\ a_{m1} & a_{m2} & \cdots & a_{mn} \end{bmatrix}, \quad \boldsymbol{x} = \begin{bmatrix} x_1 \\ x_2 \\ \vdots \\ x_n \end{bmatrix}, \quad \boldsymbol{b} = \begin{bmatrix} b_1 \\ b_2 \\ \vdots \\ b_m \end{bmatrix}$$

とおくと，与えられた連立 1 次方程式は次のように行列表示できる．

$$A\boldsymbol{x} = \boldsymbol{b}$$

この $m \times n$ 行列 A を連立 1 次方程式の係数行列といい，A に右辺のベクトル $\boldsymbol{b}$ を付け加えた $m \times (n+1)$ 行列

$$[A, \boldsymbol{b}] = \begin{bmatrix} a_{11} & a_{12} & \cdots & a_{1n} & b_1 \\ a_{21} & a_{22} & \cdots & a_{2n} & b_2 \\ \vdots & \vdots & & \vdots & \vdots \\ a_{m1} & a_{m2} & \cdots & a_{mn} & b_m \end{bmatrix}$$

を連立1次方程式の拡大係数行列という．また，未知数のつくる n 次ベクトル $\boldsymbol{x}$ を未知数ベクトル，右辺のつくる m 次ベクトル $\boldsymbol{b}$ を定数項ベクトルという．

解の存在 2.1 節の具体例からもわかるように，連立1次方程式は，もしその係数行列が一連の行基本変形 (掃き出し法) によって単位行列に変形されるならば，ただ1組の解をもつ．しかし，一般には不定や不能の場合もあり，係数行列が単位行列にまで変形できるとは限らない．では，どんな行列にまで変形すれば解が見通せるようになるのだろうか？　その答えとして考案されたのが 2.3 節で定義した階段行列である．以下では，拡大係数行列を階段行列へ変形して解を考察する．

定理 2.2 (変形定理) によれば，係数行列 A は適当な一連の行基本変形によって階段行列 $B = PA$ に変形できる．いま，これと同じ行基本変形を拡大係数行列 $\bigl[A, \boldsymbol{b}\bigr]$ にも行うと，行列 $\bigl[B, \boldsymbol{c}\bigr]$ に変形される．

$$\bigl[A, \boldsymbol{b}\bigr] \xrightarrow[\text{行基本変形}]{P} \bigl[B, \boldsymbol{c}\bigr] = \left[\begin{array}{cccccc|c} \overset{q_1}{\downarrow} & & \overset{q_2}{\downarrow} & \cdots & \overset{q_k}{\downarrow} & & \\ 1 & * & 0 & & 0 & & \beta_1 \\ & & 1 & * & \vdots & * & \beta_2 \\ & & & & 0 & & \vdots \\ & & & & 1 & & \beta_k \\ & & & & & & \beta_{k+1} \\ O & & & & & & \vdots \\ & & & & & & \beta_m \end{array}\right]$$

ここで，$P\bigl[A, \boldsymbol{b}\bigr] = \bigl[B, \boldsymbol{c}\bigr]$ であるから，2つの連立1次方程式 $A\boldsymbol{x} = \boldsymbol{b}$ と $B\boldsymbol{x} = \boldsymbol{c}$ は同値で，両者は同じ解をもつ．

いま，$B\boldsymbol{x} = \boldsymbol{c}$ の解を見やすくするために，未知数 x_{q_1}，x_{q_2}，$\cdots$，x_{q_k} をそれぞれ y_1，y_2，$\cdots$，y_k で，残りの未知数 x_i $(i \neq q_1,\ q_2,\ \cdots,\ q_k)$ を添字順にそれぞれ y_{k+1}，y_{k+2}，$\cdots$，y_n で置き換えてみる．すると，連立1次方程式 $B\boldsymbol{x} = \boldsymbol{c}$ は，次のように表せる．

$$\begin{cases} y_1 \qquad\qquad + \gamma_{1\,k+1} y_{k+1} + \cdots + \gamma_{1n} y_n = \beta_1 \\ \quad y_2 \qquad\quad + \gamma_{2\,k+1} y_{k+1} + \cdots + \gamma_{2n} y_n = \beta_2 \\ \qquad\qquad\qquad\qquad \cdots\cdots \\ \qquad\qquad y_k + \gamma_{k\,k+1} y_{k+1} + \cdots + \gamma_{kn} y_n = \beta_k \\ \qquad\qquad\qquad\qquad\qquad\qquad 0 = \beta_{k+1} \\ \qquad\qquad\qquad\qquad\qquad\qquad \vdots \\ \qquad\qquad\qquad\qquad\qquad\qquad 0 = \beta_m \end{cases}$$

したがって，最初に与えた連立 1 次方程式 $A\boldsymbol{x} = \boldsymbol{b}$ が解をもつための必要十分条件はこの式が矛盾でないこと，すなわち

$$\beta_{k+1} = \beta_{k+2} = \cdots = \beta_m = 0$$

が成り立つことである．ところで，この条件は $[A, \boldsymbol{b}]$ の階段行列が

$$[B, \boldsymbol{c}] = \begin{bmatrix} & \overset{q_1}{\downarrow} & & \overset{q_2}{\downarrow} & & \overset{q_k}{\downarrow} & & \\ & 1 & * & 0 & & 0 & & \beta_1 \\ & & & 1 & * & \vdots & * & \beta_2 \\ & & & & & 0 & & \vdots \\ & & & & & 1 & & \beta_k \\ & & & & & & & 0 \\ & & O & & & & & \vdots \\ & & & & & & & 0 \end{bmatrix}$$

になることと同値であるから，行列の階数を用いて表すと，次の解の存在条件が得られる．

定理 2.3 (解の存在条件)

連立 1 次方程式 $A\boldsymbol{x} = \boldsymbol{b}$ が解をもつための必要十分条件は

$$\mathrm{rank}[A, \boldsymbol{b}] = \mathrm{rank}\, A$$

が成り立つことである．

解の自由度　連立 1 次方程式 $A\boldsymbol{x} = \boldsymbol{b}$ が解をもつとき，その解の一般的な形は，先の $n - k$ 個の変数 $y_{k+1}, \cdots, y_n$ に任意の値

$$y_{k+1} = c_1, \quad \cdots, \quad y_n = c_{n-k}$$

を与えることにより

$$\begin{cases} y_1 &= \beta_1 - \gamma_{1\,k+1}c_1 - \cdots - \gamma_{1n}c_{n-k} \\ y_2 &= \beta_2 - \gamma_{2\,k+1}c_1 - \cdots - \gamma_{2n}c_{n-k} \\ &\vdots \\ y_k &= \beta_k - \gamma_{k\,k+1}c_1 - \cdots - \gamma_{kn}c_{n-k} \\ y_{k+1} &= c_1 \\ &\vdots \\ y_n &= c_{n-k} \end{cases}$$

で表される．すべての解を表すのに必要な任意定数の個数

$$n - k = n - \mathrm{rank}\, A$$

を $A\boldsymbol{x} = \boldsymbol{b}$ の解の自由度という．以上をまとめると次のようになる．

定理 2.4 (解の自由度)

未知数 n 個の連立1次方程式 $A\boldsymbol{x} = \boldsymbol{b}$ において，次が成り立つ．

(1) $A\boldsymbol{x} = \boldsymbol{b}$ が，ただ1組の解をもつための必要十分条件は

$$\mathrm{rank}\big[A, \boldsymbol{b}\big] = \mathrm{rank}\, A = n$$

(2) $A\boldsymbol{x} = \boldsymbol{b}$ が，無数の解をもつための必要十分条件は

$$\mathrm{rank}\big[A, \boldsymbol{b}\big] = \mathrm{rank}\, A < n$$

さらに，このとき解の自由度は $n - \mathrm{rank}\, A$ である．

問7 正方行列 A を係数行列にもつ連立1次方程式 $A\boldsymbol{x} = \boldsymbol{b}$ がただ1つの解をもつことと，A が正則であることは，同値であることを示せ．

例 3 連立1次方程式 $\begin{cases} x - 2y + 5z = 0 \\ -3x + y + 2z = -3 \\ 2x - y + z = 3 \\ 4x - 2y - 3z = 1 \end{cases}$ を解け．

解答 まず，拡大係数行列 $\big[A, \boldsymbol{b}\big]$ をつくり，それに掃き出し計算を行って階段行列に変形する．

基本変形	x	y	z	右辺
	①	-2	5	0
$\big[A, \boldsymbol{b}\big] =$	-3	1	2	-3
	2	-1	1	3
	4	-2	-3	1
	1	-2	5	0
$r_2 + 3r_1$	0	-5	17	-3
$r_3 + (-2)r_1$	0	3	-9	3
$r_4 + (-4)r_1$	0	6	-23	1
	1	-2	5	0
$r_2 + 2r_3$	0	①	-1	3
	0	3	-9	3
	0	6	-23	1
$r_1 + 2r_2$	1	0	3	6
	0	1	-1	3
$r_3 + (-3)r_2$	0	0	-6	-6
$r_4 + (-6)r_2$	0	0	-17	-17
	1	0	3	6
	0	1	-1	3
$-\frac{1}{6}r_3$	0	0	①	1
	0	0	-17	-17
$r_1 + (-3)r_3$	1	0	0	3
$r_2 + r_3$	0	1	0	4
	0	0	1	1
$r_4 + 17r_3$	0	0	0	0

$$\therefore \quad \mathrm{rank}\big[A, \boldsymbol{b}\big] = \mathrm{rank}\, A = 3\,(= 未知数の個数)$$

よって，この連立1次方程式はただ1組の解をもつ．実際，上の表の階段行列から

$$x = 3, \qquad y = 4, \qquad z = 1$$

または

$$\boldsymbol{x} = \begin{bmatrix} x \\ y \\ z \end{bmatrix} = \begin{bmatrix} 3 \\ 4 \\ 1 \end{bmatrix}$$

となる．

問 8 次の連立1次方程式を解け．

(1) $\begin{cases} x + 2y + 3z = 4 \\ 2x + 5y + 3z = 13 \\ x \qquad + 8z = -5 \end{cases}$　(2) $\begin{cases} x + 13y + 14z = -12 \\ x + 10y + z = 11 \\ 2x + 5y + 7z = -3 \\ 5x + 21y + 2z = 32 \end{cases}$

例 4 連立1次方程式 $\begin{cases} x + y + z + w = 1 \\ 5x + 6y + 3z + 7w = 1 \\ 2x + y + 4z \qquad = 6 \end{cases}$ を解け．

解答 拡大係数行列 $\big[A, \boldsymbol{b}\big]$ に掃き出し計算を行い，その階段行列を求めると

基本変形	x	y	z	w	右辺
	①	1	1	1	1
$\big[A, \boldsymbol{b}\big] =$	5	6	3	7	1
	2	1	4	0	6
	1	1	1	1	1
$r_2 + (-5)r_1$	0	①	-2	2	-4
$r_3 + (-2)r_1$	0	-1	2	-2	4
$r_1 + (-1)r_2$	1	0	3	-1	5
	0	1	-2	2	-4
$r_3 + r_2$	0	0	0	0	0

$$\therefore \quad \mathrm{rank}\big[A, \boldsymbol{b}\big] = \mathrm{rank}\, A = 2 < 4\,(= 未知数の個数)$$

したがって，この連立1次方程式は無数の解をもち，解の自由度は $4 - 2 = 2$ である．求めた階段行列に対応する方程式は

$$\begin{cases} x \qquad + 3z - w = 5 \\ \qquad y - 2z + 2w = -4 \end{cases}$$

よって，a, b を任意定数として $z = a$，$w = b$ とおけば，解は

$$\begin{cases} x = 5 - 3a + b \\ y = -4 + 2a - 2b \\ z = a \\ w = b \end{cases}$$

または

$$\boldsymbol{x} = \begin{bmatrix} x \\ y \\ z \\ w \end{bmatrix} = \begin{bmatrix} 5 \\ -4 \\ 0 \\ 0 \end{bmatrix} + a \begin{bmatrix} -3 \\ 2 \\ 1 \\ 0 \end{bmatrix} + b \begin{bmatrix} 1 \\ -2 \\ 0 \\ 1 \end{bmatrix}$$

となる.

注意 **任意定数の置き方** 「階段の 1 のない列」に対応する未知数をすべて任意定数とおけ.

問 9 次の連立 1 次方程式を解け.

(1) $\begin{cases} -x + y - 6z = -5 \\ 3x - y + 2z = 1 \\ 2x - y + 4z = 3 \end{cases}$ (2) $\begin{cases} 4x + 2y + z + w = 9 \\ 6x + 3y + z - 17w = 13 \\ 3x + y + z - 10w = 6 \end{cases}$

例 5 連立 1 次方程式 $\begin{cases} x + 2y + 3z = 0 \\ -3x + 2y + 7z = 8 \\ 3x + y - z = 2 \end{cases}$ を解け.

解答 拡大係数行列 $[A, \boldsymbol{b}]$ に掃き出し計算を行い, その階段行列を求めると

基本変形	x	y	z	右辺
	①	2	3	0
$[A, \boldsymbol{b}] =$	-3	2	7	8
	3	1	-1	2
	1	2	3	0
$r_2 + 3r_1$	0	8	16	8
$r_3 + (-3)r_1$	0	-5	-10	2
	1	2	3	0
$\frac{1}{8}r_2$	0	①	2	1
	0	-5	-10	2
$r_1 + (-2)r_2$	1	0	-1	-2
	0	1	2	1
$r_3 + 5r_2$	0	0	0	7
	1	0	-1	-2
	0	1	2	1
$\frac{1}{7}r_3$	0	0	0	①
$r_1 + 2r_3$	1	0	-1	0
$r_2 + (-1)r_3$	0	1	2	0
	0	0	0	1

$$\therefore \quad \operatorname{rank}[A, \boldsymbol{b}] = 3, \quad \operatorname{rank} A = 2$$

よって, $\operatorname{rank}[A, \boldsymbol{b}] \neq \operatorname{rank} A$ であるから, この連立 1 次方程式は解をもたない.

問 10 次の連立 1 次方程式を解け.

(1) $\begin{cases} 3x + 2y - 9z = 4 \\ x - 2y + 5z = 0 \\ 2x - y + z = 3 \end{cases}$ (2) $\begin{cases} x - 2y - z - 5w = 1 \\ 2x + 3y + 5z + 4w = 0 \\ 4x - y + 3z - 6w = 1 \end{cases}$

同次連立 1 次方程式 連立 1 次方程式 $A\boldsymbol{x} = \boldsymbol{b}$ において，定数項ベクトル $\boldsymbol{b}$ が $\boldsymbol{o}$ の場合，すなわち，方程式

$$A\boldsymbol{x} = \boldsymbol{o}$$

を同次連立 1 次方程式という．明らかに，$\boldsymbol{x} = \boldsymbol{o}$ はこの方程式の解である．この解を $A\boldsymbol{x} = \boldsymbol{o}$ の自明な解という．一般に，関心があるのは自明でない解 $\boldsymbol{x}(\neq \boldsymbol{o})$ をもつ場合である．

定理 2.5 (同次連立 1 次方程式の解)

未知数 n 個の同次連立 1 次方程式 $A\boldsymbol{x} = \boldsymbol{o}$ について，次が成り立つ．

(1) $A\boldsymbol{x} = \boldsymbol{o}$ はつねに自明な解 $\boldsymbol{x} = \boldsymbol{o}$ をもつ．

(2) $A\boldsymbol{x} = \boldsymbol{o}$ が自明な解 $\boldsymbol{x} = \boldsymbol{o}$ のみをもつための必要十分条件は

$$\operatorname{rank} A = n$$

(3) $A\boldsymbol{x} = \boldsymbol{o}$ が無数の解をもつための必要十分条件は

$$\operatorname{rank} A < n$$

さらに，このとき解の自由度は $n - \operatorname{rank} A$ である．

問 11 $m \times n$ 行列 A を係数行列にもつ同次連立 1 次方程式 $A\boldsymbol{x} = \boldsymbol{o}$ において，$m < n$ ならば，$A\boldsymbol{x} = \boldsymbol{o}$ はつねに無数の解をもつことを示せ．

一般解と基本解 未知数 n 個の同次連立 1 次方程式 $A\boldsymbol{x} = \boldsymbol{o}$ の解の自由度を $s\ (= n - \operatorname{rank} A)$ とおく．掃き出し法による解法からわかるように，その任意の解は，s 個の解 $\boldsymbol{x}_1, \boldsymbol{x}_2, \cdots, \boldsymbol{x}_s$ と s 個の任意定数 $c_1, c_2, \cdots, c_s$ を用いて

$$\boldsymbol{x} = c_1\boldsymbol{x}_1 + c_2\boldsymbol{x}_2 + \cdots + c_s\boldsymbol{x}_s$$

と表せる．これを $A\boldsymbol{x} = \boldsymbol{o}$ の一般解といい，また，$\boldsymbol{x}_1, \boldsymbol{x}_2, \cdots, \boldsymbol{x}_s$ を基本解という．基本解のもつ重要な性質は次の 3 点である．

(1) $c_1\boldsymbol{x}_1 + c_2\boldsymbol{x}_2 + \cdots + c_s\boldsymbol{x}_s = \boldsymbol{o}$ ならば，$c_1 = c_2 = \cdots = c_s = 0$ である．

(2) $A\boldsymbol{x} = \boldsymbol{o}$ の任意の解 $\boldsymbol{x}$ は，適当な数 $c_1, c_2, \cdots, c_s$ を選んで

$$\boldsymbol{x} = c_1\boldsymbol{x}_1 + c_2\boldsymbol{x}_2 + \cdots + c_s\boldsymbol{x}_s$$

と表される．

(3) $A\boldsymbol{x} = \boldsymbol{o}$ の基本解の個数は解の自由度に等しい．

同次連立 1 次方程式 $A\boldsymbol{x} = \boldsymbol{o}$ の解全体の集合を $A\boldsymbol{x} = \boldsymbol{o}$ の解空間といい，基本解の集合 $\{\boldsymbol{x}_1, \boldsymbol{x}_2, \cdots, \boldsymbol{x}_s\}$ を解空間の基底という．

性質 (1) は，基本解が**1次独立**であること

性質 (2) は，基本解が解空間の**生成系**であること

性質 (3) は，基本解の個数が解空間の**次元**に等しいこと

を示す．これらのことについては，4章のベクトル空間で詳しく議論する．

問12 $\boldsymbol{x}_1, \boldsymbol{x}_2$ が同次連立1次方程式 $A\boldsymbol{x}=\boldsymbol{o}$ の解ならば，$c_1\boldsymbol{x}_1+c_2\boldsymbol{x}_2$ (c_1, c_2 は定数) も $A\boldsymbol{x}=\boldsymbol{o}$ の解となることを示せ．

例6 同次連立1次方程式 $\begin{cases} x_1+2x_2+x_3-3x_4+2x_5=0 \\ 3x_1+6x_2+4x_3+2x_4-x_5=0 \\ 5x_1+10x_2+6x_3-4x_4+3x_5=0 \\ 2x_1+4x_2+x_3-17x_4+11x_5=0 \end{cases}$ を解け．

解答 同次連立1次方程式の場合は，式をどのように変形しても右辺の値は，つねに0で変わらない．したがって，掃き出し計算では，係数行列 A の階段行列を求めれば十分である．

基本変形	x_1	x_2	x_3	x_4	x_5
	①	2	1	−3	2
$A=$	3	6	4	2	−1
	5	10	6	−4	3
	2	4	1	−17	11
	1	2	1	−3	2
$r_2+(-3)r_1$	0	0	①	11	−7
$r_3+(-5)r_1$	0	0	1	11	−7
$r_4+(-2)r_1$	0	0	−1	−11	7
$r_1+(-1)r_2$	1	2	0	−14	9
	0	0	1	11	−7
$r_3+(-1)r_2$	0	0	0	0	0
r_4+r_2	0	0	0	0	0

$$\therefore \quad \operatorname{rank} A = 2 < 5\,(= \text{未知数の個数})$$

したがって，この同次連立1次方程式は無数の解をもち，解の自由度は $5-2=3$ である．求めた階段行列に対応する方程式は

$$\begin{cases} x_1+2x_2 \qquad -14x_4+9x_5=0 \\ \qquad\qquad x_3+11x_4-7x_5=0 \end{cases}$$

よって，a, b, c を任意定数として

$$x_2=a, \quad x_4=b, \quad x_5=c$$

とおけば，解は

$$\begin{cases} x_1 = -2a + 14b - 9c \\ x_2 = a \\ x_3 = -11b + 7c \\ x_4 = b \\ x_5 = c \end{cases}$$

または

$$\boldsymbol{x} = \begin{bmatrix} x_1 \\ x_2 \\ x_3 \\ x_4 \\ x_5 \end{bmatrix} = a \begin{bmatrix} -2 \\ 1 \\ 0 \\ 0 \\ 0 \end{bmatrix} + b \begin{bmatrix} 14 \\ 0 \\ -11 \\ 1 \\ 0 \end{bmatrix} + c \begin{bmatrix} -9 \\ 0 \\ 7 \\ 0 \\ 1 \end{bmatrix} \ (= a\boldsymbol{x}_1 + b\boldsymbol{x}_2 + c\boldsymbol{x}_3 \text{ とおく})$$

となる．特に，基本解 (解空間の基底) は $\{\boldsymbol{x}_1, \boldsymbol{x}_2, \boldsymbol{x}_3\}$ である．

問 13 次の同次連立 1 次方程式を解け．

(1) $\begin{cases} 2x - y + 3z = 0 \\ -3x + 2y - 4z = 0 \\ x - 4y + 10z = 0 \end{cases}$　　(2) $\begin{cases} x + 2y + 3z + 4w = 0 \\ 8x + y + 9z + 2w = 0 \\ 2x - y + z - 2w = 0 \end{cases}$

2.5 逆行列の求め方

この節では，掃き出し法による逆行列の求め方を与える．最初に，階数および階段行列による正則性の判定法を示そう．正則性の判定に関しては，後に，行列式あるいは固有値による方法 (3 章の定理 3.9，6 章の問 7) なども学ぶ．

定理 2.6 (正則性の判定)

n 次正方行列 A に対して，次の 3 つは同値である．

(1) A が正則

(2) $\operatorname{rank} A = n$

(3) A の階段行列が単位行列 I_n

証明 A の階段行列を $B = PA$ (P は正則) とする．

(1) $\Longrightarrow$ (2) A が正則ならば，$B = PA$ も正則となる．したがって，B の行ベクトルの中に零ベクトルは 1 つも含まれない．よって，$\operatorname{rank} A = n$ である．

(2) $\Longrightarrow$ (3) $\operatorname{rank} A = n$ のとき，階段行列の定義より，B は n 個の基本ベクトル $\boldsymbol{e}_1, \boldsymbol{e}_2, \cdots, \boldsymbol{e}_n$ を列ベクトルにもつ n 次正方行列，すなわち単位行列である．

(3) $\Longrightarrow$ (1) $B = I$ ならば，$PA = I$ より

$$A = P^{-1}I = P^{-1}$$

となる．よって，A は正則である． □

この定理 2.6 (正則性の判定) から，正則行列 A の階段行列は単位行列である．また，定理 2.2 (変形定理) より，適当な基本行列の積で表される正則行列

$$P = P_r \cdots P_2 P_1$$

が存在して，$PA = I$ と表せる．このとき

$$A = P^{-1} = {P_1}^{-1}{P_2}^{-1} \cdots {P_r}^{-1}$$

で，基本行列の逆行列 ${P_i}^{-1}$ もまた基本行列だから，A は基本行列の積で表される．よって，次の定理を得る．

定理 2.7 (正則行列と基本行列)

正則行列はいくつかの基本行列の積で表せる．

問 14 次の行列を基本行列の積で表せ．

(1) $\begin{bmatrix} 0 & -1 \\ 1 & 0 \end{bmatrix}$ (2) $\begin{bmatrix} 0 & 1 & 0 \\ 0 & 0 & 2 \\ 3 & 0 & 0 \end{bmatrix}$ (3) $\begin{bmatrix} 1 & 1 & 1 \\ 0 & 1 & 1 \\ 0 & 0 & 1 \end{bmatrix}$

逆行列の計算法 逆行列の計算法について述べよう．

A が正則行列のとき，A の階段行列 $PA = I$ の両辺の右から逆行列 A^{-1} を掛けると，$AA^{-1} = I$ だから

$$PI = A^{-1}$$

となる．行基本変形を行うことと，対応する基本行列を左から掛けることは同等であるから，$PA = I$ と $PI = A^{-1}$ の2式は，A の階段行列を求める行基本変形操作とまったく同じ行基本変形を I に行うと，A の逆行列 A^{-1} が求まることを示している．

$$\begin{array}{ccc} A & & I \\ P\big\downarrow & & P\big\downarrow \\ I & & A^{-1} \end{array}$$

一般に，A を n 次正方行列とするとき，$n \times 2n$ 行列 $\begin{bmatrix} A, I \end{bmatrix}$ に A の階段行列 B が得られるところまで行基本変形を行ってみる．ここで，$B = PA$ とすると

$$P\begin{bmatrix} A, I \end{bmatrix} = \begin{bmatrix} B, P \end{bmatrix}, \qquad \begin{array}{c} \begin{bmatrix} A, I \end{bmatrix} \\ P\big\downarrow \text{行基本変形} \\ \begin{bmatrix} B, P \end{bmatrix} \end{array}$$

である．したがって

$B=I$ ならば，　A は正則で，$P=A^{-1}$ である．
$B\neq I$ ならば，　A は正則でない．

この結果を使えば，行列の正則性の判定と同時に，逆行列が求まる．

例 7　$A=\begin{bmatrix}1&1&2\\3&0&8\\2&3&3\end{bmatrix}$ が正則であるか調べ，正則ならばその逆行列を求めよ．

解答

基本変形	A			I			基本行列との積
	①	1	2	1	0	0	
	3	0	8	0	1	0	$[A,\ I]=A_1$
	2	3	3	0	0	1	
	1	1	2	1	0	0	
$r_2+(-3)r_1$	0	-3	2	-3	1	0	$P_{31}(-2)P_{21}(-3)A_1=A_2$
$r_3+(-2)r_1$	0	1	-1	-2	0	1	
	1	1	2	1	0	0	
$r_2\leftrightarrow r_3$	0	①	-1	-2	0	1	$P_{23}A_2=A_3$
	0	-3	2	-3	1	0	
$r_1+(-1)r_2$	1	0	3	3	0	-1	
	0	1	-1	-2	0	1	$P_{32}(3)P_{12}(-1)A_3=A_4$
r_3+3r_2	0	0	-1	-9	1	3	
	1	0	3	3	0	-1	
	0	1	-1	-2	0	1	$P_3(-1)A_4=A_5$
$(-1)r_3$	0	0	①	9	-1	-3	
$r_1+(-3)r_3$	1	0	0	-24	3	8	
r_2+r_3	0	1	0	7	-1	-2	$P_{23}(1)P_{13}(-3)A_5$
	0	0	1	9	-1	-3	

よって，A の階段行列が I となるから，A は正則で

$$A^{-1}=\begin{bmatrix}-24&3&8\\7&-1&-2\\9&-1&-3\end{bmatrix}$$

注意　A は基本行列の積として次のように表せる．

$$\begin{aligned}A&=\bigl(P_{23}(1)P_{13}(-3)P_3(-1)P_{32}(3)P_{12}(-1)P_{23}P_{31}(-2)P_{21}(-3)\bigr)^{-1}\\&=P_{21}(3)P_{31}(2)P_{23}P_{12}(1)P_{32}(-3)P_3(-1)P_{13}(3)P_{23}(-1)\end{aligned}$$

問 15　次の行列が正則であるか調べ，正則ならばその逆行列を求めよ．

(1) $\begin{bmatrix}1&1&0\\1&1&1\\0&1&1\end{bmatrix}$　　(2) $\begin{bmatrix}1&1&1\\2&3&4\\1&3&6\end{bmatrix}$　　(3) $\begin{bmatrix}1&2&-3\\2&-3&1\\-3&1&2\end{bmatrix}$

2.6 行列の階数

列基本変形 行列の基本変形は，行に対する場合と同様に，列に対しても定義できる．

(C1) 第 i 列を c 倍する (ただし，$c \neq 0$)． (記号 cc_i)

(C2) 第 i 列に第 j 列の c 倍を加える． (記号 $c_i + cc_j$)

(C3) 第 i 列と第 j 列を入れ替える． (記号 $c_i \leftrightarrow c_j$)

この 3 つの操作を列基本変形という．行列 A に列基本変形を行うことは，基本行列 $P_i(c)$, $P_{ji}(c)$, P_{ij} を，それぞれ A の右から掛けることと同等である．すなわち

$AP_i(c)$ ：A の第 i 列を c 倍した行列

$AP_{ji}(c)$：A の第 i 列に第 j 列の c 倍を加えた行列

AP_{ij} ：A の第 i 列と第 j 列を入れ替えた行列

が成り立つ．

問 16 次の掛け算をせよ．

(1) $\begin{bmatrix} 1 & 4 & 7 \\ 2 & 5 & 8 \\ 3 & 6 & 9 \end{bmatrix} P_3\left(\dfrac{1}{3}\right)$ (2) $\begin{bmatrix} 1 & 2 & 3 \\ 2 & 5 & 8 \\ 0 & 1 & 2 \end{bmatrix} P_{21}(-2)$ (3) $\begin{bmatrix} 8 & 1 & 6 \\ 3 & 5 & 7 \\ 4 & 9 & 2 \end{bmatrix} P_{13}$

行列の標準形 一般に，行列 A に適当な行および列基本変形を行うと，ある k に対して，(i, i) 成分 $(1 \leqq i \leqq k)$ は 1 で，残りの成分はすべて 0 である行列 $\begin{bmatrix} I_k & O \\ O & O \end{bmatrix}$ に変形できることを示そう．

注意 場合によっては $[I_k, O]$, $\begin{bmatrix} I_k \\ O \end{bmatrix}$, I_k となる．

これを A の標準形という．以下に標準形への変形手順を示す．まず，A に行基本変形を施し，階段行列 $PA = B$ に変形する．

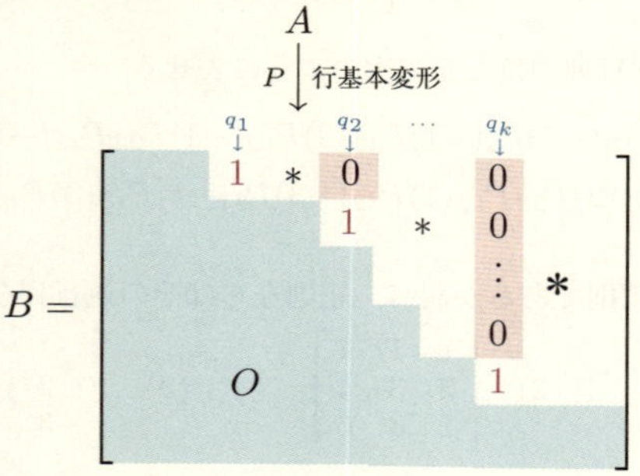

次に，この階段行列 B に，以下のように列基本変形を施していく．

(1)　B の第 i 行 $(1 \leqq i \leqq k)$ の 0 でない最初の成分 1 を軸にして，第 i 行を掃き出す (列基本変形 C2).

(2)　第 i 列と第 q_i 列 $(1 \leqq i \leqq k)$ をそれぞれ入れ替える (列基本変形 C3).

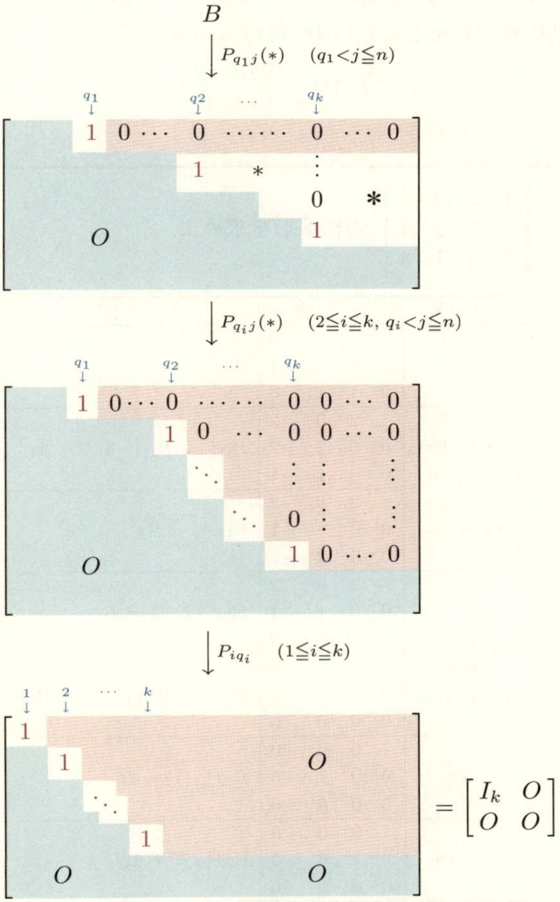

ここで，B の右から掛けた基本行列の積を Q とおけば，上の変形で得られる行列は

$$PAQ = \begin{bmatrix} I_k & O \\ O & O \end{bmatrix} \qquad (P, Q \text{ は正則行列})$$

と表せ，A の標準形を得る．

定理 2.8 (行列の標準形)

任意の行列 A は，適当な行および列基本変形を何回か行うことにより，必ず標準形 $\begin{bmatrix} I_k & O \\ O & O \end{bmatrix}$ に変形できる．特に，(一連の行基本変形に対応する基本行列の積の形をした) 正則行列 P および (一連の列基本変形に対応する基本行列の積の形をした) 正則行列 Q が存在して

$$PAQ = \begin{bmatrix} I_k & O \\ O & O \end{bmatrix}$$

と表せる．

例 8　$A = \begin{bmatrix} 1 & 2 & 0 & 2 \\ 3 & 6 & 2 & 4 \\ 2 & 4 & 1 & 3 \end{bmatrix}$ の標準形を求めよ．

解答

基本変形	行		列		基本行列との積
	①	2	0	2	
	3	6	2	4	A
	2	4	1	3	
	1	2	0	2	
$r_2 + (-3)r_1$	0	0	2	−2	$P_{31}(-2)P_{21}(-3)A = A_1$
$r_3 + (-2)r_1$	0	0	1	−1	
	1	2	0	2	
$r_2 \leftrightarrow r_3$	0	0	①	−1	$P_{23}A_1 = A_2$
	0	0	2	−2	
	①	2	0	2	
	0	0	1	−1	$P_{32}(-2)A_2 = B$
$r_3 + (-2)r_2$	0	0	0	0	
$c_2 + (-2)c_1$	1	0	0	0	
$c_4 + (-2)c_1$	0	0	①	−1	$BP_{12}(-2)P_{14}(-2) = B_1$
	0	0	0	0	
	1	0	0	0	
$c_4 + c_3$	0	0	1	0	$B_1P_{34}(1) = B_2$
	0	0	0	0	
	1	0	0	0	
$c_2 \leftrightarrow c_3$	0	1	0	0	$B_2P_{23} = PAQ$
	0	0	0	0	

したがって，A の標準形は

$$PAQ = \begin{bmatrix} 1 & 0 & 0 & 0 \\ 0 & 1 & 0 & 0 \\ 0 & 0 & 0 & 0 \end{bmatrix},$$

$$P = P_{32}(-2)P_{23}P_{31}(-2)P_{21}(-3),$$

$$Q = P_{12}(-2)P_{14}(-2)P_{34}(1)P_{23}$$

となる．

問 17　次の行列の標準形を求めよ．

(1) $\begin{bmatrix} 1 & 2 & 3 \\ 2 & 3 & 4 \\ 3 & 4 & 5 \end{bmatrix}$　　(2) $\begin{bmatrix} 0 & 1 & 2 \\ 1 & 2 & 3 \\ 2 & 3 & 0 \\ 3 & 0 & 1 \end{bmatrix}$　　(3) $\begin{bmatrix} 1 & 2 & 2 & 3 \\ 1 & 3 & 2 & 4 \\ 2 & 4 & 5 & 7 \end{bmatrix}$

定理 2.9 (標準形の一意性)

行列 A の標準形は，行および列基本変形によらず一意的に定まる．

証明　A は $m \times n$ 行列とし，その標準形が $\begin{bmatrix} I_r & O \\ O & O \end{bmatrix}$, $\begin{bmatrix} I_s & O \\ O & O \end{bmatrix}$ $(r \leqq s)$ の 2 通りあるとする．定理 2.8 より，適当な正則行列 P', Q', P'', Q'' が存在して

$$P'AQ' = \begin{bmatrix} I_r & O \\ O & O \end{bmatrix}, \quad P''AQ'' = \begin{bmatrix} I_s & O \\ O & O \end{bmatrix}$$

となるから，$P = P''P'^{-1}$，$Q = Q'^{-1}Q''$ とおけば

$$P\begin{bmatrix} I_r & O \\ O & O \end{bmatrix}Q = \begin{bmatrix} I_s & O \\ O & O \end{bmatrix} \qquad ①$$

である．ここで，P, Q を，$(1,1)$ ブロックが r 次正方行列になるように

$$P = \begin{bmatrix} P_{11} & P_{12} \\ P_{21} & P_{22} \end{bmatrix}, \quad Q = \begin{bmatrix} Q_{11} & Q_{12} \\ Q_{21} & Q_{22} \end{bmatrix}$$

とそれぞれ分割して，左辺を計算すれば $\begin{bmatrix} P_{11}Q_{11} & P_{11}Q_{12} \\ P_{21}Q_{11} & P_{21}Q_{12} \end{bmatrix}$ となる．これと右辺の行列を $r \leqq s$ に注意して比較すると

$$P_{11}Q_{11} = I_r, \quad P_{11}Q_{12} = O, \quad P_{21}Q_{11} = O$$

を得る．よって，P_{11} は正則で (問 6)，$Q_{12} = O$．さらに，これから $P_{21}Q_{12} = O$ がわかるので，① の左辺は $\begin{bmatrix} I_r & O \\ O & O \end{bmatrix}$ となる．したがって，$r = s$ である．　□

階数の一意性　階数が，階段行列への変形の仕方や，得られる階段行列の形に関係しない定数であることを示そう．行列 A の (任意の) 階段行列 B に列基本変形を行うと A の標準形が得られるから

rank A =「A の階段行列 B の零ベクトルでない行の数」
=「A の標準形に現れる 1 の個数」

しかも，A の標準形は一意的に定まるから，A の標準形に現れる 1 の個数は A 自身によって定まる定数である．よって，次の結果を得る．

定理 2.10 (階数の一意性)

行列 A の階数 $\operatorname{rank} A$ は，A 自身によって定まる定数である．

階段行列の一意性 与えられた行列を階段行列に変形する仕方は，行基本変形をどのように行うかによって何通りも考えられる．したがって，行変形の仕方を変えてみれば，違う階段行列が得られるかもしれない．しかし，そのようなことは決して起こらない．すなわち，次のことがいえる．

定理 2.11 (階段行列の一意性)

任意の行列 A の階段行列はただ１つである．

証明 $A=O$ のときは約束により，その階段行列は O 自身に限るからよい．$\operatorname{rank} A = k > 0$ とし，A の２つの階段行列を

$$B = \begin{bmatrix} & \overset{\substack{b_1\\ \downarrow}}{1} & * & \overset{\substack{b_2\\ \downarrow}}{0} & \cdots & \overset{\substack{b_k\\ \downarrow}}{0} & \\ & & & 1 & * & 0 & \\ & & & & & \vdots & * \\ & & & & & 0 & \\ & & O & & & 1 & \\ & & & & & & \end{bmatrix} = [\boldsymbol{o}, \cdots, \overset{\substack{b_1\\ \downarrow}}{\boldsymbol{e}_1}, \cdots, \overset{\substack{b_2\\ \downarrow}}{\boldsymbol{e}_2}, \cdots, \overset{\substack{b_k\\ \downarrow}}{\boldsymbol{e}_k}, \cdots]$$

$$C = \begin{bmatrix} & \overset{\substack{c_1\\ \downarrow}}{1} & * & \overset{\substack{c_2\\ \downarrow}}{0} & \cdots & \overset{\substack{c_k\\ \downarrow}}{0} & \\ & & & 1 & * & 0 & \\ & & & & & \vdots & * \\ & & & & & 0 & \\ & & O & & & 1 & \\ & & & & & & \end{bmatrix} = [\boldsymbol{o}, \cdots, \overset{\substack{c_1\\ \downarrow}}{\boldsymbol{e}_1}, \cdots, \overset{\substack{c_2\\ \downarrow}}{\boldsymbol{e}_2}, \cdots, \overset{\substack{c_k\\ \downarrow}}{\boldsymbol{e}_k}, \cdots]$$

とする．ある正則行列 P'，P'' により $B = P'A$，$C = P''A$ と書けるから，$P = P'P''^{-1}$ とおけば，$B = PC$ である．よって

$$\begin{aligned} [\boldsymbol{o}, \cdots, \overset{\substack{b_1\\ \downarrow}}{\boldsymbol{e}_1}, \cdots, \overset{\substack{b_2\\ \downarrow}}{\boldsymbol{e}_2}, \cdots, \overset{\substack{b_k\\ \downarrow}}{\boldsymbol{e}_k}, \cdots] &= P[\boldsymbol{o}, \cdots, \overset{\substack{c_1\\ \downarrow}}{\boldsymbol{e}_1}, \cdots, \overset{\substack{c_2\\ \downarrow}}{\boldsymbol{e}_2}, \cdots, \overset{\substack{c_k\\ \downarrow}}{\boldsymbol{e}_k}, \cdots] \\ &= [\boldsymbol{o}, \cdots, \overset{\substack{c_1\\ \downarrow}}{P\boldsymbol{e}_1}, \cdots, \overset{\substack{c_2\\ \downarrow}}{P\boldsymbol{e}_2}, \cdots, \overset{\substack{c_k\\ \downarrow}}{P\boldsymbol{e}_k}, \cdots] \end{aligned}$$

ここで，各 $P\boldsymbol{e}_j$ $(1 \leqq j \leqq k)$ は，正則行列 P の第 j 列であるから，零ベクトルでないことに注意されたい．

まず，両辺を第 1 列から順に比較していくと，$P\boldsymbol{e}_1 \neq \boldsymbol{o}$ より

$$b_1 = c_1, \qquad P\boldsymbol{e}_1 = \boldsymbol{e}_1$$

を得る．次に，PC の第 c_1 列以降をみると，$P\boldsymbol{e}_1 = \boldsymbol{e}_1$ より，第 c_2 列の手前までは基本ベクトル $\boldsymbol{e}_1$ のスカラー倍である．したがって，$b_2 \geqq c_2$ である．ところで，$C = P^{-1}B$ とも書けるから，B と C の役割を入れ替えて考えれば，$c_2 \geqq b_2$ となる．よって

$$b_2 = c_2, \qquad P\boldsymbol{e}_2 = \boldsymbol{e}_2$$

以下同様にして

$$b_j = c_j, \qquad P\boldsymbol{e}_j = \boldsymbol{e}_j \qquad (3 \leqq j \leqq k)$$

を得る．特に，$P\boldsymbol{e}_j = \boldsymbol{e}_j$ より

$$P = \begin{bmatrix} I_k & P_{12} \\ O & P_{22} \end{bmatrix}$$

と書け

$$B = PC = \begin{bmatrix} I_k & P_{12} \\ O & P_{22} \end{bmatrix} \begin{bmatrix} C_{11} & C_{12} \\ O & O \end{bmatrix} = \begin{bmatrix} C_{11} & C_{12} \\ O & O \end{bmatrix} = C$$

よって，階段行列の一意性が示された． □

階数の基本性質　行列の階数に関する基本的な性質を示す．

定理 2.12 (階数の基本性質 1)

(1) $\mathrm{rank}\, A \leqq$「A の行の数」,　$\mathrm{rank}\, A \leqq$「A の列の数」

(2) P が正則ならば，$\mathrm{rank}(PA) = \mathrm{rank}\, A$.

(3) Q が正則ならば，$\mathrm{rank}(AQ) = \mathrm{rank}\, A$.

(4) P, Q がともに正則ならば，$\mathrm{rank}(PAQ) = \mathrm{rank}\, A$.

証明　(1) は，階数の定義から明らかである．
また，(2), (3), (4) は，PA, AQ, PAQ が A と同じ標準形をもつことによる． □

問 18　次を示せ．

(1) $\mathrm{rank}\begin{bmatrix} A \\ A \end{bmatrix} = \mathrm{rank}\, A$　　(2) $\mathrm{rank}[A, A] = \mathrm{rank}\, A$

定理 2.13 (階数の基本性質 2)

(1) $\mathrm{rank}\, {}^t\!A = \mathrm{rank}\, A$

(2) $\mathrm{rank}(AB) \leqq \mathrm{rank}\, A$,　$\mathrm{rank}(AB) \leqq \mathrm{rank}\, B$

証明 A の標準形を

$$PAQ = \begin{bmatrix} I_k & O \\ O & O \end{bmatrix} \qquad (P,\ Q \text{ は正則行列})$$

とする．

$${}^tQ\,{}^tA\,{}^tP = {}^t(PAQ) = \begin{bmatrix} I_k & O \\ O & O \end{bmatrix}$$

は ${}^tA$ の標準形となるから，$\mathrm{rank}\,{}^tA = k = \mathrm{rank}\,A$．よって，(1) が成り立つ．

$$PAB = PAQ \cdot Q^{-1}B = \begin{bmatrix} I_k & O \\ O & O \end{bmatrix} \begin{bmatrix} B_1 \\ B_2 \end{bmatrix} = \begin{bmatrix} B_1 \\ O \end{bmatrix}$$

ここで，$Q^{-1}B = \begin{bmatrix} B_1 \\ B_2 \end{bmatrix} \}\,k$ である．したがって

$$\mathrm{rank}(PAB) = \mathrm{rank}\begin{bmatrix} B_1 \\ O \end{bmatrix} = \mathrm{rank}\,B_1 \leqq k = \mathrm{rank}\,A$$

ところで，基本性質 1 (2) より $\mathrm{rank}(PAB) = \mathrm{rank}(AB)$ だから

$$\mathrm{rank}(AB) \leqq \mathrm{rank}\,A$$

が成り立つ．さらに，この結果と (1) から

$$\mathrm{rank}(AB) = \mathrm{rank}\,{}^t(AB) = \mathrm{rank}({}^tB\,{}^tA) \leqq \mathrm{rank}\,{}^tB = \mathrm{rank}\,B$$

よって，(2) も成り立つ． □

問 19 A を $m \times n$ 行列，B を $n \times m$ 行列とする．もし $m > n$ ならば，$AB \neq I_m$ であることを示せ．

2.7 連立1次方程式の図形的意味

2章の最後に，連立1次方程式の図形的意味を考えておこう．以下では未知数が2個と3個のときを解説する．未知数が4個以上の場合はそれを高次元化した状況になるが，図示は難しいので，高次元の座標空間内の様子について頭の中で想像を膨らませるしかない．

直線と平面の方程式 xy 平面上の直線は定数 a, b, c（ただし，a, b の少なくとも一方は0でないとする）を使って

$$ax + by = c$$

と表される．$c = 0$ のとき，その直線は原点を通る．

同様に，xyz 空間内の平面は定数 a, b, c, d（ただし，a, b, c の少なくとも1つは0でないとする）を使って

$$ax + by + cz = d$$

と表される．$d = 0$ のとき，その平面は原点を通る．

未知数 2 個の連立 1 次方程式の図形的意味　連立 1 次方程式

$$\begin{cases} a_1x + b_1y = c_1 & \cdots\cdots ① \\ a_2x + b_2y = c_2 & \cdots\cdots ② \end{cases}$$

において，式①, ②は xy 平面上の直線を定めている．この 2 直線の共有点の座標が連立 1 次方程式の解である．したがって，次のような 2 直線の配置のとき，対応する連立 1 次方程式はそれぞれ，解なし，解はただ 1 組，解は無数となっている．

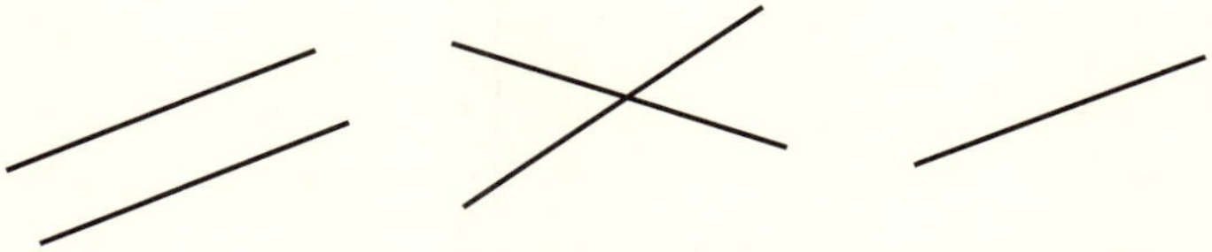

平行な 2 直線
解なし

1 点で交わる 2 直線
解はただ 1 組

一致する 2 直線
解は無数

同次連立 1 次方程式のときは，2 直線とも原点を通るので共有点なしにはならない．

未知数 3 個の連立 1 次方程式の図形的意味　連立 1 次方程式

$$\begin{cases} a_1x + b_1y + c_1z = d_1 & \cdots\cdots ① \\ a_2x + b_2y + c_2z = d_2 & \cdots\cdots ② \\ a_3x + b_3y + c_3z = d_3 & \cdots\cdots ③ \end{cases}$$

において，式①, ②, ③は xyz 空間内の平面を定めている．この 3 平面の共有点の座標が連立 1 次方程式の解である．したがって，次のような 3 平面の配置のとき，対応する連立 1 次方程式はそれぞれ，解なし，解はただ 1 組，解は無数となっている．

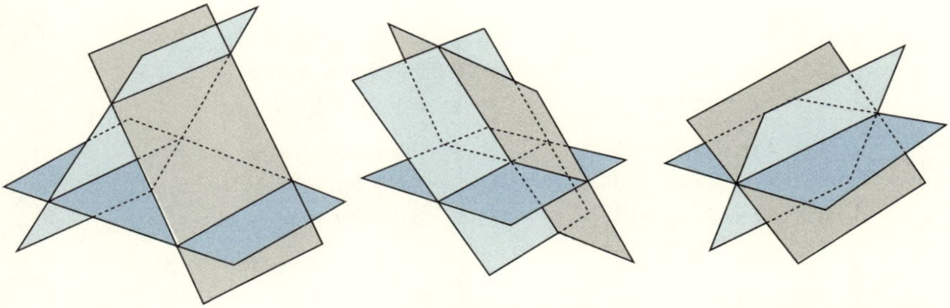

共有点のない 3 平面
解なし

共有点 1 点の 3 平面
解はただ 1 組

直線を共有する 3 平面
解は無数

同次連立１次方程式のときは，３平面とも原点を通るので共有点なしにはならない．

２章の問題

★ 基礎問題 ★

2.1 次の行列の階段行列を与え，階数を求めよ．

(1) $\begin{bmatrix} 6 & 3 & 3 \\ -4 & 1 & 7 \\ 1 & 2 & 5 \end{bmatrix}$ (2) $\begin{bmatrix} 1 & 2 & 3 & 0 \\ 3 & -1 & -5 & 2 \\ 1 & 3 & 5 & 1 \end{bmatrix}$

(3) $\begin{bmatrix} 0 & 2 & 2 \\ 1 & 1 & 3 \\ 3 & -4 & 2 \\ -2 & 3 & -1 \end{bmatrix}$ (4) $\begin{bmatrix} 0 & 1 & 3 & -2 \\ 0 & 4 & -1 & 3 \\ 0 & 0 & 2 & 1 \\ 0 & 5 & 3 & 4 \end{bmatrix}$

(5) $\begin{bmatrix} 1 & 2 & 1 & 0 \\ 1 & 3 & 3 & 1 \\ 1 & 4 & 6 & 4 \\ 1 & 5 & 10 & 10 \end{bmatrix}$ (6) $\begin{bmatrix} 2 & 1 & -2 & 0 & 4 \\ 3 & 2 & -3 & -1 & 4 \\ -1 & 0 & 1 & 1 & 2 \\ -1 & 2 & 1 & 0 & 3 \end{bmatrix}$

2.2 掃き出し法で，次の行列の逆行列を求めよ．

(1) $\begin{bmatrix} 7 & 8 \\ 8 & 9 \end{bmatrix}$ (2) $\begin{bmatrix} 1 & 2 & 3 \\ 2 & 4 & 5 \\ 3 & 5 & 6 \end{bmatrix}$ (3) $\begin{bmatrix} 3 & 6 & -5 \\ 1 & 2 & -2 \\ -2 & -3 & 2 \end{bmatrix}$

(4) $\begin{bmatrix} 3 & 2 & 2 \\ 2 & 3 & 2 \\ 2 & 2 & 3 \end{bmatrix}$ (5) $\begin{bmatrix} 1 & 2 & 0 & 0 \\ 2 & 3 & 0 & 0 \\ 3 & 4 & 5 & 6 \\ 4 & 5 & 6 & 7 \end{bmatrix}$ (6) $\begin{bmatrix} 1 & 1 & 1 & 1 \\ 1 & 2 & 1 & 2 \\ 1 & 1 & 3 & 1 \\ 1 & 2 & 1 & 4 \end{bmatrix}$

2.3 次の連立１次方程式を解け．

(1) $\begin{cases} 2x - 4y + 5z = 5 \\ x + 3y - 2z = -10 \\ 3x + 2y + 4z = 6 \end{cases}$ (2) $\begin{cases} x - 2y + z - 3w = 1 \\ -2x + 4y - 2z + 6w = -2 \end{cases}$

(3) $\begin{cases} 3x - 3y - z = 6 \\ 2x - y - 2z = 3 \\ x + y - 3z = 0 \end{cases}$ (4) $\begin{cases} x + 2y + 9z + 5w = 12 \\ 3x + 2y - z + 11w = 4 \\ x + y + 2z + 4w = 4 \end{cases}$

(5) $\begin{cases} 7x + 2y + z = 1 \\ 6x + 5y + 2z = 6 \\ 6x + 8y + 3z = -18 \end{cases}$ (6) $\begin{cases} x - 2y + z - 4w = 3 \\ -2x + 5y - 3z + 10w = -3 \\ 3x - 7y + 4z - 14w = 0 \end{cases}$

(7) $\begin{cases} x + 2y - 8z = 3 \\ 3x - 2y - 3z = 2 \\ -2x + 3y - 5z = 1 \\ x - y + z = 0 \end{cases}$ (8) $\begin{cases} x + 2y + 2z + 3w = 8 \\ x - 4z + w = -2 \\ 2x + 3y + z + 5w = 11 \\ x + 3y + 5z + 4w = 13 \end{cases}$

2.4 次の同次連立1次方程式を解け.

(1) $\begin{cases} x-2y+3z=0 \\ 2x+5y+6z=0 \end{cases}$　(2) $\begin{cases} x+2y-4z+4w=0 \\ 2x-3y+2z-3w=0 \\ 4x-5y+z-6w=0 \end{cases}$

(3) $\begin{cases} 2x+y+3z=0 \\ x+2y+3z=0 \\ 2x+3y+z=0 \end{cases}$　(4) $\begin{cases} x+3y+7z+5w=0 \\ 2x+4y+8z+6w=0 \\ x+5y+13z+9w=0 \\ 3x+6y+12z+9w=0 \end{cases}$

2.5 次の正則行列を基本行列の積で表せ.

(1) $\begin{bmatrix} 2 & 1 \\ -1 & 0 \end{bmatrix}$　(2) $\begin{bmatrix} 5 & 2 \\ 2 & 1 \end{bmatrix}$　(3) $\begin{bmatrix} 0 & 0 & 1 \\ 0 & 1 & 1 \\ 1 & 1 & 1 \end{bmatrix}$

(4) $\begin{bmatrix} 1 & 1 & 0 \\ 1 & 0 & 1 \\ 0 & 1 & 1 \end{bmatrix}$　(5) $\begin{bmatrix} 0 & 0 & 1 & 2 \\ 0 & 0 & 0 & 1 \\ 1 & 0 & 0 & 0 \\ 2 & 1 & 0 & 0 \end{bmatrix}$　(6) $\begin{bmatrix} 0 & 1 & 1 & 1 \\ 1 & 0 & 1 & 1 \\ 1 & 1 & 0 & 1 \\ 1 & 1 & 1 & 0 \end{bmatrix}$

2.6 次の行列の標準形を求めよ.

(1) $\begin{bmatrix} 2 & 1 & 4 & 3 \\ 1 & -1 & 2 & 1 \\ 3 & 2 & 6 & 5 \end{bmatrix}$　(2) $\begin{bmatrix} 1 & 2 & 3 \\ 3 & 4 & 5 \\ 5 & 6 & 7 \\ 7 & 8 & 9 \end{bmatrix}$　(3) $\begin{bmatrix} 1 & 3 & -1 & 2 \\ 0 & 11 & -5 & 3 \\ 2 & -5 & 3 & 1 \\ 4 & 1 & 1 & 5 \end{bmatrix}$

2.7 次の行列 A を標準形 $PAQ=\begin{bmatrix} I & O \\ O & O \end{bmatrix}$ に変形するときの正則行列P, Qを求めよ.

(1) $\begin{bmatrix} 2 & 4 \\ 3 & 6 \end{bmatrix}$　(2) $\begin{bmatrix} 1 & 3 & 6 & -1 \\ 1 & 4 & 5 & 1 \\ 1 & 5 & 4 & 3 \end{bmatrix}$　(3) $\begin{bmatrix} 0 & 0 & 1 & 3 \\ 1 & 1 & 2 & 6 \\ 1 & 2 & 3 & 9 \\ 1 & 1 & 1 & 3 \end{bmatrix}$

★ 標準問題 ★

2.8 次の行列が正則ならば，その逆行列を求めよ.

(1) $\begin{bmatrix} 1.23 & 2.31 & 3.12 \\ 2.34 & 3.42 & 4.23 \\ 3.45 & 4.53 & 5.34 \end{bmatrix}$　(2) $\begin{bmatrix} 11 & 2 & -7 \\ 25 & 5 & -16 \\ -41 & -8 & 26 \end{bmatrix}$

(3) $\begin{bmatrix} a & b & 1 \\ b & 1 & 0 \\ 1 & 0 & 0 \end{bmatrix}$　(4) $\begin{bmatrix} -19 & 50 & -70 & -39 \\ 20 & -49 & 70 & 41 \\ 20 & -50 & 71 & 41 \\ 21 & -49 & 71 & 44 \end{bmatrix}$

(5) $\begin{bmatrix} 20 & -10 & 4 & -1 \\ -45 & 25 & -11 & 3 \\ 36 & -21 & 10 & -3 \\ -10 & 6 & -3 & 1 \end{bmatrix}$　(6) $\begin{bmatrix} 1 & 0 & 0 & 0 \\ a & 1 & 0 & 0 \\ a^2 & 2a & 1 & 0 \\ a^3 & 3a^2 & 3a & 1 \end{bmatrix}$

2.9　次の連立1次方程式が解をもつように c の値を定めよ.

(1) $\begin{cases} 2x+\ \ y-\ \ z=1 \\ \ \ x-3y+2z=4 \\ 3x-2y+\ \ z=c \end{cases}$　　(2) $\begin{cases} \ \ x-2y+\ \ z=\ \ 3 \\ 2x+\ \ y-2z=\ \ c \\ \ \ x+3y-3z=-6 \end{cases}$

2.10　次の連立1次方程式が, (i) ただ1つの解をもつ, (ii) 無数の解をもつ, (iii) 解をもたない, ように c の値をそれぞれ定めよ.

(1) $\begin{cases} x+\ \ y-\ \ z=1 \\ 2x+3y+cz=3 \\ x+cy+3z=2 \end{cases}$　　(2) $\begin{cases} x+y-(5+c)z=0 \\ 6x+(4-c)y-18z=1 \\ (1-c)x+3y-18z=-1 \end{cases}$

2.11　x, y, z に関する同次連立1次方程式

$$\begin{cases} x+y\cos\gamma+z\cos\beta=0 \\ x\cos\gamma+y+z\cos\alpha=0 \\ x\cos\beta+y\cos\alpha+z=0 \end{cases}$$

は $\alpha+\beta+\gamma=0$ のとき, 自明でない解をもつことを示せ.

2.12　連立1次方程式

$$\begin{cases} x+2y-\ \ 3z=a \\ x-2y+\ \ 7z=b \\ 2x+6y-11z=c \end{cases}$$

は a, b, c がどのような関係式を満たすとき, 解をもつか調べよ.

2.13　連立1次方程式 $A\boldsymbol{x}=\boldsymbol{b}$ の異なる2つの解 $\boldsymbol{x}_1$, $\boldsymbol{x}_2$ に対して, $\boldsymbol{x}_1-\boldsymbol{x}_2$ は同次連立1次方程式 $A\boldsymbol{x}=\boldsymbol{o}$ の自明でない解となることを示せ.

2.14　連立1次方程式 $A\boldsymbol{x}=\boldsymbol{b}$ の1つの解を $\boldsymbol{x}_0$ とする. このとき, $A\boldsymbol{x}=\boldsymbol{b}$ の任意の解は, $\boldsymbol{x}_0$ に同次連立1次方程式 $A\boldsymbol{x}=\boldsymbol{o}$ の解を加えることによって得られることを示せ.

2.15　次の階段行列をすべて求めよ.

(1) 3次正方行列で階数が2以上のもの.

(2) 4×3 行列で階数が3以下のもの.

2.16　次の行列の階数を A の階数 $\operatorname{rank} A$ を用いて表せ.

(1) $\begin{bmatrix} A \\ 2A \end{bmatrix}$　　(2) $\begin{bmatrix} A & -A \\ -A & A \end{bmatrix}$　　(3) $\begin{bmatrix} A & O \\ O & A \end{bmatrix}$

2.17　次の条件を満たす2次正方行列 $A, B\,(\neq O)$ の例をあげよ.

(1) $\operatorname{rank}(A+B)<\operatorname{rank} A,\quad \operatorname{rank} B$

(2) $\operatorname{rank}(A+B)>\operatorname{rank} A,\quad \operatorname{rank} B$

(3) $\operatorname{rank}(A+B)=\operatorname{rank} A+\operatorname{rank} B$

2.18 次の等式を示せ.

(1) $\operatorname{rank}\begin{bmatrix}A, B\end{bmatrix} = \operatorname{rank}\begin{bmatrix}A, A+B\end{bmatrix}$

(2) $\operatorname{rank}\begin{bmatrix}A, B\end{bmatrix} = \operatorname{rank}\begin{bmatrix}A, B, A+B\end{bmatrix}$

(3) $\operatorname{rank}\begin{bmatrix}A & A+B \\ O & B\end{bmatrix} = \operatorname{rank} A + \operatorname{rank} B$

★ 発展問題 ★

2.19 n 次正方行列 $A = \begin{bmatrix}a_{ij}\end{bmatrix}$ が, 各 $j\,(=1, 2, \cdots, n)$ に対して $\sum_{i=1}^{n} a_{ij} = 0$ を満たすならば, A は正則行列でないことを示せ.

2.20 連立 1 次方程式

$$\begin{cases} 2x + 3y + z + 5w = \lambda_1 \\ -x + 5y - 7z + 4w = \lambda_2 \\ 6x + y + 11z + 7w = \lambda_3 \\ -3x + y - 8z + 2w = \lambda_4 \end{cases}$$

が解をもつような $\lambda_1, \lambda_2, \lambda_3, \lambda_4$ をすべて求めよ.

2.21 連立 1 次方程式

$$\begin{cases} x + ay + bz = 1 \\ ax + by + z = a \\ bx + y + az = b \end{cases}$$

について, 次の問いに答えよ. ただし, a, b は実数とする.

(1) この連立 1 次方程式は必ず解をもつことを示せ.

(2) $a + b + 1 = 0$ のときの方程式の解を求めよ.

(3) $a \neq 1,\ a + b + 1 \neq 0$ のときの方程式の解を求めよ.

2.22 連立 1 次方程式 $A\boldsymbol{x} = \boldsymbol{b}\ (\boldsymbol{b} \neq \boldsymbol{o})$ の任意の k 個の解を $\boldsymbol{x}_1, \boldsymbol{x}_2, \cdots, \boldsymbol{x}_k$ とする. このとき, $\sum_{i=1}^{k} \lambda_i \boldsymbol{x}_i$ が $A\boldsymbol{x} = \boldsymbol{b}$ の解となるための必要十分条件は

$$\sum_{i=1}^{k} \lambda_i = 1$$

であることを証明せよ.

2.23 $\boldsymbol{a} = \begin{bmatrix}a_1, a_2, \cdots, a_m\end{bmatrix} \neq \boldsymbol{o},\ \boldsymbol{b} = \begin{bmatrix}b_1, b_2, \cdots, b_n\end{bmatrix} \neq \boldsymbol{o}$ とするとき, $A = {}^t\boldsymbol{a}\boldsymbol{b}$ の階数を求めよ.

2.24 次の行列の階数を調べよ.

(1) $\begin{bmatrix} x & 1 & 1 \\ 1 & x & 1 \\ 1 & 1 & x \end{bmatrix}$　　(2) $\begin{bmatrix} 1 & x & x \\ x & 1 & x \\ x & x & 1 \end{bmatrix}$　　(3) $\begin{bmatrix} 1 & 1 & 1 \\ 1 & 1 & x \\ 1 & x & x \end{bmatrix}$

2.25 A が実行列のとき, $\operatorname{rank}({}^tAA) = \operatorname{rank} A$ を証明せよ.

2.26 A, B をそれぞれ $m \times n$, $m \times l$ の実行列とする．このとき，$AX = B$ を満たす $n \times l$ 行列 X が存在するための必要十分条件は

$$\operatorname{rank}\bigl[A, B\bigr] = \operatorname{rank} A$$

であることを示せ．

2.27 A を $m \times n$ 行列とするとき，次は同値であることを示せ．

(1) $\operatorname{rank} A \leqq k$

(2) $m \times k$ 行列 B と $k \times n$ 行列 C で，$A = BC$ を満たすものが存在する．

3
行 列 式

2章では，行列の性質を表す特別な値として，行列の階数について学んだ．正方行列には行列式というもう1つの値がある．成分に文字を含む行列の正則性の判定には，行列式の方が階数 (階段行列) の計算より有効な手段である．また，行列式の図形的意味についても考察する．

3.1 行列式の定義

まず，行列式の定義に必要な順列の説明から始める．

順　列　1から n までの自然数 $1, 2, \cdots, n$ を適当な順番で横一列に並べた

$$(p_1\ \ p_2\ \ \cdots\ \ p_n)$$

を長さ n の順列という．

例 1　長さ2の順列は

$$(1\ \ 2), \qquad (2\ \ 1)$$

の2個．また，長さ3の順列は

$$(1\ \ 2\ \ 3), \quad (1\ \ 3\ \ 2), \quad (2\ \ 1\ \ 3), \quad (2\ \ 3\ \ 1), \quad (3\ \ 1\ \ 2), \quad (3\ \ 2\ \ 1)$$

の6個である．

問 1　長さ n の順列は全部で何個あるか．

順列の転倒数　1から n までの自然数を左から小さい順に並べた長さ n の順列 $(1\ \ 2\ \ \cdots\ \ n)$ では，その中のどの2つの数字を取り出しても必ず右の数字の方が大きい．

一般に，長さ n の順列 $(p_1\ \ p_2\ \ \cdots\ \ p_n)$ において，2つの数字を取り出したとき，右の数字の方が小さいならば，その2つの数字のペアは転倒しているとい

う．すなわち，左から i 番目と j 番目にある 2 つの数字 p_i と p_j を取り出すとき

$$i < j \text{ であるのに，} p_i > p_j$$

であるならば，p_i と p_j は転倒している．長さ n の順列 $(p_1\ p_2\ \cdots\ p_n)$ の中にある転倒しているペアの総数を順列 $(p_1\ p_2\ \cdots\ p_n)$ の**転倒数**という．

例 2 順列 $(1\ 2\ \cdots\ n)$ の転倒数は 0 である．また，長さ 3 の順列 $(3\ 1\ 2)$ の転倒数は 2 である (3 と 1，3 と 2 が転倒している)．

注意 順列 $(p_1\ p_2\ \cdots\ p_n)$ の転倒数の数え方はいろいろある．間違いなく求めるには，まず一番左にある数字 p_1 に着目し，p_1 の右にある数字の中で p_1 より小さい数字の個数を数える．次に，2 番目の数字 p_2 に着目し，p_2 の右にある数字の中で p_2 より小さい数字の個数を数える．この操作を続けて，最後にこれらの総和をとればよい．

問 2 長さ 6 の順列 $(5\ 3\ 2\ 6\ 1\ 4)$ の転倒数を求めよ．

例 3 (**隣どうしを入れ替えた順列の転倒数**) 順列 $(p_1\ \cdots\ p_i\ p_{i+1}\ \cdots\ p_n)$ の転倒数を r とする．このとき，隣り合う 2 つの数字 p_i と p_{i+1} を入れ替えた順列 $(p_1\ \cdots\ p_{i+1}\ p_i\ \cdots\ p_n)$ の転倒数は

(1) $p_i < p_{i+1}$ ならば，(p_i と p_{i+1} の間に転倒が 1 つ増えて) $r+1$,

(2) $p_i > p_{i+1}$ ならば，(p_i と p_{i+1} の転倒が 1 つ解消されて) $r-1$

となる．

順列の符号 転倒数が r の順列 $(p_1\ p_2\ \cdots\ p_n)$ に対して

$$(-1)^r$$

を順列 $(p_1\ p_2\ \cdots\ p_n)$ の**符号**といい，$\varepsilon(p_1\ p_2\ \cdots\ p_n)$ で表す．

例 4 順列 $(1\ 2\ \cdots\ n)$ は，転倒数が 0 で偶数だから，$\varepsilon(1\ 2\ \cdots\ n) = 1$.

例 5 順列 $(3\ 1\ 2)$ の転倒数は 2 であるから，$\varepsilon(3\ 1\ 2) = 1$.

順列 $(1\ 3\ 2)$ の転倒数は 1 であるから，$\varepsilon(1\ 3\ 2) = -1$.

問 3 順列 $(5\ 3\ 2\ 6\ 1\ 4)$ の符号を求めよ．

問 4 長さ n の順列のうち，符号が 1 の順列の個数と符号が -1 の順列の個数は等しいことを示せ．

補題 3.1 (2 つの数字を入れ替えた順列の符号)

2 つの数字 p_i と p_j を入れ替えると，順列の符号が変わる．すなわち

$$\varepsilon(\cdots\ p_i\ \cdots\ p_j\ \cdots) = -\varepsilon(\cdots\ p_j\ \cdots\ p_i\ \cdots)$$

証明　まず，$j = i+1$ の場合を考える．順列 $(\cdots\ p_i\ p_{i+1}\ \cdots)$ の転倒数を r とする．隣どうしの数字を入れ替えると順列の転倒数は 1 増えるか，1 減るかのいずれかが起きるから (例 3)

$$\varepsilon(\cdots\ p_i\ p_{i+1}\ \cdots) = (-1)^r = -(-1)^{r\pm1} = -\varepsilon(\cdots\ p_{i+1}\ p_i\ \cdots)$$

次に，$i+1 < j$ の場合について考える．まず，順列 $(\cdots\ p_i\ \cdots\ p_j\ \cdots)$ で，p_i を右隣の数字と順に $j-1$ 回入れ替え，p_j の右隣まで移す．

$$(\cdots\ \underset{i\text{ 番目}}{p_i}\ \boxed{p_{i+1}\ \cdots}\ \underset{j\text{ 番目}}{p_j}\ \cdots) \xrightarrow{j-i\text{ 回}} (\cdots\ p_{i-1}\ \underset{i\text{ 番目}}{\boxed{p_{i+1}\ \cdots}}\ \underset{j\text{ 番目}}{p_j}\ p_i\ \cdots)$$

続けて，得られた順列で，p_j を左隣の数字と順に $j-i-1$ 回入れ替え，p_{i+1} の左隣まで移す．

$$(\cdots\ p_{i-1}\ \underset{i\text{ 番目}}{\boxed{p_{i+1}\ \cdots}}\ \underset{j\text{ 番目}}{p_j}\ p_i\ \cdots) \xrightarrow{j-i-1\text{ 回}} (\cdots\ \underset{i\text{ 番目}}{p_j}\ \boxed{p_{i+1}\ \cdots}\ \underset{j\text{ 番目}}{p_i}\ \cdots)$$

隣どうしの数字を入れ替えると順列の符号が変わるので (この証明の前半部分)

$$\begin{aligned}\varepsilon(\cdots\ p_i\ \cdots\ p_j\ \cdots) &= (-1)^{j-i}\varepsilon(\cdots\ p_{i-1}\ p_{i+1}\ \cdots\ p_j\ p_i\ \cdots)\\ &= (-1)^{2(j-i)-1}\varepsilon(\cdots\ p_j\ \cdots\ p_i\ \cdots)\\ &= -\varepsilon(\cdots\ p_j\ \cdots\ p_i\ \cdots)\end{aligned}$$

□

順列に関する以上の準備のもとに，行列式の定義を与えよう．

行列式の定義　n 次正方行列 $A = [a_{ij}]$ から定まる数

$$\sum_{(p_1\ p_2\ \cdots\ p_n)} \varepsilon(p_1\ p_2\ \cdots\ p_n)\, a_{1p_1}a_{2p_2}\cdots a_{np_n}$$

を A の**行列式** (または ***n* 次の行列式**) という．ここで，$\displaystyle\sum_{(p_1\ p_2\ \cdots\ p_n)}$ は長さ n のすべての順列についての和を表す．A の行列式は

$$|A| \quad \text{または} \quad \begin{vmatrix} a_{11} & a_{12} & \cdots & a_{1n}\\ a_{21} & a_{22} & \cdots & a_{2n}\\ \vdots & \vdots & & \vdots\\ a_{n1} & a_{n2} & \cdots & a_{nn}\end{vmatrix}$$

などで表す．

- 行列式の記号 $|\quad|$ は絶対値ではないので，混同しないこと．
- 行列式の値は負になることもある．
- 1 次の行列式は数 a_{11} 自身である．

例 6 (**2 次の行列式**)　長さ 2 の順列は 2 個で，その転倒数と符号は

	転倒数	符号
(1 2)	0	$\varepsilon(1\ 2) = 1$
(2 1)	1	$\varepsilon(2\ 1) = -1$

である．したがって

$$\begin{vmatrix} a_{11} & a_{12} \\ a_{21} & a_{22} \end{vmatrix} = \varepsilon(1\ 2)a_{11}a_{22} + \varepsilon(2\ 1)a_{12}a_{21}$$
$$= a_{11}a_{22} - a_{12}a_{21}$$

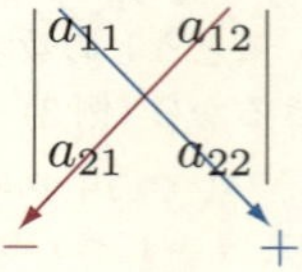

問 5　次の行列式の値を求めよ．

(1) $\begin{vmatrix} 2 & 1 \\ 7 & 3 \end{vmatrix}$　(2) $\begin{vmatrix} 1 & 2 \\ 2 & 8 \end{vmatrix}$　(3) $\begin{vmatrix} \cos\theta & -\sin\theta \\ \sin\theta & \cos\theta \end{vmatrix}$

例 7 (**3 次の行列式**)　長さ 3 の順列は $3! = 6$ 個で，その転倒数と符号は

	転倒数	符号
(1 2 3)	0	$\varepsilon(1\ 2\ 3) = 1$
(1 3 2)	1	$\varepsilon(1\ 3\ 2) = -1$
(2 1 3)	1	$\varepsilon(2\ 1\ 3) = -1$
(2 3 1)	2	$\varepsilon(2\ 3\ 1) = 1$
(3 1 2)	2	$\varepsilon(3\ 1\ 2) = 1$
(3 2 1)	3	$\varepsilon(3\ 2\ 1) = -1$

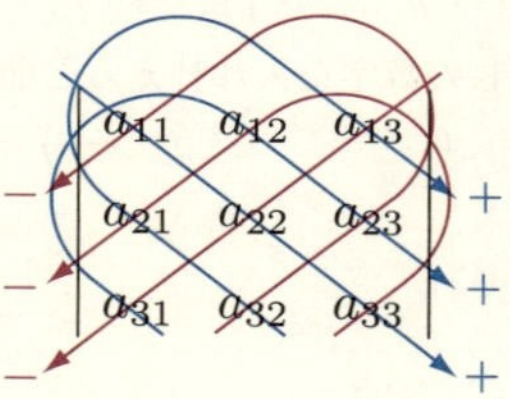

である．したがって

$$\begin{vmatrix} a_{11} & a_{12} & a_{13} \\ a_{21} & a_{22} & a_{23} \\ a_{31} & a_{32} & a_{33} \end{vmatrix} = a_{11}a_{22}a_{33} + a_{12}a_{23}a_{31} + a_{13}a_{21}a_{32} \\ -a_{13}a_{22}a_{31} - a_{12}a_{21}a_{33} - a_{11}a_{23}a_{32}$$

問 6　次の行列式の値を求めよ．

(1) $\begin{vmatrix} 1 & 2 & 3 \\ 4 & 5 & 6 \\ 7 & 8 & 9 \end{vmatrix}$　(2) $\begin{vmatrix} -1 & 1 & 0 \\ 2 & 3 & 1 \\ 1 & 0 & 5 \end{vmatrix}$　(3) $\begin{vmatrix} a & 1 & 0 \\ 1 & a & 1 \\ 0 & 1 & a \end{vmatrix}$

注意　4 次の行列式を同様に定義式から計算しようとすると，長さ 4 の順列は全部で $4! = 24$ 個あるので，それらの符号を調べるだけでも大変である．まして，5 次以上の行列式となると，もはや手計算では不可能に近い．例えば，長さ 10 の順列は全部で $10! = 3628800$ 個もある．そこで，次節では，行列式の基本性質を調べ，その性質を利用して行列式をうまく計算する方法について学ぶ．

3.2 行列式の基本性質

以下，n 次正方行列 $A = [a_{ij}]$ の行ベクトル分割を $A = \begin{bmatrix} \boldsymbol{a}_1 \\ \vdots \\ \boldsymbol{a}_n \end{bmatrix}$ とし，行に関する行列式の性質を調べる．

まず，最も基本的な 2 つの性質 (多重線形性と交代性) から始めよう．

定理 3.2 (多重線形性)

(1) 1 つの行成分を 2 数の和で表す (例えば，$\boldsymbol{a}_i = \boldsymbol{b}_i + \boldsymbol{c}_i$) ならば

$$\begin{vmatrix} \cdots\cdots\cdots\cdots \\ b_{i1}+c_{i1} & \cdots & b_{in}+c_{in} \\ \cdots\cdots\cdots\cdots \end{vmatrix} = \begin{vmatrix} \cdots\cdots\cdots \\ b_{i1} & \cdots & b_{in} \\ \cdots\cdots\cdots \end{vmatrix} + \begin{vmatrix} \cdots\cdots\cdots \\ c_{i1} & \cdots & c_{in} \\ \cdots\cdots\cdots \end{vmatrix} \leftarrow i$$

(2) 1 つの行から共通の数をくくり出せる．例えば，$\boldsymbol{a}_i = c\boldsymbol{b}_i$ ならば

$$\begin{vmatrix} \cdots\cdots\cdots \\ cb_{i1} & \cdots & cb_{in} \\ \cdots\cdots\cdots \end{vmatrix} = c\begin{vmatrix} \cdots\cdots\cdots \\ b_{i1} & \cdots & b_{in} \\ \cdots\cdots\cdots \end{vmatrix} \leftarrow i$$

各等式において，第 i 行以外は変化しない．「多重」とは，どの行においても (1), (2) が成り立つ，ということである．

証明 (1)

$$\begin{aligned} 左辺 &= \sum \varepsilon(p_1\ p_2\ \cdots\ p_n)\, a_{1p_1}\cdots(b_{ip_i}+c_{ip_i})\cdots a_{np_n} \\ &= \sum \varepsilon(p_1\ p_2\ \cdots\ p_n)\, a_{1p_1}\cdots b_{ip_i}\cdots a_{np_n} \\ &\quad + \sum \varepsilon(p_1\ p_2\ \cdots\ p_n)\, a_{1p_1}\cdots c_{ip_i}\cdots a_{np_n} \\ &= 右辺 \end{aligned}$$

(2)

$$\begin{aligned} 左辺 &= \sum \varepsilon(p_1\ p_2\ \cdots\ p_n)\, a_{1p_1}\cdots(cb_{ip_i})\cdots a_{np_n} \\ &= c\sum \varepsilon(p_1\ p_2\ \cdots\ p_n)\, a_{1p_1}\cdots b_{ip_i}\cdots a_{np_n} \\ &= 右辺 \end{aligned}$$

□

例 8 (1) $\begin{vmatrix} 1 & 6 & 2 \\ 3 & 1 & 2 \\ 0 & 4 & 5 \end{vmatrix} = \begin{vmatrix} 1 & 2 & 3 \\ 3 & 1 & 2 \\ 0 & 4 & 5 \end{vmatrix} + \begin{vmatrix} 0 & 4 & -1 \\ 3 & 1 & 2 \\ 0 & 4 & 5 \end{vmatrix}$ ☞ $[1, 6, 2] = [1,\ 2,\ 3] + [0,\ 4,\ -1]$

(2) $\begin{vmatrix} 2 & 12 & 4 \\ 6 & 2 & 4 \\ 0 & 8 & 10 \end{vmatrix} = 2\begin{vmatrix} 1 & 6 & 2 \\ 6 & 2 & 4 \\ 0 & 8 & 10 \end{vmatrix}$, $\begin{vmatrix} 2 & 12 & 4 \\ 6 & 2 & 4 \\ 0 & 8 & 10 \end{vmatrix} \neq 2\begin{vmatrix} 1 & 6 & 2 \\ 3 & 1 & 2 \\ 0 & 4 & 5 \end{vmatrix}$

問 7 例 8 (2) の後者で，等号が成り立つように右辺の 2 の値を修正せよ．

定理 3.3 (交代性)

2つの行を入れ替えると，行列式の値は符号が変わる．

$$\begin{vmatrix} \cdots\cdots\cdots \\ a_{i1} & \cdots & a_{in} \\ \cdots\cdots\cdots \\ a_{j1} & \cdots & a_{jn} \\ \cdots\cdots\cdots \end{vmatrix} = - \begin{vmatrix} \cdots\cdots\cdots \\ a_{j1} & \cdots & a_{jn} \\ \cdots\cdots\cdots \\ a_{i1} & \cdots & a_{in} \\ \cdots\cdots\cdots \end{vmatrix} \begin{matrix} \\ \leftarrow i \\ \\ \leftarrow j \\ \\ \end{matrix}$$

等式において，第 i 行と第 j 行以外は変化しない．

証明　補題 3.1 より，$\varepsilon(\cdots\ p_i\ \cdots\ p_j\ \cdots) = -\varepsilon(\cdots\ p_j\ \cdots\ p_i\ \cdots)$ なので

$$\begin{aligned} \text{左辺} &= \sum \varepsilon(\cdots\ p_i\ \cdots\ p_j\ \cdots) \cdots a_{ip_i} \cdots a_{jp_j} \cdots \\ &= -\sum \varepsilon(\cdots\ p_j\ \cdots\ p_i\ \cdots) \cdots a_{ip_i} \cdots a_{jp_j} \cdots \\ &= -\sum \varepsilon(\cdots\ p_j\ \cdots\ p_i\ \cdots) \cdots a_{jp_j} \cdots a_{ip_i} \cdots \\ &= \text{右辺} \end{aligned}$$

□

例 9

$$\begin{vmatrix} 1 & 6 & 4 \\ 3 & 1 & 2 \\ 0 & 4 & 5 \end{vmatrix} = - \begin{vmatrix} 3 & 1 & 2 \\ 1 & 6 & 4 \\ 0 & 4 & 5 \end{vmatrix} = \begin{vmatrix} 0 & 4 & 5 \\ 1 & 6 & 4 \\ 3 & 1 & 2 \end{vmatrix}$$

以上の2つの基本性質 (多重線形性と交代性) から，次の性質が導かれる．

定理 3.4 (値が 0 になる行列式)

(1)　1つの行成分がすべて0ならば，行列式の値は0である．すなわち

$$\boldsymbol{a}_i = \boldsymbol{o} \text{ ならば，} |A| = 0.$$

(2)　2つの行が等しいならば，行列式の値は0である．すなわち

$$\boldsymbol{a}_i = \boldsymbol{a}_j \ (i \neq j) \text{ ならば，} |A| = 0.$$

(3)　2つの行が比例していれば，行列式の値は0である．すなわち

$$\boldsymbol{a}_j = c\boldsymbol{a}_i \ (i \neq j) \text{ ならば，} |A| = 0.$$

(1) と (2) は，(3) で，それぞれ $c = 0$，$c = 1$ とおいた特別な場合である．

証明　(1)　成分がすべて0の行から共通の数0をくくり出すと，多重線形性 (2) から

$$i \rightarrow \begin{vmatrix} \cdots\cdots\cdots \\ 0 & \cdots & 0 \\ \cdots\cdots\cdots \end{vmatrix} = 0 \begin{vmatrix} \cdots\cdots\cdots \\ 0 & \cdots & 0 \\ \cdots\cdots\cdots \end{vmatrix} = 0$$

(2)　第 i 行と第 j 行を入れ替えると，行列式の値は -1 倍される．しかし，第 i 行と第 j 行は等しいから，この2つの行を入れ替えても成分は変わらない．よって

$$|A| = \begin{vmatrix} \cdots\cdots\cdots \\ a_{i1} & \cdots & a_{in} \\ \cdots\cdots\cdots \\ a_{i1} & \cdots & a_{in} \\ \cdots\cdots\cdots \end{vmatrix} = - \begin{vmatrix} \cdots\cdots\cdots \\ a_{i1} & \cdots & a_{in} \\ \cdots\cdots\cdots \\ a_{i1} & \cdots & a_{in} \\ \cdots\cdots\cdots \end{vmatrix} \begin{matrix} \leftarrow i \\ \\ \leftarrow j \end{matrix} = -|A|$$

となり，$|A| = 0$ を得る．

(3)　$\boldsymbol{a}_j = c\boldsymbol{a}_i$ であるから，多重線形性 (2) と上の (2) より

$$\begin{matrix} i \rightarrow \\ \\ j \rightarrow \end{matrix} \begin{vmatrix} \cdots\cdots\cdots \\ a_{i1} & \cdots & a_{in} \\ \cdots\cdots\cdots \\ ca_{i1} & \cdots & ca_{in} \\ \cdots\cdots\cdots \end{vmatrix} = c \begin{vmatrix} \cdots\cdots\cdots \\ a_{i1} & \cdots & a_{in} \\ \cdots\cdots\cdots \\ a_{i1} & \cdots & a_{in} \\ \cdots\cdots\cdots \end{vmatrix} = c \cdot 0 = 0$$

□

例 10　(1) $\begin{vmatrix} 0 & 0 & 0 \\ 3 & 1 & 2 \\ 0 & 4 & 5 \end{vmatrix} = 0$　(2) $\begin{vmatrix} 3 & 1 & 2 \\ 3 & 1 & 2 \\ 0 & 4 & 5 \end{vmatrix} = 0$　(3) $\begin{vmatrix} 3 & 1 & 2 \\ 6 & 2 & 4 \\ 0 & 4 & 5 \end{vmatrix} = 0$

行列式の計算においても，行基本変形が有効である．

定理 3.5 (行基本変形と行列式)

(R1)　1 つの行を c 倍すると，行列式の値も c 倍される．

(R2)　ある行に，他の行の c 倍を加えても，行列式の値は変わらない．

$$\begin{matrix} i \rightarrow \\ \\ j \rightarrow \end{matrix} \begin{vmatrix} \cdots\cdots\cdots\cdots \\ a_{i1}+ca_{j1} & \cdots & a_{in}+ca_{jn} \\ \cdots\cdots\cdots\cdots \\ a_{j1} & \cdots & a_{jn} \\ \cdots\cdots\cdots\cdots \end{vmatrix} = \begin{vmatrix} \cdots\cdots\cdots \\ a_{i1} & \cdots & a_{in} \\ \cdots\cdots\cdots \\ a_{j1} & \cdots & a_{jn} \\ \cdots\cdots\cdots \end{vmatrix}$$

(R3)　2 つの行を入れ替えると，行列式の値は -1 倍される．

証明　(R1) は多重線形性の (2) と同じである．また，(R3) は交代性と同じである．(R2) は多重線形性 (1) と定理 3.4 (3) から

$$左辺 = \begin{vmatrix} \cdots\cdots\cdots \\ a_{i1} & \cdots & a_{in} \\ \cdots\cdots\cdots \\ a_{j1} & \cdots & a_{jn} \\ \cdots\cdots\cdots \end{vmatrix} + \begin{vmatrix} \cdots\cdots\cdots \\ ca_{j1} & \cdots & ca_{jn} \\ \cdots\cdots\cdots \\ a_{j1} & \cdots & a_{jn} \\ \cdots\cdots\cdots \end{vmatrix} \begin{matrix} \leftarrow i \\ \\ \leftarrow j \end{matrix} = 右辺$$

□

例 11　(R2) を使って，第 1 列を掃き出すと

$$\begin{vmatrix} 1 & 1 & 2 \\ 3 & 1 & 2 \\ 2 & 4 & 5 \end{vmatrix} \overset{\substack{r_2-3r_1 \\ r_3-2r_1}}{=} \begin{vmatrix} 1 & 1 & 2 \\ 0 & -2 & -4 \\ 0 & 2 & 1 \end{vmatrix}$$

次の性質は，n 次の行列式の計算を $n-1$ 次の行列式の計算に帰着させる公式である．行および列基本変形に関する性質と合わせて使うことによって，3 次以上の行列式の計算に絶大なる威力を発揮する．

定理 3.6 (次数を下げる公式 1)

第 1 列の 2 番目以降の成分がすべて 0 ならば

$$\begin{vmatrix} a_{11} & a_{12} & \cdots & a_{1n} \\ 0 & a_{22} & \cdots & a_{2n} \\ \vdots & \vdots & & \vdots \\ 0 & a_{n2} & \cdots & a_{nn} \end{vmatrix} = a_{11} \begin{vmatrix} a_{22} & \cdots & a_{2n} \\ \vdots & & \vdots \\ a_{n2} & \cdots & a_{nn} \end{vmatrix}$$

証明　左辺は，行列式の定義式

$$\sum_{(p_1\ p_2\ \cdots\ p_n)} \varepsilon(p_1\ p_2\ \cdots\ p_n)\, a_{1p_1}a_{2p_2}\cdots a_{np_n}$$

で，$a_{21}=a_{31}=\cdots=a_{n1}=0$ の場合である．$p_1 \neq 1$ ならば，$p_2,\cdots,p_n$ のどれかが 1 となるから，仮定より $a_{1p_1}a_{2p_2}\cdots a_{np_n}=0$ となる．したがって，上式で $p_1 \neq 1$ であるような項はすべて 0 となるので

$$\begin{aligned} \text{左辺} &= \sum_{(1\ p_2\ \cdots\ p_n)} \varepsilon(1\ p_2\ \cdots\ p_n)\, a_{11}a_{2p_2}\cdots a_{np_n} \\ &= a_{11} \sum_{(1\ p_2\ \cdots\ p_n)} \varepsilon(1\ p_2\ \cdots\ p_n)\, a_{2p_2}\cdots a_{np_n} \qquad ① \end{aligned}$$

1 は最小の自然数であるから，順列 $(1\ p_2\ \cdots\ p_n)$ を，$n-1$ 個の自然数 $2,3,\cdots,n$ に関する長さ $n-1$ の順列と同一視できる．しかも，2 つの順列 $(1\ p_2\ \cdots\ p_n)$ と $(p_2\ \cdots\ p_n)$ の転倒数は同じなので $\varepsilon(1\ p_2\ \cdots\ p_n)=\varepsilon(p_2\ \cdots\ p_n)$．よって

$$① = a_{11} \sum_{(p_2\ \cdots\ p_n)}{}' \varepsilon(p_2\ \cdots\ p_n)\, a_{2p_2}\cdots a_{np_n} = \text{右辺}$$

である．ここで，$\sum_{(p_2\ \cdots\ p_n)}{}'$ は，長さ $n-1$ の順列すべてについての和を表す．□

例 12 (上三角行列の行列式)　上三角行列の行列式の値は，対角成分の積に等しい．

$$\begin{vmatrix} a_{11} & a_{12} & \cdots & a_{1n} \\ & a_{22} & \cdots & a_{2n} \\ & & \ddots & \vdots \\ O & & & a_{nn} \end{vmatrix} = a_{11}a_{22}\cdots a_{nn}$$

実際，次数を下げる公式を繰り返し適用すればよい．特に，単位行列 I は上三角行列でもあるから

$$|I| = \begin{vmatrix} 1 & & & O \\ & 1 & & \\ & & \ddots & \\ O & & & 1 \end{vmatrix} = 1$$

問 8 対角行列の行列式の値は対角成分の積に等しいことを示せ.

以上の性質を使えば, (3 次も含め) 次数の大きい行列式の計算もできる.

- まず, 行基本変形 (定理 3.5) を使って, 行列式の第 1 列を掃き出す.
- 次に, 次数を下げる公式 (定理 3.6) を適用して, 次数を 1 つ下げる.
- 上の 2 つを繰り返していくと, 2 次の行列式の計算に帰着される.

具体例で示してみよう. (なお, 次数を下げる公式をより一般化すると, さらに計算が楽になる. 3.3 節参照.)

例 13

$$\begin{vmatrix} 1 & 2 & 0 & -2 \\ -1 & 1 & -1 & 0 \\ 2 & -2 & 5 & -4 \\ 3 & 6 & -1 & 2 \end{vmatrix} \overset{\substack{r_2 + r_1 \\ r_3 - 2r_1 \\ r_4 - 3r_1}}{=} \begin{vmatrix} 1 & 2 & 0 & -2 \\ 0 & 3 & -1 & -2 \\ 0 & -6 & 5 & 0 \\ 0 & 0 & -1 & 8 \end{vmatrix}$$

$$\overset{\text{定理 3.6}}{=} \begin{vmatrix} 3 & -1 & -2 \\ -6 & 5 & 0 \\ 0 & -1 & 8 \end{vmatrix} \overset{r_2 + 2r_1}{=} \begin{vmatrix} 3 & -1 & -2 \\ 0 & 3 & -4 \\ 0 & -1 & 8 \end{vmatrix}$$

$$\overset{\text{定理 3.6}}{=} 3 \begin{vmatrix} 3 & -4 \\ -1 & 8 \end{vmatrix} = 3\,(24 - 4) = 60$$

問 9 次の行列式の値を求めよ.

(1) $\begin{vmatrix} -1 & 1 & 0 & 2 \\ 0 & 2 & 3 & 0 \\ 1 & 1 & -1 & 2 \\ -2 & 0 & 3 & -3 \end{vmatrix}$ (2) $\begin{vmatrix} -2 & -1 & 3 & 1 \\ 4 & 0 & 1 & 0 \\ 2 & 1 & -1 & -1 \\ -2 & -1 & 1 & 2 \end{vmatrix}$

3.3 転置と積の行列式

行列の積や転置に対して, 行列式の値はどう変化するか. 3.2 節の基本性質を, 基本行列の言葉で置き換えることによって調べることができる.

積の行列式 基本行列は単位行列に行基本変形を行って得られた行列である. したがって, 単位行列の行列式の値が 1 であることと, 行基本変形に関する行列式の性質 (定理 3.5) から直ちに次が得られる.

基本行列の行列式

$$|P_i(c)| = c, \qquad |P_{ij}(c)| = 1, \qquad |P_{ij}| = -1$$

これを用いて，定理 3.5 を基本行列の言葉で書き直すと

(R1) $\quad |P_i(c)A| = c\,|A| = |P_i(c)|\,|A|,$

(R2) $\quad |P_{ij}(c)A| = |A| = |P_{ij}(c)|\,|A|,$

(R3) $\quad |P_{ij}A| = -|A| = |P_{ij}|\,|A|$

これらを 1 つにまとめると，次のようになる．

「基本行列 ×*A*」の行列式

P を任意の基本行列，A を任意の正方行列とするとき

$$|PA| = |P|\,|A|$$

この結果は，基本行列を正則行列で置き換えても成り立つ．

補題 3.7

P を任意の正則行列，A を任意の正方行列とするとき

$$|PA| = |P|\,|A|$$

証明　正則行列 P は基本行列 $P_1, P_2, \cdots, P_r$ の積として $P = P_1P_2\cdots P_r$ と表される (定理 2.7)．そこで，上の結果を繰り返し使って

$$\begin{aligned} |PA| &= |P_1P_2\cdots P_rA| = |P_1(P_2\cdots P_rA)| \\ &= |P_1|\,|P_2\cdots P_rA| = \cdots\cdots \\ &= |P_1|\,|P_2|\cdots|P_r|\,|A| \qquad ① \end{aligned}$$

① は任意の正方行列 A に対して成り立つ．特に，$A = I$ の場合には，$PI = P$ と $|I| = 1$ より

$$|P| = |P_1|\,|P_2|\cdots|P_r|$$

を得る．この結果を ① に代入すれば

$$|PA| = |P_1|\,|P_2|\cdots|P_r|\,|A| = |P|\,|A| \qquad \square$$

以上の準備のもとに，次の定理が得られる．

定理 3.8 (積の行列式)

A, B を同じ次数の正方行列とするとき

$$|AB| = |A|\,|B|$$

証明 A が正則行列ならば，補題 3.7 と同じである．したがって，A は正則でないとしてよい．また，$A=O$ ならば，両辺とも 0 となり正しい．以下 $A \neq O$ とする．

変形定理 (定理 2.2) より，A の階段行列 C はある正則行列 P を用いて $C=PA$ と表せる．A は正則でないので，階段行列 C の最後の行は零ベクトルである (定理 2.6)．行列の積の定義から，CB の最後の行もまた零ベクトルとなる．したがって，値が 0 になる行列式の性質より，$|C|=0$，$|CB|=0$ である．これと補題 3.7 から

$$|AB| = |P^{-1}CB| = |P^{-1}|\,|CB| = |P^{-1}|\cdot 0 = 0,$$

$$|A| = |P^{-1}C| = |P^{-1}|\,|C| = |P^{-1}|\cdot 0 = 0$$

よって，$|AB| = |A|\,|B|\,(=0)$ である． □

問 10 (1) $|A|=-3$ のとき，$|A^2|$ の値を求めよ．

(2) P を正則行列とするとき，$|P^{-1}AP|=|A|$ を示せ．

文字を含む行列の正則性の判定には，行列式が有効である．

定理 3.9 (行列式による正則性の判定)

正方行列 A が正則であるための必要十分条件は

$$|A| \neq 0$$

である．また，このとき，$|A^{-1}| = \dfrac{1}{|A|}$ である．

証明 A が正則ならば，$AA^{-1}=I$ の両辺の行列式をとれば

$$|AA^{-1}| = |I| = 1$$

左辺の行列式は，$|AA^{-1}| = |A|\,|A^{-1}|$ である (定理 3.8)．よって

$$|A| \neq 0 \qquad \text{かつ} \qquad |A^{-1}| = \frac{1}{|A|}$$

を得る．

「$|A| \neq 0$ ならば，A は正則である」の対偶は，「A が正則でないならば，$|A|=0$ である」．これは，積の行列式に関する定理 3.8 の証明の中で，すでに示した． □

問 11 次の行列が正則となるための定数 k の条件を求めよ．

(1) $\begin{bmatrix} 3 & k \\ 2 & 1 \end{bmatrix}$ (2) $\begin{bmatrix} 1 & 1 & k \\ 0 & k & 2 \\ k & 1 & 1 \end{bmatrix}$

転置の行列式 基本行列は転置をとっても同じタイプの基本行列である.

基本行列の転置行列

$$^tP_i(c) = P_i(c), \qquad ^tP_{ij}(c) = P_{ji}(c), \qquad ^tP_{ij} = P_{ij}$$

これより，直ちに，次の補題が得られる.

補題 3.10

任意の基本行列 P に対して

$$|{}^tP| = |P|$$

証明 $P_i(c)$, P_{ij} は対称行列 (すなわち，転置をとっても変わらない) であるから，補題が成り立つ．$P_{ij}(c)$ に対しては

$$|{}^tP_{ij}(c)| = |P_{ji}(c)| = 1 = |P_{ij}(c)|$$

による. □

この補題を用いて，転置の行列式の性質が示される.

定理 3.11 (転置の行列式)

任意の正方行列 A に対して

$$|{}^tA| = |A|$$

証明 A が正則ならば，$A = P_1P_2 \cdots P_r$ (P_i は基本行列) と表せる．したがって

$$\begin{aligned}
|{}^tA| &= |{}^t(P_1P_2\cdots P_r)| = |{}^tP_r \cdots {}^tP_2 {}^tP_1| && \text{☞転置の演算法則} \\
&= |{}^tP_r| \cdots |{}^tP_2|\,|{}^tP_1| && \text{☞定理 3.8} \\
&= |P_r| \cdots |P_2|\,|P_1| && \text{☞補題 3.10} \\
&= |P_1|\,|P_2| \cdots |P_r| && \\
&= |P_1P_2\cdots P_r| && \text{☞定理 3.8} \\
&= |A|
\end{aligned}$$

また，A が正則でないならば，^tA も正則でない (定理 1.2 (3))．したがって，$|A| = |{}^tA| = 0$ である (定理 3.9)．よって，任意の A に対して，定理は成り立つ. □

列に関する行列式の性質 定理 3.11 を使うと，行に関する行列式の性質は，すべて列に対しても成り立つことがわかる．以下，A の列ベクトル分割を

$$A = \left[\boldsymbol{a}_1, \boldsymbol{a}_2, \cdots, \boldsymbol{a}_n\right]$$

として，その事実を確認してみよう．

定理 3.12 (列に関する多重線形性)

(1) $\boldsymbol{a}_i = \boldsymbol{b}_i + \boldsymbol{c}_i$ ならば

$$\Bigl|\cdots, \underset{\substack{\uparrow \\ i}}{\boldsymbol{b}_i + \boldsymbol{c}_i}, \cdots\Bigr| = \Bigl|\cdots, \underset{\substack{\uparrow \\ i}}{\boldsymbol{b}_i}, \cdots\Bigr| + \Bigl|\cdots, \underset{\substack{\uparrow \\ i}}{\boldsymbol{c}_i}, \cdots\Bigr|$$

(2) $\boldsymbol{a}_i = c\boldsymbol{b}_i$ ならば

$$\Bigl|\cdots, \underset{\substack{\uparrow \\ i}}{c\boldsymbol{b}_i}, \cdots\Bigr| = c\Bigl|\cdots, \underset{\substack{\uparrow \\ i}}{\boldsymbol{b}_i}, \cdots\Bigr|$$

各等式において，第 i 列以外は変化しない．

証明 (1) 左辺 $= \begin{vmatrix} \vdots \\ {}^t(\boldsymbol{b}_i + \boldsymbol{c}_i) \\ \vdots \end{vmatrix} = \begin{vmatrix} \vdots \\ {}^t\boldsymbol{b}_i + {}^t\boldsymbol{c}_i \\ \vdots \end{vmatrix} = \begin{vmatrix} \vdots \\ {}^t\boldsymbol{b}_i \\ \vdots \end{vmatrix} + \begin{vmatrix} \vdots \\ {}^t\boldsymbol{c}_i \\ \vdots \end{vmatrix} =$ 右辺

(2) も同様である． □

例 14 (1) $\begin{vmatrix} 1 & 3 & 0 \\ 6 & 1 & 4 \\ 2 & 2 & 5 \end{vmatrix} = \begin{vmatrix} 1 & 3 & 0 \\ 2 & 1 & 4 \\ 3 & 2 & 5 \end{vmatrix} + \begin{vmatrix} 0 & 3 & 0 \\ 4 & 1 & 4 \\ -1 & 2 & 5 \end{vmatrix}$

(2) $\begin{vmatrix} 15 & 3 & 0 \\ 21 & 1 & 4 \\ 18 & 2 & 5 \end{vmatrix} = 3\begin{vmatrix} 5 & 3 & 0 \\ 7 & 1 & 4 \\ 6 & 2 & 5 \end{vmatrix} = \begin{vmatrix} 5 & 9 & 0 \\ 7 & 3 & 4 \\ 6 & 6 & 5 \end{vmatrix} = \begin{vmatrix} 5 & 3 & 0 \\ 7 & 1 & 12 \\ 6 & 2 & 15 \end{vmatrix}$

以下の列に関する性質も，定理 3.12 (1) と同様に，まず転置行列をとり，行に関する性質を適用し，再び転置をとって列に戻すことにより証明できる．

定理 3.13 (列に関する交代性)

2 つの列を入れ替えると，行列式の値は符号が変わる．すなわち

$$\Bigl|\cdots, \underset{\substack{\uparrow \\ i}}{\boldsymbol{a}_i}, \cdots, \underset{\substack{\uparrow \\ j}}{\boldsymbol{a}_j}, \cdots\Bigr| = -\Bigl|\cdots, \underset{\substack{\uparrow \\ i}}{\boldsymbol{a}_j}, \cdots, \underset{\substack{\uparrow \\ j}}{\boldsymbol{a}_i}, \cdots\Bigr|$$

例 15
$$\begin{vmatrix} 1 & 3 & 0 \\ 6 & 1 & 4 \\ 3 & 2 & 5 \end{vmatrix} = - \begin{vmatrix} 3 & 1 & 0 \\ 1 & 6 & 4 \\ 2 & 3 & 5 \end{vmatrix}, \qquad \begin{vmatrix} 1 & 3 & 0 \\ 6 & 1 & 4 \\ 3 & 2 & 5 \end{vmatrix} \neq \begin{vmatrix} 3 & 1 & 0 \\ 1 & 6 & 4 \\ 2 & 3 & 5 \end{vmatrix}$$

定理 3.14 (値が 0 になる行列式)

(1) 1 つの列成分がすべて 0 ならば，行列式の値は 0 である．

(2) 2 つの列が等しいならば，行列式の値は 0 である．

(3) 2 つの列が比例していれば，行列式の値は 0 である．

例 16 (1) $\begin{vmatrix} 3 & 0 & 0 \\ 1 & 4 & 0 \\ 2 & 5 & 0 \end{vmatrix} = 0$ (2) $\begin{vmatrix} 3 & 0 & 3 \\ 1 & 4 & 1 \\ 2 & 5 & 2 \end{vmatrix} = 0$ (3) $\begin{vmatrix} 3 & 0 & 6 \\ 1 & 4 & 2 \\ 2 & 5 & 4 \end{vmatrix} = 0$

定理 3.15 (列基本変形と行列式)

(C1) 1 つの列を c 倍すると，行列式の値も c 倍される．

(C2) 1 つの列に，他の列の c 倍を加えても，行列式の値は変わらない．

$$\left| \cdots, \underset{\substack{\uparrow \\ i}}{\boldsymbol{a}_i + c\boldsymbol{a}_j}, \cdots, \underset{\substack{\uparrow \\ j}}{\boldsymbol{a}_j}, \cdots \right| = \left| \cdots, \boldsymbol{a}_i, \cdots, \boldsymbol{a}_j, \cdots \right|$$

(C3) 2 つの列を入れ替えると，行列式の値は -1 倍される．

例 17 (C2) を使って，第 1 行を掃き出すと

$$\begin{vmatrix} 1 & 2 & 3 \\ 1 & 1 & 2 \\ 2 & 4 & 7 \end{vmatrix} \overset{\substack{c_2 - 2c_1 \\ c_3 - 3c_1}}{=} \begin{vmatrix} 1 & 0 & 0 \\ 1 & -1 & -1 \\ 2 & 0 & 1 \end{vmatrix}$$

定理 3.16 (次数を下げる公式 2)

第 1 行の 2 番目以降の成分がすべて 0 ならば

$$\begin{vmatrix} a_{11} & 0 & \cdots & 0 \\ a_{21} & a_{22} & \cdots & a_{2n} \\ \vdots & \vdots & & \vdots \\ a_{n1} & a_{n2} & \cdots & a_{nn} \end{vmatrix} = a_{11} \begin{vmatrix} a_{22} & \cdots & a_{2n} \\ \vdots & & \vdots \\ a_{n2} & \cdots & a_{nn} \end{vmatrix}$$

問 12 (下三角行列の行列式)　次の等式を示せ.

$$\begin{vmatrix} a_{11} & & & O \\ a_{21} & a_{22} & & \\ \vdots & \vdots & \ddots & \\ a_{n1} & a_{n2} & \cdots & a_{nn} \end{vmatrix} = a_{11}a_{22}\cdots a_{nn}$$

次数を下げる一般公式　次数を下げる公式 (定理 3.6, 定理 3.16) を改良した一般公式を使うと，より早く，行列式の次数を下げられる.

定理 3.17 (次数を下げる一般公式)

(1)　第 j 列で，上から i 番目以外の成分がすべて 0 ならば

$$\begin{vmatrix} A & \boldsymbol{o} & B \\ \cdots & a_{ij} & \cdots \\ C & \boldsymbol{o} & D \end{vmatrix} = (-1)^{i+j} a_{ij} \begin{vmatrix} A & B \\ C & D \end{vmatrix}$$

(2)　第 i 行で，左から j 番目以外の成分がすべて 0 ならば

$$\begin{vmatrix} A & \vdots & B \\ \boldsymbol{o} & a_{ij} & \boldsymbol{o} \\ C & \vdots & D \end{vmatrix} = (-1)^{i+j} a_{ij} \begin{vmatrix} A & B \\ C & D \end{vmatrix}$$

証明　(1)　第 i 行を順に 1 つずつ上の行と入れ替え，第 1 行に移す．2 つの行の入れ替えを $i-1$ 回行うので，行列式の値は

$$\begin{vmatrix} A & \boldsymbol{o} & B \\ \cdots & a_{ij} & \cdots \\ C & \boldsymbol{o} & D \end{vmatrix} = (-1)^{i-1} \begin{vmatrix} \cdots & a_{ij} & \cdots \\ A & \boldsymbol{o} & B \\ C & \boldsymbol{o} & D \end{vmatrix}$$

となる．続けて，この右辺の行列式で，第 j 列を順に 1 つずつ左の列と入れ替え，第 1 列に移す．2 つの列の入れ替えを $j-1$ 回行うので，行列式の値は次のようになる.

$$\begin{aligned} \begin{vmatrix} \cdots & a_{ij} & \cdots \\ A & \boldsymbol{o} & B \\ C & \boldsymbol{o} & D \end{vmatrix} &= (-1)^{j-1} \begin{vmatrix} a_{ij} & \cdots & \cdots \\ \boldsymbol{o} & A & B \\ \boldsymbol{o} & C & D \end{vmatrix} \\ &= (-1)^{j-1} a_{ij} \begin{vmatrix} A & B \\ C & D \end{vmatrix} \end{aligned}$$

☜ 定理 3.6

$$\begin{aligned} \therefore \quad \begin{vmatrix} A & \boldsymbol{o} & B \\ \cdots & a_{ij} & \cdots \\ C & \boldsymbol{o} & D \end{vmatrix} &= (-1)^{i-1}(-1)^{j-1} a_{ij} \begin{vmatrix} A & B \\ C & D \end{vmatrix} \\ &= (-1)^{i+j} a_{ij} \begin{vmatrix} A & B \\ C & D \end{vmatrix} \end{aligned}$$

よって，(1) が成り立つ．(2) の証明も同様である.　□

行列式の計算例　次数の大きい行列式を計算するには

- 掃き出しが一番簡単そうな行または列を選んで掃き出しを行う．
- 次数を下げる一般公式を適用して次数を下げる．

という手順を繰り返せばよい．

例 18

$$\begin{vmatrix} 4 & 2 & 0 & -1 \\ -1 & 1 & -1 & 3 \\ 0 & 1 & -1 & 0 \\ 3 & -4 & 2 & 2 \end{vmatrix} \overset{c_2 + c_3}{=} \begin{vmatrix} 4 & 2 & 0 & -1 \\ -1 & 0 & -1 & 3 \\ 0 & 0 & -1 & 0 \\ 3 & -2 & 2 & 2 \end{vmatrix}$$

$$= (-1)\cdot(-1)^{3+3} \begin{vmatrix} 4 & 2 & -1 \\ -1 & 0 & 3 \\ 3 & -2 & 2 \end{vmatrix} \overset{r_1 + r_3}{=} - \begin{vmatrix} 7 & 0 & 1 \\ -1 & 0 & 3 \\ 3 & -2 & 2 \end{vmatrix}$$

$$= -(-2)\cdot(-1)^{3+2} \begin{vmatrix} 7 & 1 \\ -1 & 3 \end{vmatrix} = -2\cdot(21+1) = -44$$

例 19　n 次の行列式 $\begin{vmatrix} a & b & b & \cdots & b \\ b & a & b & \cdots & b \\ b & b & a & \cdots & b \\ \vdots & \vdots & \vdots & & \vdots \\ b & b & b & \cdots & a \end{vmatrix}$ を計算しよう．

- どの行にも，a が 1 個と b が $n-1$ 個あるから，各行成分の和は $a+(n-1)b$ となることに着目．
- まず，第 2 列から第 n 列までをそれぞれ (1 倍し) 第 1 列に加える．
- 続いて，第 1 列を掃き出す．

$$与式 \overset{\substack{c_1 + c_i \\ (2 \leqq i \leqq n)}}{=} \begin{vmatrix} a+(n-1)b & b & b & \cdots & b \\ a+(n-1)b & a & b & \cdots & b \\ a+(n-1)b & b & a & \cdots & b \\ \vdots & \vdots & \vdots & & \vdots \\ a+(n-1)b & b & b & \cdots & a \end{vmatrix}$$

$$\overset{\substack{r_i - r_1 \\ (2 \leqq i \leqq n)}}{=} \begin{vmatrix} a+(n-1)b & b & b & \cdots & b \\ 0 & a-b & 0 & \cdots & 0 \\ 0 & 0 & a-b & \cdots & 0 \\ \vdots & \vdots & \vdots & & \vdots \\ 0 & 0 & 0 & \cdots & a-b \end{vmatrix}$$

$$= \{a+(n-1)b\}(a-b)^{n-1}$$

☞ 三角行列の行列式

3.4　行列式の展開

前節までの行列式の計算では，1 つの行または列で掃き出しを行ってから，次数を下げる一般公式を使う方法を説明した．ここでは，掃き出し法を行わずにいきなり次数を下げる方法を与える．

余因子　$n \geqq 2$ とする．n 次正方行列 $A = [a_{ij}]$ の第 i 行と第 j 列を取り除いてできる $n-1$ 次正方行列の行列式を $(-1)^{i+j}$ 倍した数

第 j 列を除く ↓

$$(-1)^{i+j}\begin{vmatrix} a_{11} & \cdots & a_{1j} & \cdots & a_{1n} \\ \vdots & & \vdots & & \vdots \\ a_{i1} & \cdots & a_{ij} & \cdots & a_{in} \\ \vdots & & \vdots & & \vdots \\ a_{n1} & \cdots & a_{nj} & \cdots & a_{nn} \end{vmatrix} \longleftarrow \text{第 } i \text{ 行を除く}$$

を A の $\boldsymbol{(i, j)}$ **余因子**といい，$\tilde{a}_{ij}$ で表す．

例 20　$A = \begin{bmatrix} 1 & 2 & 3 \\ 0 & 4 & 1 \\ 2 & 1 & 0 \end{bmatrix}$ の (2, 3) 余因子 $\tilde{a}_{23}$ は

$$\tilde{a}_{23} = (-1)^{2+3}\begin{vmatrix} 1 & 2 & 3 \\ 0 & 4 & 1 \\ 2 & 1 & 0 \end{vmatrix} = -\begin{vmatrix} 1 & 2 \\ 2 & 1 \end{vmatrix} = 3$$

問 13　例 20 の A に対して，(1, 2) 余因子，(2, 2) 余因子，(3, 2) 余因子を求めよ．

定理 3.18 (余因子展開)

n 次正方行列 $A = [a_{ij}]$ に対して

(1)　$|A| = a_{i1}\tilde{a}_{i1} + a_{i2}\tilde{a}_{i2} + \cdots + a_{in}\tilde{a}_{in}$　　(第 i 行に関する展開)

(2)　$|A| = a_{1j}\tilde{a}_{1j} + a_{2j}\tilde{a}_{2j} + \cdots + a_{nj}\tilde{a}_{nj}$　　(第 j 列に関する展開)

証明　(1)　A の第 i 行を n 個の行ベクトルの和

$$[a_{i1}, a_{i2}, \cdots, a_{in}] = [a_{i1}, 0, \cdots, 0] + [0, a_{i2}, 0, \cdots, 0] + \cdots + [0, \cdots, 0, a_{in}]$$

で表す．定理 3.2 (第 i 行に関する線形性) より，$|A|$ も n 個の行列式の和で表される．

$$|A| = \sum_{j=1}^{n} \begin{vmatrix} a_{11} & \cdots & a_{1,j-1} & a_{1j} & a_{1,j+1} & \cdots & a_{1n} \\ \vdots & & \vdots & \vdots & \vdots & & \vdots \\ a_{i-1,1} & \cdots & a_{i-1,j-1} & a_{i-1,j} & a_{i-1,j+1} & \cdots & a_{i-1,n} \\ 0 & \cdots & 0 & a_{ij} & 0 & \cdots & 0 \\ a_{i+1,1} & \cdots & a_{i+1,j-1} & a_{i+1,j} & a_{i+1,j+1} & \cdots & a_{i+1,n} \\ \vdots & & \vdots & \vdots & \vdots & & \vdots \\ a_{n1} & \cdots & a_{n,j-1} & a_{nj} & a_{n,j+1} & \cdots & a_{nn} \end{vmatrix}$$

☞ 右辺の各行列式に，定理 3.17(次数を下げる一般公式) を適用

$$= \sum_{j=1}^{n} (-1)^{i+j} a_{ij} \begin{vmatrix} a_{11} & \cdots & a_{1,j-1} & a_{1,j+1} & \cdots & a_{1n} \\ \vdots & & \vdots & \vdots & & \vdots \\ a_{i-1,1} & \cdots & a_{i-1,j-1} & a_{i-1,j+1} & \cdots & a_{i-1,n} \\ a_{i+1,1} & \cdots & a_{i+1,j-1} & a_{i+1,j+1} & \cdots & a_{i+1,n} \\ \vdots & & \vdots & \vdots & & \vdots \\ a_{n1} & \cdots & a_{n,j-1} & a_{n,j+1} & \cdots & a_{nn} \end{vmatrix}$$

$$= a_{i1}\tilde{a}_{i1} + a_{i2}\tilde{a}_{i2} + \cdots + a_{in}\tilde{a}_{in}$$

(2) も同様である. □

例 21 $A = \begin{bmatrix} 2 & 5 & 0 \\ 7 & 2 & 8 \\ 3 & 1 & 4 \end{bmatrix}$ とするとき，$|A|$ の第 2 行に関する展開は

$$|A| = -7\begin{vmatrix} 5 & 0 \\ 1 & 4 \end{vmatrix} + 2\begin{vmatrix} 2 & 0 \\ 3 & 4 \end{vmatrix} - 8\begin{vmatrix} 2 & 5 \\ 3 & 1 \end{vmatrix}$$

第 3 列に関する展開は

$$|A| = 0\begin{vmatrix} 7 & 2 \\ 3 & 1 \end{vmatrix} - 8\begin{vmatrix} 2 & 5 \\ 3 & 1 \end{vmatrix} + 4\begin{vmatrix} 2 & 5 \\ 7 & 2 \end{vmatrix}$$

定理 3.19 (余因子の性質)

n 次正方行列 $A = [a_{ij}]$ に対して

(1) $a_{i1}\tilde{a}_{k1} + a_{i2}\tilde{a}_{k2} + \cdots + a_{in}\tilde{a}_{kn} = 0$ ($i \neq k$ のとき)

(2) $a_{1j}\tilde{a}_{1k} + a_{2j}\tilde{a}_{2k} + \cdots + a_{nj}\tilde{a}_{nk} = 0$ ($j \neq k$ のとき)

証明 (1) $|A|$ の第 k 行を第 i 行で置き換えた行列式を調べる.

$$|A| = \begin{vmatrix} a_{11} & \cdots & a_{1j} & \cdots & a_{1n} \\ \vdots & & \vdots & & \vdots \\ a_{i1} & \cdots & a_{ij} & \cdots & a_{in} \\ \vdots & & \vdots & & \vdots \\ a_{k1} & \cdots & a_{kj} & \cdots & a_{kn} \\ \vdots & & \vdots & & \vdots \\ a_{n1} & \cdots & a_{nj} & \cdots & a_{nn} \end{vmatrix} \quad \begin{matrix} \\ \\ \leftarrow \text{第 } i \text{ 行} \rightarrow \\ \\ \leftarrow \text{第 } k \text{ 行} \rightarrow \\ \\ \\ \end{matrix} \quad \begin{vmatrix} a_{11} & \cdots & a_{1j} & \cdots & a_{1n} \\ \vdots & & \vdots & & \vdots \\ a_{i1} & \cdots & a_{ij} & \cdots & a_{in} \\ \vdots & & \vdots & & \vdots \\ a_{i1} & \cdots & a_{ij} & \cdots & a_{in} \\ \vdots & & \vdots & & \vdots \\ a_{n1} & \cdots & a_{nj} & \cdots & a_{nn} \end{vmatrix}$$

左右の行列式は，第 k 行を除くと対応する成分どうしが一致している．したがって，右側の行列式における第 k 行の余因子は，A の第 k 行の余因子 $\tilde{a}_{k1}, \tilde{a}_{k2}, \cdots, \tilde{a}_{kn}$ に等しい．そこで，右側の行列式を第 k 行で展開すると

$$\begin{array}{r} \\ \\ \text{第 } i \text{ 行} \rightarrow \\ \\ \text{第 } k \text{ 行} \rightarrow \\ \\ \\ \end{array} \begin{vmatrix} a_{11} & \cdots & a_{1j} & \cdots & a_{1n} \\ \vdots & & \vdots & & \vdots \\ a_{i1} & \cdots & a_{ij} & \cdots & a_{in} \\ \vdots & & \vdots & & \vdots \\ a_{i1} & \cdots & a_{ij} & \cdots & a_{in} \\ \vdots & & \vdots & & \vdots \\ a_{n1} & \cdots & a_{nj} & \cdots & a_{nn} \end{vmatrix} = a_{i1}\tilde{a}_{k1} + a_{i2}\tilde{a}_{k2} + \cdots + a_{in}\tilde{a}_{kn}$$

となる．一方，この行列式の値は第 i 行と第 k 行が等しいので 0 である．よって，(1) を得る．(2) も同様に証明される．□

余因子行列　n 次正方行列 $A = [a_{ij}]$ の (i, j) 余因子 $\tilde{a}_{ij}$ を (i, j) 成分にもつ n 次正方行列の転置行列を A の**余因子行列**といい，$\tilde{A}$ で表す．すなわち

$$\tilde{A} = {}^t\begin{bmatrix} \tilde{a}_{11} & \tilde{a}_{12} & \cdots & \tilde{a}_{1n} \\ \tilde{a}_{21} & \tilde{a}_{22} & \cdots & \tilde{a}_{2n} \\ \vdots & \vdots & & \vdots \\ \tilde{a}_{n1} & \tilde{a}_{n2} & \cdots & \tilde{a}_{nn} \end{bmatrix} = \begin{bmatrix} \tilde{a}_{11} & \tilde{a}_{21} & \cdots & \tilde{a}_{n1} \\ \tilde{a}_{12} & \tilde{a}_{22} & \cdots & \tilde{a}_{n2} \\ \vdots & \vdots & & \vdots \\ \tilde{a}_{1n} & \tilde{a}_{2n} & \cdots & \tilde{a}_{nn} \end{bmatrix}$$

例 22　$A = \begin{bmatrix} 1 & 2 \\ 3 & 4 \end{bmatrix}$ の余因子は $\tilde{a}_{11} = 4$，$\tilde{a}_{12} = -3$，$\tilde{a}_{21} = -2$，$\tilde{a}_{22} = 1$ であるから，A の余因子行列は

$$\tilde{A} = {}^t\begin{bmatrix} 4 & -3 \\ -2 & 1 \end{bmatrix} = \begin{bmatrix} 4 & -2 \\ -3 & 1 \end{bmatrix} \qquad \left(\text{注意}\ \ \tilde{A} \neq \begin{bmatrix} 4 & -3 \\ -2 & 1 \end{bmatrix} \right)$$

問 14　例 21 の行列に対して，その余因子行列を求めよ．

余因子行列は逆行列と密接に関係している．$A = [a_{ij}]$ の余因子行列 $\tilde{A}$ の (i, j) 成分は $\tilde{a}_{ji}$ であるから

$$\begin{aligned} A\tilde{A} \text{ の } (i, j) \text{ 成分} &= a_{i1}\tilde{a}_{j1} + a_{i2}\tilde{a}_{j2} + \cdots + a_{in}\tilde{a}_{jn} \\ &= |A|\delta_{ij} \qquad \text{☞ 定理 3.18 (1) と定理 3.19 (1)} \\ &= |A|I \text{ の } (i, j) \text{ 成分} \end{aligned}$$

よって，$A\tilde{A} = |A|I$ である．同様に，$\tilde{A}A = |A|I$ も成り立つ．したがって

余因子行列の性質

$$A\tilde{A} = \tilde{A}A = |A|I$$

特に，A が正則ならば，$|A| \neq 0$ であるから，上式を $1/|A|$ 倍すると

$$A\left(\frac{1}{|A|}\tilde{A}\right) = \left(\frac{1}{|A|}\tilde{A}\right)A = I$$

よって，行列式を使った逆行列の公式が導かれる．

定理 3.20 (逆転公式)
A が正則ならば

$$A^{-1} = \frac{1}{|A|}\tilde{A}$$

例 23　2 次正則行列 $A = \begin{bmatrix} a & b \\ c & d \end{bmatrix}$ の余因子は

$$\tilde{a}_{11} = d, \quad \tilde{a}_{12} = -c, \quad \tilde{a}_{21} = -b, \quad \tilde{a}_{22} = a$$

で，行列式は $|A| = ad - bc\ (\neq 0)$．よって，逆転公式より

$$A^{-1} = \frac{1}{ad-bc}\begin{bmatrix} d & -b \\ -c & a \end{bmatrix} \qquad \text{(2 次逆行列の公式)}$$

注意　逆転公式は，線形代数の理論において重要な位置を占めている．しかし，実際に逆行列を求めるには，掃き出し法の方が計算量が少なく便利である．

クラメールの公式　未知数の個数と方程式の個数が一致し，かつ係数行列が正則な連立 1 次方程式は，行列式の計算だけで解くことができる．

定理 3.21 (Cramer(クラメール)の公式)
n 個の未知数 $x_1, x_2, \cdots, x_n$ に関する連立 1 次方程式 $A\boldsymbol{x} = \boldsymbol{b}$ は，係数行列 $A = [\boldsymbol{a}_1, \boldsymbol{a}_2, \cdots, \boldsymbol{a}_n]$ が正則ならば，次のようなただ 1 組の解

$$x_1 = \frac{|\boldsymbol{b}, \boldsymbol{a}_2, \cdots, \boldsymbol{a}_n|}{|A|},$$

$$\vdots$$

$$x_i = \frac{|\boldsymbol{a}_1, \cdots, \boldsymbol{a}_{i-1}, \boldsymbol{b}, \boldsymbol{a}_{i+1}, \cdots, \boldsymbol{a}_n|}{|A|},$$

$$\vdots$$

$$x_n = \frac{|\boldsymbol{a}_1, \cdots, \boldsymbol{a}_{n-1}, \boldsymbol{b}|}{|A|}$$

をもつ．(x_i は，A の第 i 列を $\boldsymbol{b}$ で置き換えた行列の行列式を $|A|$ で割ったものである．)

証明　$A\boldsymbol{x}=\boldsymbol{b}$ の両辺に左から A^{-1} を掛けると $\boldsymbol{x}=A^{-1}\boldsymbol{b}$ となるから，これが連立 1 次方程式のただ 1 組の解である．以下では，この解が定理に書かれた形に表せることを示す．$A\boldsymbol{x}=\boldsymbol{b}$ を A の列ベクトル分割を使って書き直すと

$$\boldsymbol{b}=A\boldsymbol{x}=x_1\boldsymbol{a}_1+x_2\boldsymbol{a}_2+\cdots+x_n\boldsymbol{a}_n=\sum_{j=1}^{n}x_j\boldsymbol{a}_j$$

したがって，行列式の基本性質から，各 i $(1 \leqq i \leqq n)$ について

$$\begin{aligned}\left|\boldsymbol{a}_1,\cdots,\boldsymbol{a}_{i-1},\boldsymbol{b},\boldsymbol{a}_{i+1},\cdots,\boldsymbol{a}_n\right| &= \left|\boldsymbol{a}_1,\cdots,\boldsymbol{a}_{i-1},\sum_{j=1}^{n}x_j\boldsymbol{a}_j,\boldsymbol{a}_{i+1},\cdots,\boldsymbol{a}_n\right| \\ &= \sum_{j=1}^{n}x_j\left|\boldsymbol{a}_1,\cdots,\boldsymbol{a}_{i-1},\boldsymbol{a}_j,\boldsymbol{a}_{i+1},\cdots,\boldsymbol{a}_n\right| \\ &= x_i\left|\boldsymbol{a}_1,\cdots,\boldsymbol{a}_{i-1},\boldsymbol{a}_i,\boldsymbol{a}_{i+1},\cdots,\boldsymbol{a}_n\right| \\ &= x_i\,|A|\end{aligned}$$

である．A は正則だから，$|A|\neq 0$．よって，両辺を $|A|$ で割ればよい．□

例 24　連立 1 次方程式 $\begin{cases}7x+8y=5\\5x+3y=9\end{cases}$ にクラメールの公式を適用すると

$$x=\frac{\begin{vmatrix}5&8\\9&3\end{vmatrix}}{\begin{vmatrix}7&8\\5&3\end{vmatrix}}=\frac{15-72}{21-40}=3,\qquad y=\frac{\begin{vmatrix}7&5\\5&9\end{vmatrix}}{\begin{vmatrix}7&8\\5&3\end{vmatrix}}=\frac{63-25}{21-40}=-2$$

注意　行列式の起源はクラメールの公式にある．しかし，未知数が 3 個以上になると逆転公式と同様に，行列式の計算量が増えて実用的でない．

3.5　行列式の図形的意味

行列式の性質を用いて，大きな行列式の計算もできるようになった．では，行列式にはどういう意味があるのだろうか．この節では，2 次と 3 次の行列式の図形的な意味について触れる．ただし，証明はせずに事実だけを述べる．

2 次の行列式の図形的意味　2 次の行列式の値は，座標を通して，平面上の図形的量として理解される．一般に，平面上の座標軸は，互いに直交し，x 軸の正の部分を原点 O を中心として時計と反対回りに 90° 回転させると y 軸の正の部分に重なるように (反時計回りに) とる．

A(a,c), B(b,d) を平面上の 2 点とするとき，線分 OA, OB を 2 辺にもつ平行四辺形の面積 S は

$$S=|ad-bc|$$

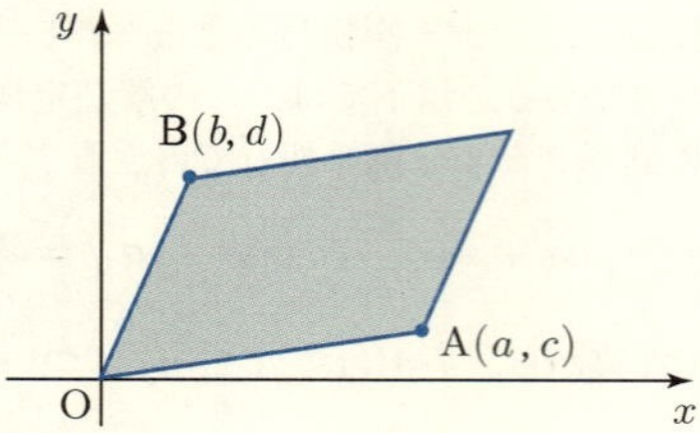

となる (3 点 O, A, B が一直線上にあるときは，$S = 0$ とする).

さらに，OA, OB を (O を中心とする) 時計の針と思って，針 OA を平行四辺形の内部の方向に動かし，針 OB と重ねる．針の回り方が

(1) 反時計回りならば，$ad - bc$ は正である.

(2) 時計回りならば，$ad - bc$ は負である.

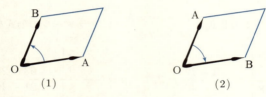

(1) (2)

(1) のとき，平行四辺形は表を向いていて，(2) のとき，平行四辺形は裏返っていると考える．表向きの図形の面積は正，裏向きの図形の面積は負と定め，これを符号付き面積という.

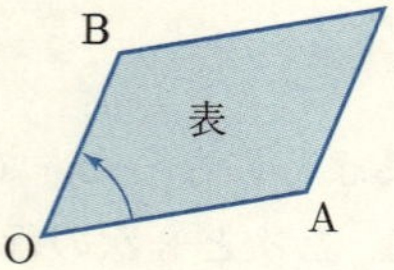

を裏返すと

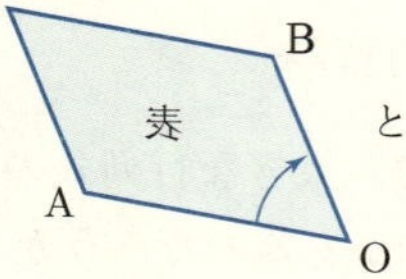

となり (1) が (2) になる.

以上の考察から

2 次の行列式と符号付き面積

2 次の行列式 $\begin{vmatrix} a & b \\ c & d \end{vmatrix}$ の値は，OA, OB を 2 辺とする平行四辺形の符号付き面積に等しい.

線形変換 [1]　2 次あるいは 3 次正方行列 F を平面あるいは空間の点を移動する写像としてみる．例えば，F が 2 次正方行列ならば

$$F\begin{bmatrix} x \\ y \end{bmatrix} = \begin{bmatrix} a & b \\ c & d \end{bmatrix}\begin{bmatrix} x \\ y \end{bmatrix} = \begin{bmatrix} ax+by \\ cx+dy \end{bmatrix}$$

であるから，行列 F は平面上の点 $\mathrm{P}(x,y)$ を点 $\mathrm{Q}(ax+by, cx+dy)$ に移すと考えられる．(この写像を F の定める線形変換といい，F を線形変換の表現行列という.)

線形変換の表現行列 $F = \begin{bmatrix} a & b \\ c & d \end{bmatrix}$ は

- 原点 O を O 自身に，点 $\mathrm{E}_1(1,0)$ を点 $\mathrm{A}(a,c)$ に，点 $\mathrm{E}_2(0,1)$ を点 $\mathrm{B}(b,d)$ に移し，
- OE_1, OE_2 を 2 辺とする正方形を，OA, OB を 2 辺とする平行四辺形に移す．

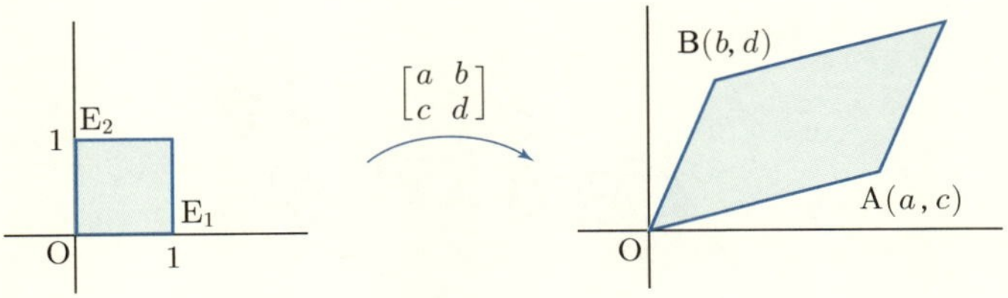

正方形の面積は 1 であるから，線形変換によって，面積は $|ad-bc|$ 倍される ($ad-bc<0$ のときは，裏返る)．したがって，行列式の絶対値は，もとの図形の面積と移った先の図形の面積の比でもある．このことは，正方形に限らず平面上のどんな図形に対しても成立する．すなわち

2 次の行列式の図形的意味

行列式 $\begin{vmatrix} a & b \\ c & d \end{vmatrix}$ の値は，行列 $\begin{bmatrix} a & b \\ c & d \end{bmatrix}$ の定める線形変換によって図形が別の図形に移されるときの

- 裏返されるかどうか (符号付き面積)，および
- 移された図形の面積の拡大率

を表す量である．

[1]　写像，線形変換，表現行列についての詳細は，4 章の 4.5 節を参照のこと．

3 次の行列式の図形的意味 3 次の行列式の値は，座標を通して，空間内の図形的量として理解される．一般に，空間の 3 本の座標軸は，互いに直交し，右手系をなす (自分の右手の親指を x 軸の正の部分，人差し指を y 軸の正の部分，中指を z 軸の正の部分に添えることができる) ようにとる．すると，3 次の行列式の場合も，2 次のときと同様に次のことがいえる．

$\mathrm{A}(a_1, a_2, a_3)$，$\mathrm{B}(b_1, b_2, b_3)$，$\mathrm{C}(c_1, c_2, c_3)$ を空間内の 3 点とするとき

3 次の行列式と符号付き体積

3 次の行列式 $\begin{vmatrix} a_1 & b_1 & c_1 \\ a_2 & b_2 & c_2 \\ a_3 & b_3 & c_3 \end{vmatrix}$ の値は，OA, OB, OC を 3 辺とする平行六面体の符号付き体積に等しい．

ただし，OA, OB, OC が右手系ならば，図形は表向きで，体積は正，左手系ならば，図形は裏向きで，体積は負として符号付き体積を定める．

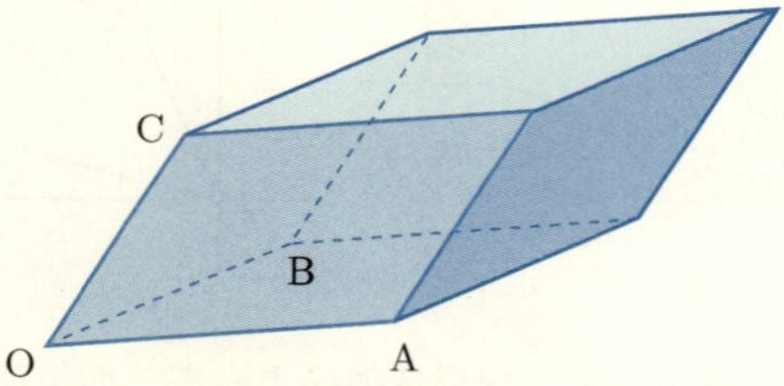

平行六面体

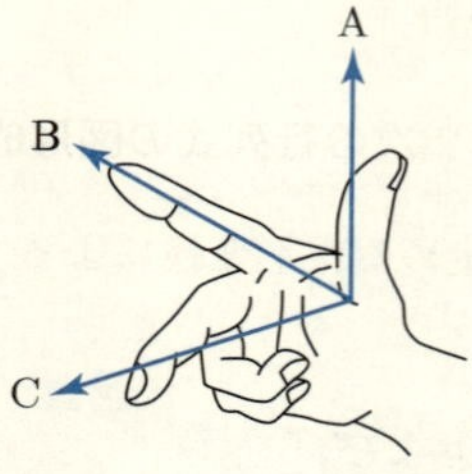

右手系

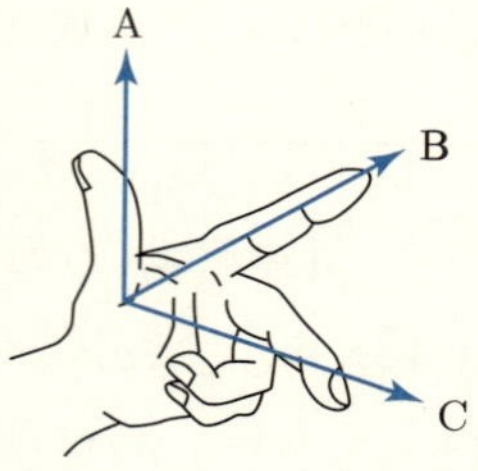

左手系

3次の行列式の図形的意味

行列式 $\begin{vmatrix} a_1 & b_1 & c_1 \\ a_2 & b_2 & c_2 \\ a_3 & b_3 & c_3 \end{vmatrix}$ の値は，行列 $\begin{bmatrix} a_1 & b_1 & c_1 \\ a_2 & b_2 & c_2 \\ a_3 & b_3 & c_3 \end{bmatrix}$ の定める線形変換によって図形が別の図形に移されるときの

- 裏返されるかどうか (符号付き体積)，および
- 移された図形の体積の拡大率

を表す量である．

3章の問題

★ 基礎問題 ★

3.1 次の順列の転倒数と符号を求めよ．

(1) $(2\ 7\ 4\ 5\ 6\ 3\ 8\ 1)$

(2) $(n\ \ n-1\ \ \cdots\ \ 2\ 1)$

(3) $(2\ 1\ 4\ 3\ 6\ 5\ 8\ 7\ \cdots\ \ 2n\ \ 2n-1)$

3.2 次の行列式の値を求めよ．

(1) $\begin{vmatrix} 2 & 3 & -3 \\ -1 & -1 & 0 \\ 7 & 5 & 7 \end{vmatrix}$ (2) $\begin{vmatrix} 1 & 5 & 2 \\ 4 & -3 & 6 \\ -1 & 2 & 1 \end{vmatrix}$ (3) $\begin{vmatrix} \frac{1}{\sqrt{3}} & \frac{1}{\sqrt{3}} & \frac{1}{\sqrt{3}} \\ \frac{1}{\sqrt{2}} & -\frac{1}{\sqrt{2}} & 0 \\ \frac{1}{\sqrt{6}} & \frac{1}{\sqrt{6}} & -\frac{2}{\sqrt{6}} \end{vmatrix}$

(4) $\begin{vmatrix} 1 & 1 & 1 & 1 \\ 1 & 2 & 1 & 2 \\ 1 & 1 & 3 & 1 \\ 1 & 2 & 1 & 4 \end{vmatrix}$ (5) $\begin{vmatrix} 1 & 2 & 3 & 4 \\ 2 & 3 & 4 & 1 \\ 3 & 4 & 1 & 2 \\ 4 & 1 & 2 & 3 \end{vmatrix}$ (6) $\begin{vmatrix} 1 & -2 & 3 & -4 \\ 2 & -1 & 4 & -3 \\ 2 & 3 & -4 & -5 \\ 3 & -4 & 5 & 6 \end{vmatrix}$

(7) $\begin{vmatrix} 0 & 1 & 1 & 1 & 1 \\ 1 & 0 & 1 & 1 & 1 \\ 1 & 1 & 0 & 1 & 1 \\ 1 & 1 & 1 & 0 & 1 \\ 1 & 1 & 1 & 1 & 0 \end{vmatrix}$ (8) $\begin{vmatrix} 2 & -1 & 0 & -1 & 2 \\ -1 & 0 & 2 & 0 & -1 \\ 0 & 2 & -1 & 2 & 0 \\ -1 & 0 & 2 & 0 & -1 \\ 2 & -1 & 0 & -1 & 2 \end{vmatrix}$

3.3 A を n 次正方行列，c をスカラーとするとき，$|cA| = c^n|A|$ となることを示せ．

3.4 A, B を同じ型の正方行列とするとき，$|AB| = |BA|$ であることを示せ．

3.5 次の行列の行列式と余因子行列を計算し，もし正則なら逆行列も求めよ．

(1) $\begin{bmatrix} 1 & 3 & 2 \\ 3 & 3 & 1 \\ 5 & 8 & 4 \end{bmatrix}$ (2) $\begin{bmatrix} 3 & 2 & 0 \\ 1 & 3 & 1 \\ 1 & 3 & 2 \end{bmatrix}$

3.6 クラメールの公式によって，次の連立 1 次方程式を解け.

(1) $\begin{cases} 3x - 2y + 3z = 3 \\ 2x - 5y + z = -10 \\ 4x + y - 3z = 8 \end{cases}$ (2) $\begin{cases} x + y - 3z - 4w = -1 \\ 2x + y + 5z + w = 5 \\ 3x + 6y - 2z + w = 8 \\ 2x + 2y + 2z - 3w = 2 \end{cases}$

★ 標準問題 ★

3.7 A を正方行列とするとき，同次連立 1 次方程式 $A\boldsymbol{x} = \boldsymbol{o}$ が自明でない解をもつための必要十分条件は $|A| = 0$ であることを示せ.（ヒント: 定理 2.5, 2.6, 3.9 を用いよ.）

3.8 次の等式を証明せよ.

(1) $\begin{vmatrix} b^2+c^2 & ab & ca \\ ab & c^2+a^2 & bc \\ ca & bc & a^2+b^2 \end{vmatrix} = 4a^2b^2c^2$

(2) $\begin{vmatrix} a+b+c & a+b & a & a \\ a+b & a+b+c & a & a \\ a & a & a+b+c & a+b \\ a & a & a+b & a+b+c \end{vmatrix} = c^2(4a+2b+c)(2b+c)$

(3) $\begin{vmatrix} x & 0 & 0 & \cdots & 0 & a_n \\ -1 & x & 0 & \cdots & 0 & a_{n-1} \\ 0 & -1 & x & \cdots & 0 & a_{n-2} \\ \vdots & \vdots & \ddots & \ddots & \vdots & \vdots \\ 0 & 0 & 0 & \ddots & x & a_1 \\ 0 & 0 & 0 & \cdots & -1 & a_0 \end{vmatrix} = a_0x^n + a_1x^{n-1} + \cdots + a_{n-1}x + a_n$

(4) $\begin{vmatrix} 1 & 1 & 1 & \cdots & 1 \\ x_1 & x_2 & x_3 & \cdots & x_n \\ {x_1}^2 & {x_2}^2 & {x_3}^2 & \cdots & {x_n}^2 \\ \cdots & \cdots & \cdots & & \cdots \\ {x_1}^{n-1} & {x_2}^{n-1} & {x_3}^{n-1} & \cdots & {x_n}^{n-1} \end{vmatrix} = (-1)^{\frac{n(n-1)}{2}} \prod_{i<j} (x_i - x_j)$

(**Vandermonde**（ヴァンデルモンド）の行列式)

3.9 n 次の行列式 $\begin{vmatrix} 1 & 1 & 0 & \cdots & 0 \\ 1 & \ddots & \ddots & \ddots & \vdots \\ 0 & \ddots & 1 & 1 & 0 \\ \vdots & \ddots & 1 & 1 & 1 \\ 0 & \cdots & 0 & 1 & 1 \end{vmatrix}$ の値を求めよ.

3.10 $A = \begin{bmatrix} 1 & x & x \\ x & 1 & x \\ x & x & 1 \end{bmatrix}$ が正則となるための x の条件を求めよ.

3.11 奇数次の交代行列の行列式は 0 であることを示せ.

3.12 A, D を正方行列とするとき，次を示せ．

(1) $\begin{vmatrix} I & B \\ O & D \end{vmatrix} = |D|$ (2) $\begin{vmatrix} A & B \\ O & I \end{vmatrix} = |A|$ (3) $\begin{vmatrix} A & B \\ O & D \end{vmatrix} = |A|\,|D|$

3.13 A, B を同じ型の正方行列とするとき

$$\begin{vmatrix} A & B \\ B & A \end{vmatrix} = |A+B|\,|A-B|$$

であることを示せ．

★ 発展問題 ★

3.14 (i,j) 成分が $a_{ij} = |i-j|$ である n 次正方行列 A について

$$|A| = (-1)^{n-1}(n-1)2^{n-2}$$

となることを証明せよ．

3.15 A を成分がすべて整数の正方行列とする．このとき，次の 2 条件が同値であることを示せ．

(1) A は正則であり，A^{-1} の成分もすべて整数である．

(2) $|A| = \pm 1$

3.16 一般に，行列 A から r 個の行と r 個の列を取り出してつくった r 次正方行列を A の r 次小行列といい，その行列式を r 次の小行列式という．いま，A を n 次正方行列とするとき，次の同値を示せ．

$\mathrm{rank}\, A = k \Longleftrightarrow$ A の k 次の小行列式に 0 でないものがあり，$k+1$ 次の小行列式はすべて 0 である．

3.17 A を n 次正方行列とするとき，$|\widetilde{A}| = |A|^{n-1}$ であることを示せ．

3.18 A を正則行列とし，D を任意の正方行列とするとき

$$\begin{vmatrix} A & B \\ C & D \end{vmatrix} = |A|\,|D - CA^{-1}B|$$

となることを証明せよ．

3.19 A を n 次正則行列，$\boldsymbol{x}$ を n 次列ベクトル，c をスカラーとする．このとき

$$\begin{vmatrix} A & \boldsymbol{x} \\ {}^t\boldsymbol{x} & c \end{vmatrix} = c|A| - {}^t\boldsymbol{x}\widetilde{A}\boldsymbol{x}$$

が成り立つことを示せ．

3.20 xy 平面上の 3 点 (a_1, b_1)，(a_2, b_2)，(a_3, b_3) を頂点とする三角形の面積は

$$\frac{1}{2}\begin{vmatrix} a_1 & b_1 & 1 \\ a_2 & b_2 & 1 \\ a_3 & b_3 & 1 \end{vmatrix}$$

の絶対値に等しいことを示せ．

3.21 xy 平面上の 3 点 (a_1, a_2), (b_1, b_2), (c_1, c_2) を通る円の方程式は

$$\begin{vmatrix} x^2+y^2 & x & y & 1 \\ {a_1}^2+{a_2}^2 & a_1 & a_2 & 1 \\ {b_1}^2+{b_2}^2 & b_1 & b_2 & 1 \\ {c_1}^2+{c_2}^2 & c_1 & c_2 & 1 \end{vmatrix} = 0$$

であることを示せ.

研究　行列式と直線・平面の方程式

xy 平面上の相異なる 2 点 $\mathrm{A}(a_1, a_2)$，$\mathrm{B}(b_1, b_2)$ を通る直線の方程式を行列式を用いて表すことを考えよう．いま，2 点 A, B を通る直線の方程式を

$$px + qy + r = 0 \qquad (p, q \text{ のどちらかは } 0 \text{ でない}) \tag{①}$$

とする．A, B は直線 ① 上にあるので

$$\begin{cases} px \ + qy \ + r = 0 \\ pa_1 + qa_2 + r = 0 \\ pb_1 + qb_2 + r = 0 \end{cases} \quad \text{すなわち} \quad \begin{bmatrix} x & y & 1 \\ a_1 & a_2 & 1 \\ b_1 & b_2 & 1 \end{bmatrix} \begin{bmatrix} p \\ q \\ r \end{bmatrix} = \begin{bmatrix} 0 \\ 0 \\ 0 \end{bmatrix}$$

これを p, q, r に関する同次連立 1 次方程式とみる．p, q のどちらかは 0 でないから，この方程式は非自明な解をもつ．よって，係数行列の行列式は 0，すなわち

$$\begin{vmatrix} x & y & 1 \\ a_1 & a_2 & 1 \\ b_1 & b_2 & 1 \end{vmatrix} = 0 \tag{②}$$

が成り立つ．

逆に，② は，展開すると x, y に関する 1 次方程式となるから，直線の方程式を表す．また，2 つの行が等しい行列式の値は 0 であるから，② の左辺で x, y にそれぞれ a_1, a_2, b_1, b_2 を代入すると右辺の値 0 と一致する．よって，② は，2 点 A, B を通る直線の方程式である．

以上をまとめて，次の結果を得る．

直線の方程式の行列式表示

> xy 平面上の相異なる 2 点 $\mathrm{A}(a_1, a_2)$，$\mathrm{B}(b_1, b_2)$ を通る直線の方程式は
>
> $$\begin{vmatrix} x & y & 1 \\ a_1 & a_2 & 1 \\ b_1 & b_2 & 1 \end{vmatrix} = 0$$

例えば，2 点 $(1, 2)$，$(3, 4)$ を通る直線の方程式は

$$\begin{vmatrix} x & y & 1 \\ 1 & 2 & 1 \\ 3 & 4 & 1 \end{vmatrix} = 0 \quad \text{より,} \quad y = x + 1$$

である．

同様な考察により，xyz 空間内の一直線上にない 3 点 $\mathrm{A}(a_1, a_2, a_3)$，$\mathrm{B}(b_1, b_2, b_3)$，$\mathrm{C}(c_1, c_2, c_3)$ を含む平面の方程式は，次式で与えられることがわかる．

$$\begin{vmatrix} x & y & z & 1 \\ a_1 & a_2 & a_3 & 1 \\ b_1 & b_2 & b_3 & 1 \\ c_1 & c_2 & c_3 & 1 \end{vmatrix} = 0$$

4

ベクトル空間と線形写像

この章では，ベクトル空間の基本的概念について，多くの具体例に触れながら学ぶ．同時に，これらの概念が，連立1次方程式の理論，行列の階数，あるいは行列式などとどのような関係があるかを詳しく解説する．

4.1 幾何ベクトルと数ベクトル

幾何ベクトル 平面上あるいは空間内で描く矢印のついた線分 (有向線分) において，「位置」を無視して「向き」と「大きさ」だけに注目した量を幾何ベクトルという．有向線分 AB の表す幾何ベクトルを $\overrightarrow{\mathrm{AB}}$ と表す．小文字の太字を用いて $\boldsymbol{a}$ のように表すこともある．

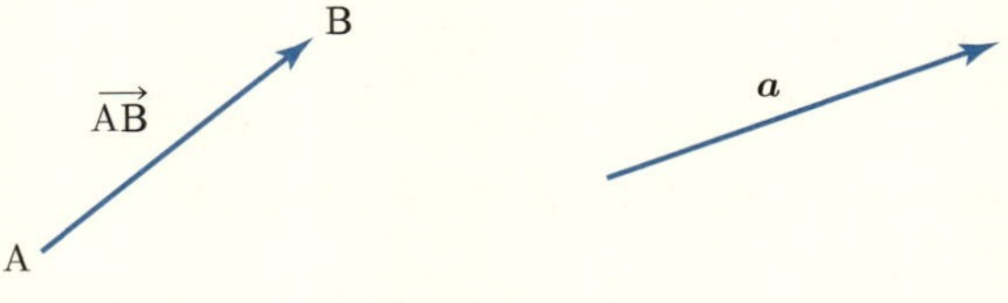

数ベクトル (幾何ベクトルに対して) これまで出てきた行ベクトルや列ベクトルは，数ベクトルとよばれる．

幾何ベクトルと数ベクトルの対応 O を原点とする座標平面上の幾何ベクトル $\boldsymbol{a}$ に対して，$\boldsymbol{a} = \overrightarrow{\mathrm{OP}}$ となる点 P をとり，その座標を (p_1, p_2) とすれば，$\boldsymbol{a}$ に行ベクトル $\begin{bmatrix} p_1, p_2 \end{bmatrix}$ や列ベクトル $\begin{bmatrix} p_1 \\ p_2 \end{bmatrix}$ が対応する．同様に，座標空間内の幾何ベクトルは 3 次の数ベクトルに対応する．

さらに，この対応を通して幾何ベクトルの演算と数ベクトルの演算も対応することは，高校でベクトルの成分表示として学んだ．

4.2 1次独立・1次従属

以後，この章で扱う数ベクトルは，記法を一貫させるために列ベクトルとする．また，記号 $\mathbb{R}$ は実数全体の集合を表すものとする．

数ベクトル空間 実数を成分とする n 次列ベクトル全体のなす集合を $\mathbb{R}^n$ で表す．集合 $\mathbb{R}^n$ に，加法とスカラー (実数) 倍の2つの演算を導入するとき，$\mathbb{R}^n$ を**実数上の n 次元数ベクトル空間** (あるいは**n 次元ベクトル空間**) という．

$$\mathbb{R}^n = \left\{ \begin{bmatrix} x_1 \\ \vdots \\ x_n \end{bmatrix} \middle| \; x_1, \cdots, x_n \in \mathbb{R} \right\}$$

注意 複素数を成分とする n 次列ベクトル全体のなす集合は $\mathbb{C}^n$ で表す．集合 $\mathbb{C}^n$ に，加法とスカラー (複素数) 倍の2つの演算を導入するとき，$\mathbb{C}^n$ を**複素数上の n 次元数ベクトル空間**という．(記号 $\mathbb{C}$ は複素数全体の集合を表す．)

4章では，$\mathbb{R}^n$ に対する諸概念，諸定理について述べる．なお，スカラーを実数から複素数に置き換えれば，$\mathbb{C}^n$ に対しても同様な結果が得られる．

1次結合 r 個のベクトル $\boldsymbol{a}_1, \boldsymbol{a}_2, \cdots, \boldsymbol{a}_r \in \mathbb{R}^n$ の実数係数の1次式

$$c_1\boldsymbol{a}_1 + c_2\boldsymbol{a}_2 + \cdots + c_r\boldsymbol{a}_r \qquad (c_1, c_2, \cdots, c_r \in \mathbb{R})$$

を $\boldsymbol{a}_1, \boldsymbol{a}_2, \cdots, \boldsymbol{a}_r$ の**1次結合**という．また

$$\boldsymbol{b} = c_1\boldsymbol{a}_1 + c_2\boldsymbol{a}_2 + \cdots + c_r\boldsymbol{a}_r$$

のとき，$\boldsymbol{b}$ は $\boldsymbol{a}_1, \boldsymbol{a}_2, \cdots, \boldsymbol{a}_r$ の1次結合で表されるという．

問1 $\mathbb{R}^3 \ni \boldsymbol{a} = \begin{bmatrix} -7 \\ 0 \\ 9 \end{bmatrix}$ を $\boldsymbol{e}_1 = \begin{bmatrix} 1 \\ 0 \\ 0 \end{bmatrix}$, $\boldsymbol{e}_2 = \begin{bmatrix} 0 \\ 1 \\ 0 \end{bmatrix}$, $\boldsymbol{e}_3 = \begin{bmatrix} 0 \\ 0 \\ 1 \end{bmatrix}$ の1次結合で表せ．

ベクトル $\boldsymbol{b}$ が $\boldsymbol{a}_1, \boldsymbol{a}_2, \cdots, \boldsymbol{a}_r$ の1次結合として

$$\boldsymbol{b} = c_1\boldsymbol{a}_1 + c_2\boldsymbol{a}_2 + \cdots + c_r\boldsymbol{a}_r \qquad ①$$

と表されるとき，$A = \begin{bmatrix} \boldsymbol{a}_1, \boldsymbol{a}_2, \cdots, \boldsymbol{a}_r \end{bmatrix}$ とおいて，① を書き直すと

$$A \begin{bmatrix} c_1 \\ \vdots \\ c_r \end{bmatrix} = \boldsymbol{b}$$

よって，1次結合の係数は，連立1次方程式 $A\boldsymbol{x} = \boldsymbol{b}$ の解として求められる．

例 1　$\mathbb{R}^2 \ni \boldsymbol{a} = \begin{bmatrix} 1 \\ 1 \end{bmatrix}$ を $\boldsymbol{b} = \begin{bmatrix} 3 \\ 5 \end{bmatrix}$, $\boldsymbol{c} = \begin{bmatrix} 4 \\ 7 \end{bmatrix}$ の 1 次結合で表そう.

$x\boldsymbol{b} + y\boldsymbol{c} = \boldsymbol{a}$ とおく．両辺の成分を比較して，連立 1 次方程式

$$[\boldsymbol{b}, \boldsymbol{c}] \begin{bmatrix} x \\ y \end{bmatrix} = \boldsymbol{a} \qquad \text{すなわち,} \qquad \begin{cases} 3x + 4y = 1 \\ 5x + 7y = 1 \end{cases}$$

を得る．これを解いて，$x = 3,\ y = -2$．よって，$\boldsymbol{a} = 3\boldsymbol{b} - 2\boldsymbol{c}$ となる.

問 2　$\boldsymbol{a} = \begin{bmatrix} 1 \\ 0 \\ -2 \end{bmatrix}$, $\boldsymbol{b} = \begin{bmatrix} 2 \\ 1 \\ -2 \end{bmatrix}$, $\boldsymbol{c} = \begin{bmatrix} 0 \\ 3 \\ 6 \end{bmatrix}$, $\boldsymbol{d} = \begin{bmatrix} 3 \\ 6 \\ 0 \end{bmatrix} \in \mathbb{R}^3$ とする.

(1)　$\boldsymbol{c}$ を $\boldsymbol{a}, \boldsymbol{b}$ の 1 次結合で表せ.

(2)　$\boldsymbol{d}$ は $\boldsymbol{a}, \boldsymbol{b}$ の 1 次結合で表せないことを示せ.

1 次関係式　$\boldsymbol{a}_1, \boldsymbol{a}_2, \cdots, \boldsymbol{a}_r \in \mathbb{R}^n$ の 1 次結合として零ベクトル $\boldsymbol{o}$ を表す式

$$c_1\boldsymbol{a}_1 + c_2\boldsymbol{a}_2 + \cdots + c_r\boldsymbol{a}_r = \boldsymbol{o} \qquad (c_1, c_2, \cdots, c_r \in \mathbb{R})$$

を $\boldsymbol{a}_1, \boldsymbol{a}_2, \cdots, \boldsymbol{a}_r$ の **1 次関係式**という.

特に，$c_1 = c_2 = \cdots = c_r = 0$ である 1 次関係式

$$0\boldsymbol{a}_1 + 0\boldsymbol{a}_2 + \cdots + 0\boldsymbol{a}_r = \boldsymbol{o}$$

を**自明な 1 次関係式**という.

注意　どのようなベクトルの組も，つねに自明な 1 次関係式をもつ．したがって，与えられた $\boldsymbol{a}_1, \boldsymbol{a}_2, \cdots, \boldsymbol{a}_r$ の間に非自明な 1 次関係式が存在するかどうか，が問題になる.

例 2　2 つのベクトル $\boldsymbol{a} = \begin{bmatrix} 1 \\ 3 \end{bmatrix}$, $\boldsymbol{b} = \begin{bmatrix} 2 \\ 6 \end{bmatrix} \in \mathbb{R}^2$ は非自明な 1 次関係式をもつ．実際，$\boldsymbol{a}, \boldsymbol{b}$ を平面のベクトルとしてみると，3 点 O(0, 0), A(1, 3), B(2, 6) は直線 $y = 3x$ 上にあるから，$\boldsymbol{b}$ は $\boldsymbol{a}$ と向きが同じで，大きさが 2 倍されている．したがって，$\boldsymbol{b} = 2\boldsymbol{a}$ であり，移項すれば $(-2)\boldsymbol{a} + \boldsymbol{b} = \boldsymbol{o}$ を得る．これは $\boldsymbol{a}, \boldsymbol{b}$ の非自明な 1 次関係式である.

例 3　基本ベクトル $\boldsymbol{e}_1 = \begin{bmatrix} 1 \\ 0 \end{bmatrix}$, $\boldsymbol{e}_2 = \begin{bmatrix} 0 \\ 1 \end{bmatrix} \in \mathbb{R}^2$ は非自明な 1 次関係式をもたない．実際，$\boldsymbol{e}_1, \boldsymbol{e}_2$ を平面のベクトルとしてみると，$\boldsymbol{e}_1$ は x 軸上，$\boldsymbol{e}_2$ は y 軸上にあるから，$\boldsymbol{e}_1$ と $\boldsymbol{e}_2$ は向きが違う．したがって，$\boldsymbol{e}_1$ を何倍しても $\boldsymbol{e}_2$ にならないので，$\boldsymbol{e}_1, \boldsymbol{e}_2$ は非自明な 1 次関係式をもたない.

1 次独立・1 次従属　$\mathbb{R}^n$ のベクトル $\boldsymbol{a}_1, \boldsymbol{a}_2, \cdots, \boldsymbol{a}_r$ が非自明な 1 次関係式をもたないとき，言い換えれば

$$x_1\boldsymbol{a}_1 + x_2\boldsymbol{a}_2 + \cdots + x_r\boldsymbol{a}_r = \boldsymbol{o} \quad \Longrightarrow \quad x_1 = x_2 = \cdots = x_r = 0$$

が成り立つとき，ベクトルの組 $\{\boldsymbol{a}_1, \boldsymbol{a}_2, \cdots, \boldsymbol{a}_r\}$ は **1 次独立**であるという．

また，$\{\boldsymbol{a}_1, \boldsymbol{a}_2, \cdots, \boldsymbol{a}_r\}$ が 1 次独立でないとき，すなわち，$\boldsymbol{a}_1, \boldsymbol{a}_2, \cdots, \boldsymbol{a}_r$ が非自明な 1 次関係式をもつとき，$\{\boldsymbol{a}_1, \boldsymbol{a}_2, \cdots, \boldsymbol{a}_r\}$ は **1 次従属**であるという．

例 4　例 2，例 3 で与えられた $\mathbb{R}^2$ の 2 つのベクトルの組について

- $\{\boldsymbol{a}, \boldsymbol{b}\}$ は非自明な 1 次関係式をもつので，1 次従属である．
- $\{\boldsymbol{e}_1, \boldsymbol{e}_2\}$ は非自明な 1 次関係式をもたないので，1 次独立である．

与えられたベクトルの組が 1 次独立であるか，1 次従属であるかを調べるには，同次連立 1 次方程式を解けばよい．

1 次独立と同次連立 1 次方程式との関係

$\boldsymbol{a}_1, \boldsymbol{a}_2, \cdots, \boldsymbol{a}_r \in \mathbb{R}^n$ とし，$A = [\boldsymbol{a}_1, \boldsymbol{a}_2, \cdots, \boldsymbol{a}_r]$ とおく．このとき

(1)　$\{\boldsymbol{a}_1, \boldsymbol{a}_2, \cdots, \boldsymbol{a}_r\}$ が 1 次独立 $\Longleftrightarrow$ $A\boldsymbol{x} = \boldsymbol{o}$ は自明な解のみもつ．

(2)　$\{\boldsymbol{a}_1, \boldsymbol{a}_2, \cdots, \boldsymbol{a}_r\}$ が 1 次従属 $\Longleftrightarrow$ $A\boldsymbol{x} = \boldsymbol{o}$ は非自明な解をもつ．

証明　$\boldsymbol{x} = \begin{bmatrix} x_1 \\ \vdots \\ x_r \end{bmatrix}$ とし，$x_1\boldsymbol{a}_1 + x_2\boldsymbol{a}_2 + \cdots + x_r\boldsymbol{a}_r = \boldsymbol{o}$ を書き直すと，$A\boldsymbol{x} = \boldsymbol{o}$ となる．これは $x_1, x_2, \cdots, x_r$ を未知数とみると，同次連立 1 次方程式を表す．よって，1 次独立，1 次従属の定義を同次連立 1 次方程式 $A\boldsymbol{x} = \boldsymbol{o}$ の言葉になおせばよい．□

例 5　$\mathbb{R}^4$ の 3 つのベクトル $\boldsymbol{a} = \begin{bmatrix} 1 \\ 4 \\ -1 \\ 1 \end{bmatrix}$，$\boldsymbol{b} = \begin{bmatrix} 1 \\ 2 \\ 3 \\ -1 \end{bmatrix}$，$\boldsymbol{c} = \begin{bmatrix} 0 \\ 1 \\ -2 \\ 1 \end{bmatrix}$ は 1 次従属であることを示し，これらの間に成り立つ非自明な 1 次関係式を 1 つ求めよ．

解答　$x\boldsymbol{a} + y\boldsymbol{b} + z\boldsymbol{c} = \boldsymbol{o}$ とする．両辺の成分を比較してできる同次連立 1 次方程式

$$\begin{cases} x + y \qquad = 0 \\ 4x + 2y + z = 0 \\ -x + 3y - 2z = 0 \\ x - y + z = 0 \end{cases}$$

$$\begin{bmatrix} 1 & 1 & 0 \\ 4 & 2 & 1 \\ -1 & 3 & -2 \\ 1 & -1 & 1 \end{bmatrix} \to \begin{bmatrix} 1 & 0 & \frac{1}{2} \\ 0 & 1 & -\frac{1}{2} \\ 0 & 0 & 0 \\ 0 & 0 & 0 \end{bmatrix}$$

を解いて

$$x = -\frac{c}{2}, \quad y = \frac{c}{2}, \quad z = c \qquad (c \text{ は任意定数})$$

を得る．よって，$c \neq 0$ のとき非自明な解となるから，$\{\boldsymbol{a}, \boldsymbol{b}, \boldsymbol{c}\}$ は 1 次従属である．

非自明な 1 次関係式は，例えば $c = -2$ とすれば，$\boldsymbol{a} - \boldsymbol{b} - 2\boldsymbol{c} = \boldsymbol{o}$ が得られる．

問 3　$\mathbb{R}^3$ の 3 つのベクトル $\boldsymbol{a} = \begin{bmatrix} 3 \\ 2 \\ 1 \end{bmatrix}$, $\boldsymbol{b} = \begin{bmatrix} 1 \\ 6 \\ 3 \end{bmatrix}$, $\boldsymbol{c} = \begin{bmatrix} 5 \\ -2 \\ -1 \end{bmatrix}$ は 1 次従属であることを示し，これらの間に成り立つ非自明な 1 次関係式を 1 つ求めよ．

問 4　$\mathbb{R}^4$ の 3 つのベクトル $\boldsymbol{a} = \begin{bmatrix} 1 \\ 2 \\ 0 \\ -1 \end{bmatrix}$, $\boldsymbol{b} = \begin{bmatrix} 0 \\ 3 \\ 1 \\ 0 \end{bmatrix}$, $\boldsymbol{c} = \begin{bmatrix} 1 \\ 1 \\ 0 \\ 2 \end{bmatrix}$ は 1 次独立であることを示せ．

例 6　1 つのベクトル (の組) $\boldsymbol{a}$ は，$\boldsymbol{a} \neq \boldsymbol{o}$ ならば 1 次独立であり，$\boldsymbol{a} = \boldsymbol{o}$ ならば 1 次従属である．

$\mathbb{R}^n$ の n 個のベクトルの組に対しては，行列式で判定することもできる．

1 次独立性の行列式による判定

$\boldsymbol{a}_1, \boldsymbol{a}_2, \cdots, \boldsymbol{a}_n \in \mathbb{R}^n$ とし，$A = \left[\boldsymbol{a}_1, \boldsymbol{a}_2, \cdots, \boldsymbol{a}_n\right]$ とおく．このとき

$$\{\boldsymbol{a}_1, \boldsymbol{a}_2, \cdots, \boldsymbol{a}_n\} \text{ が 1 次独立} \iff |A| \neq 0$$

証明　n 次正方行列 A に対する次の同値条件による．

$$\begin{aligned} \{\boldsymbol{a}_1, \boldsymbol{a}_2, \cdots, \boldsymbol{a}_n\} \text{ が 1 次独立} &\iff A\boldsymbol{x} = \boldsymbol{o} \text{ が自明な解のみもつ} \\ &\iff \operatorname{rank} A = n \\ &\iff A \text{ は正則} \\ &\iff |A| \neq 0 \end{aligned}$$

□

例 7　$\mathbb{R}^3$ の 3 つのベクトル $\boldsymbol{a} = \begin{bmatrix} 1 \\ 4 \\ 1 \end{bmatrix}$, $\boldsymbol{b} = \begin{bmatrix} 1 \\ 2 \\ 3 \end{bmatrix}$, $\boldsymbol{c} = \begin{bmatrix} 0 \\ 1 \\ 1 \end{bmatrix}$ について

$$|\boldsymbol{a}, \boldsymbol{b}, \boldsymbol{c}| = \begin{vmatrix} 1 & 1 & 0 \\ 4 & 2 & 1 \\ 1 & 3 & 1 \end{vmatrix} = -4 \neq 0$$

よって，$\{\boldsymbol{a}, \boldsymbol{b}, \boldsymbol{c}\}$ は 1 次独立である．

問 5　$\mathbb{R}^3$ の 3 つのベクトル $\boldsymbol{a} = \begin{bmatrix} 1 \\ 2 \\ 0 \end{bmatrix}$, $\boldsymbol{b} = \begin{bmatrix} 0 \\ 3 \\ 1 \end{bmatrix}$, $\boldsymbol{c} = \begin{bmatrix} 1 \\ 1 \\ 2 \end{bmatrix}$ について，1 次独立か 1 次従属かを調べよ．

1次独立なベクトルの組に新しいベクトルを付け加えるとき，次の条件のもとでは1次独立性が保たれる．

定理 4.1 (1次結合と1次独立)

$\mathbb{R}^n$ のベクトルの組 $\{\boldsymbol{a}_1, \boldsymbol{a}_2, \cdots, \boldsymbol{a}_r\}$ は1次独立とする．このとき，もし $\boldsymbol{a} \in \mathbb{R}^n$ が $\boldsymbol{a}_1, \boldsymbol{a}_2, \cdots, \boldsymbol{a}_r$ の1次結合で表すことができないならば，$\{\boldsymbol{a}_1, \boldsymbol{a}_2, \cdots, \boldsymbol{a}_r, \boldsymbol{a}\}$ も1次独立である．

証明

$$x_1\boldsymbol{a}_1 + x_2\boldsymbol{a}_2 + \cdots + x_r\boldsymbol{a}_r + x\boldsymbol{a} = \boldsymbol{o} \quad ①$$

とする．もし $x \neq 0$ ならば，① は $\boldsymbol{a}$ について解けて

$$\boldsymbol{a} = -\frac{x_1}{x}\boldsymbol{a}_1 - \frac{x_2}{x}\boldsymbol{a}_2 - \cdots - \frac{x_r}{x}\boldsymbol{a}_r$$

となり，仮定に反する．したがって，$x = 0$ である．これを ① に代入すると

$$x_1\boldsymbol{a}_1 + x_2\boldsymbol{a}_2 + \cdots + x_r\boldsymbol{a}_r = \boldsymbol{o}$$

よって，$\{\boldsymbol{a}_1, \boldsymbol{a}_2, \cdots, \boldsymbol{a}_r\}$ の1次独立性から，$x_1 = x_2 = \cdots = x_r = 0$ を得る．これと $x = 0$ を合わせると，① の係数がすべて0になるので，$\{\boldsymbol{a}_1, \boldsymbol{a}_2, \cdots, \boldsymbol{a}_r, \boldsymbol{a}\}$ は1次独立である． □

4.3 部分空間

数ベクトル空間 $\mathbb{R}^n$ は，加法とスカラー倍に関して閉じている．$\mathbb{R}^n$ の部分集合の中にも，これと同じ性質をもつものがある．

部分空間 $\mathbb{R}^n$ の部分集合 W が，零ベクトル $\boldsymbol{o}$ を含み，かつ $\mathbb{R}^n$ における加法とスカラー倍に関して閉じているとき，すなわち

(S0) $\boldsymbol{o} \in W$,

(S1) $\boldsymbol{a}, \boldsymbol{b} \in W$ ならば，$\boldsymbol{a} + \boldsymbol{b} \in W$,

(S2) $\boldsymbol{a} \in W, k \in \mathbb{R}$ ならば，$k\boldsymbol{a} \in W$

を満たすとき，W を $\mathbb{R}^n$ の部分空間という．

例 8 $W = \left\{ \begin{bmatrix} x \\ y \end{bmatrix} \middle| \ x + y = 0 \right\}$ は $\mathbb{R}^2$ の部分空間であることを示せ．

解答 $0 + 0 = 0$ であるから，$\boldsymbol{o} = \begin{bmatrix} 0 \\ 0 \end{bmatrix} \in W$ である．

次に，$\boldsymbol{a} = \begin{bmatrix} a_1 \\ a_2 \end{bmatrix}$, $\boldsymbol{b} = \begin{bmatrix} b_1 \\ b_2 \end{bmatrix} \in W$ を成分で言い換えると

$$a_1 + a_2 = 0, \quad b_1 + b_2 = 0 \qquad ①$$

これを用いて，$\boldsymbol{a}+\boldsymbol{b} = \begin{bmatrix} a_1+b_1 \\ a_2+b_2 \end{bmatrix} \in W$，すなわち $\boldsymbol{a}+\boldsymbol{b}$ の成分和が 0 になることを示せばよい．このことは

$$(a_1+b_1)+(a_2+b_2) = (a_1+a_2)+(b_1+b_2) \overset{①}{=} 0+0 = 0$$

による．よって，$\boldsymbol{a}+\boldsymbol{b} \in W$ である．

最後に，$\boldsymbol{a} = \begin{bmatrix} a_1 \\ a_2 \end{bmatrix} \in W$，$k \in \mathbb{R}$ とする．$\boldsymbol{a} \in W$ を成分で言い換えると，$a_1+a_2=0$ であるから

$$ka_1 + ka_2 = k(a_1+a_2) = k0 = 0$$

したがって，$k\boldsymbol{a} = \begin{bmatrix} ka_1 \\ ka_2 \end{bmatrix}$ の成分和が 0 になるので，$k\boldsymbol{a} \in W$ である．以上により，W は部分空間の 3 条件を満たすので，$\mathbb{R}^2$ の部分空間である． □

例 9 $W = \left\{ \begin{bmatrix} x \\ y \end{bmatrix} \middle| \ x+y=1 \right\}$ は零ベクトル $\boldsymbol{o}$ を含まない．よって，$\mathbb{R}^2$ の部分空間ではない．

例 10 $W = \left\{ \begin{bmatrix} x \\ y \end{bmatrix} \middle| \ x=0 \text{ または } y=0 \right\}$ は ($\boldsymbol{o}$ を含むが) 加法に関して閉じていない．例えば，$\begin{bmatrix} 1 \\ 0 \end{bmatrix}$, $\begin{bmatrix} 0 \\ 1 \end{bmatrix} \in W$ であるが，その和をとると $\begin{bmatrix} 1 \\ 1 \end{bmatrix} \notin W$ である．よって，$\mathbb{R}^2$ の部分空間ではない．

例 11 $W = \left\{ \begin{bmatrix} x \\ y \end{bmatrix} \middle| \ x, y \text{ は整数} \right\}$ は ($\boldsymbol{o}$ を含み，加法に関して閉じているが) スカラー倍に関して閉じていない．例えば，$\begin{bmatrix} 1 \\ 0 \end{bmatrix} \in W$ であるのに，$\dfrac{1}{2}$ 倍すると $\begin{bmatrix} \frac{1}{2} \\ 0 \end{bmatrix} \notin W$ である．よって，$\mathbb{R}^2$ の部分空間ではない．

問 6 (1) $W = \left\{ \begin{bmatrix} x \\ y \end{bmatrix} \middle| \ x^2+y^2 \leqq 1 \right\}$ は $\mathbb{R}^2$ の部分空間か．

(2) $W = \left\{ \begin{bmatrix} x \\ y \\ z \end{bmatrix} \middle| \ x+y+z=0 \right\}$ は $\mathbb{R}^3$ の部分空間か．

例 12 $\mathbb{R}^n$ 自身は $\mathbb{R}^n$ の最大の部分空間であり，$\{\boldsymbol{o}\}$ は $\mathbb{R}^n$ の最小の部分空間である．この 2 つの部分空間を $\mathbb{R}^n$ の自明な部分空間という．

部分空間の2条件 (S1) と (S2) は，1つにまとめて，次の条件 (S3) で置き換えることができる．

(S3) $\boldsymbol{a},\ \boldsymbol{b} \in W,\ k,\ \ell \in \mathbb{R}$ ならば，$k\boldsymbol{a} + \ell\boldsymbol{b} \in W$.

証明 まず，(S1) と (S2) を仮定し (S3) を示す．$\boldsymbol{a},\ \boldsymbol{b} \in W,\ k,\ \ell \in \mathbb{R}$ とする．(S2) より $k\boldsymbol{a}, \ell\boldsymbol{b} \in W$ である．さらに，これらに (S1) を適用して，$k\boldsymbol{a} + \ell\boldsymbol{b} \in W$ を得る．よって，(S3) が成り立つ．

逆に，(S3) を仮定し，k, ℓ として，次のような値をとれば (S1), (S2) が得られる．すなわち，$k = \ell = 1$ とすれば (S1) が成り立ち，$\ell = 0$ とすれば (S2) が成り立つ． □

問 7 $\mathbb{R}^n$ の部分空間 W に属する r 個のベクトル $\boldsymbol{a}_1, \boldsymbol{a}_2, \cdots, \boldsymbol{a}_r$ と任意のスカラー $k_1, k_2, \cdots, k_r \in \mathbb{R}$ に対して

$$k_1\boldsymbol{a}_1 + k_2\boldsymbol{a}_2 + \cdots + k_r\boldsymbol{a}_r \in W$$

が成り立つことを示せ．

生成する部分空間 $\boldsymbol{a}_1, \boldsymbol{a}_2, \cdots, \boldsymbol{a}_r \in \mathbb{R}^n$ とするとき，$\boldsymbol{a}_1, \boldsymbol{a}_2, \cdots, \boldsymbol{a}_r$ の1次結合全体からなる集合

$$W = \{x_1\boldsymbol{a}_1 + x_2\boldsymbol{a}_2 + \cdots + x_r\boldsymbol{a}_r \mid x_1, x_2, \cdots, x_r \in \mathbb{R}\}$$

は $\mathbb{R}^n$ の部分空間となる．

証明 各 x_i としてすべて0をとれば，$\boldsymbol{o} \in W$．よって，(S0) を満たす．
次に，(S3) を示す．$\boldsymbol{x},\ \boldsymbol{y} \in W,\ k, \ell \in \mathbb{R}$ とする．$\boldsymbol{x},\ \boldsymbol{y} \in W$ は

$$\boldsymbol{x} = x_1\boldsymbol{a}_1 + x_2\boldsymbol{a}_2 + \cdots + x_r\boldsymbol{a}_r \qquad (x_1, x_2, \cdots, x_r \in \mathbb{R}),$$
$$\boldsymbol{y} = y_1\boldsymbol{a}_1 + y_2\boldsymbol{a}_2 + \cdots + y_r\boldsymbol{a}_r \qquad (y_1, y_2, \cdots, y_r \in \mathbb{R})$$

と表せるから

$$k\boldsymbol{x} + \ell\boldsymbol{y} = (kx_1 + \ell y_1)\boldsymbol{a}_1 + (kx_2 + \ell y_2)\boldsymbol{a}_2 + \cdots + (kx_r + \ell y_r)\boldsymbol{a}_r$$

右辺は $\boldsymbol{a}_1, \boldsymbol{a}_2, \cdots, \boldsymbol{a}_r$ の1次結合であるから，$k\boldsymbol{x} + \ell\boldsymbol{y} \in W$ である． □

この部分空間 W を $\boldsymbol{a}_1, \boldsymbol{a}_2, \cdots, \boldsymbol{a}_r$ の生成する部分空間(または張る部分空間)といい，$\langle \boldsymbol{a}_1, \boldsymbol{a}_2, \cdots, \boldsymbol{a}_r \rangle$ で表す．

$$\langle \boldsymbol{a}_1, \boldsymbol{a}_2, \cdots, \boldsymbol{a}_r \rangle = \{x_1\boldsymbol{a}_1 + x_2\boldsymbol{a}_2 + \cdots + x_r\boldsymbol{a}_r \mid x_1, x_2, \cdots, x_r \in \mathbb{R}\}$$

生成系 $W = \langle \boldsymbol{a}_1, \boldsymbol{a}_2, \cdots, \boldsymbol{a}_r \rangle$ のとき，ベクトルの組 $\{\boldsymbol{a}_1, \boldsymbol{a}_2, \cdots, \boldsymbol{a}_r\}$ を W の生成系という．

例 13 $\mathbb{R}^n$ の基本ベクトルの組 $\{\boldsymbol{e}_1, \boldsymbol{e}_2, \cdots, \boldsymbol{e}_n\}$ は，$\mathbb{R}^n$ の生成系である．

$n \leqq 3$ のとき，$\mathbb{R}^n$ のベクトルを対応する位置ベクトルの終点と同一視して考えると，生成する部分空間は次のような図形的意味をもつ．

- $\boldsymbol{a}\ (\neq \boldsymbol{o})$ に対して，$\langle \boldsymbol{a} \rangle$ は $\boldsymbol{a}$ の定める直線であり，
- 1 次独立なベクトルの組 $\{\boldsymbol{a}, \boldsymbol{b}\}$ に対して，$\langle \boldsymbol{a}, \boldsymbol{b} \rangle$ は $\boldsymbol{a}$ と $\boldsymbol{b}$ の定める平面である．

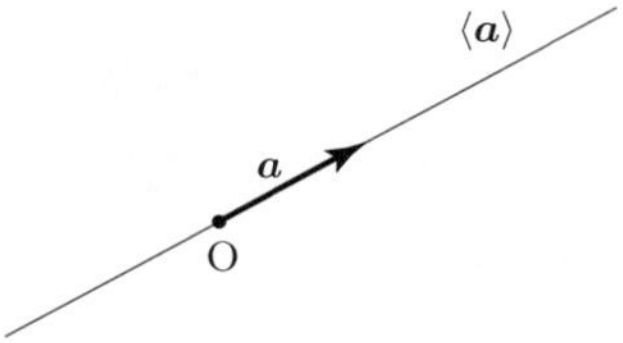

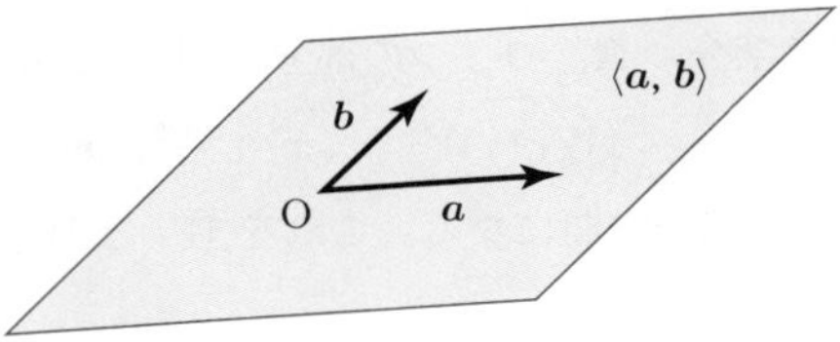

一般に，$\mathbb{R}^n$ $(n \leqq 3)$ の部分空間について，次のことがいえる．

- $\mathbb{R}^1$ の部分空間は，自明な部分空間だけである (すなわち，原点のみの集合か，数直線全体)．
- $\mathbb{R}^2$ の非自明な部分空間は，原点を通る直線である．
- $\mathbb{R}^3$ の非自明な部分空間は，原点を通る直線か，または原点を含む平面である．

例 14 $\boldsymbol{e}_1, \boldsymbol{e}_2, \boldsymbol{e}_3$ を $\mathbb{R}^3$ の基本ベクトルとするとき

- $\langle \boldsymbol{e}_1 \rangle$ は x 軸，$\langle \boldsymbol{e}_2 \rangle$ は y 軸，$\langle \boldsymbol{e}_3 \rangle$ は z 軸であり，
- $\langle \boldsymbol{e}_1, \boldsymbol{e}_2 \rangle$ は xy 平面，$\langle \boldsymbol{e}_2, \boldsymbol{e}_3 \rangle$ は yz 平面，$\langle \boldsymbol{e}_3, \boldsymbol{e}_1 \rangle$ は zx 平面である．

問 8 次のベクトルの組はいずれも $\mathbb{R}^2$ の生成系となることを示せ．

(1) $\left\{ \boldsymbol{a}_1 = \begin{bmatrix} 0 \\ -1 \end{bmatrix}, \boldsymbol{a}_2 = \begin{bmatrix} 2 \\ 0 \end{bmatrix} \right\}$

(2) $\left\{ \boldsymbol{a}_1 = \begin{bmatrix} 1 \\ 1 \end{bmatrix}, \boldsymbol{a}_2 = \begin{bmatrix} 1 \\ 2 \end{bmatrix}, \boldsymbol{a}_3 = \begin{bmatrix} 1 \\ 3 \end{bmatrix} \right\}$

問 9 $W = \langle \boldsymbol{a}_1, \boldsymbol{a}_2, \cdots, \boldsymbol{a}_r \rangle$ とする．このとき，$\boldsymbol{a}_r$ が $\boldsymbol{a}_1, \boldsymbol{a}_2, \cdots, \boldsymbol{a}_{r-1}$ の 1 次結合で表せるならば，$W = \langle \boldsymbol{a}_1, \boldsymbol{a}_2, \cdots, \boldsymbol{a}_{r-1} \rangle$ であることを示せ．

同次連立１次方程式の解空間　未知数 n 個の同次連立１次方程式 $A\boldsymbol{x} = \boldsymbol{o}$ の解ベクトル全体の集合

$$W = \{\boldsymbol{x} \in \mathbb{R}^n \mid A\boldsymbol{x} = \boldsymbol{o}\}$$

は $\mathbb{R}^n$ の部分空間となる．これを同次連立１次方程式 $A\boldsymbol{x} = \boldsymbol{o}$ の**解空間**という．

証明　$A\boldsymbol{o} = \boldsymbol{o}$ であるから，$\boldsymbol{o} \in W$ である．次に，$\boldsymbol{a}, \boldsymbol{b} \in W$，$k, \ell \in \mathbb{R}$ とする．このとき，$A\boldsymbol{a} = \boldsymbol{o}$，$A\boldsymbol{b} = \boldsymbol{o}$ であるから

$$A(k\boldsymbol{a} + \ell\boldsymbol{b}) = kA\boldsymbol{a} + \ell A\boldsymbol{b} = k\boldsymbol{o} + \ell\boldsymbol{o} = \boldsymbol{o} + \boldsymbol{o} = \boldsymbol{o}$$

よって，$k\boldsymbol{a} + \ell\boldsymbol{b} \in W$ である．以上により，W は $\mathbb{R}^n$ の部分空間である．□

次に，与えられた部分空間から新たに部分空間を作り出す方法を考えよう．

共通部分　$\mathbb{R}^n$ の２つの部分空間 W_1, W_2 に対して，その共通部分

$$W_1 \cap W_2 = \{\boldsymbol{x} \in \mathbb{R}^n \mid \boldsymbol{x} \in W_1 \text{ かつ } \boldsymbol{x} \in W_2\}$$

は $\mathbb{R}^n$ の部分空間になる．これを W_1 と W_2 の**共通部分**という．

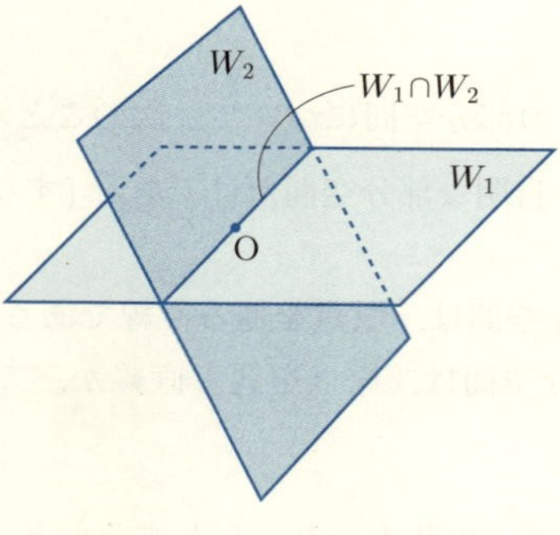

問 10　$W_1 \cap W_2$ が部分空間となることを確かめよ．

一方，和集合 $W_1 \cup W_2$ は，スカラー倍について閉じているが，加法については必ずしも閉じていない．例えば，$\mathbb{R}^2$ で，$W_1 = \langle \boldsymbol{e}_1 \rangle$, $W_2 = \langle \boldsymbol{e}_2 \rangle$ ならば

$$W_1 \cup W_2 = \left\{ \begin{bmatrix} x \\ y \end{bmatrix} \middle| \; x = 0 \text{ または } y = 0 \right\}$$

これは例 10 の集合と同じであり，すでに指摘したように部分空間ではない．

そこで，加法に関して閉じるまで，$W_1 \cup W_2$ を膨らませた集合 ($W_1 \cup W_2$ のベクトルの和をすべて含む集合の中で一番小さいもの) を考える．

和 (空間) $\mathbb{R}^n$ の 2 つの部分空間 W_1, W_2 に対して，集合

$$\{\boldsymbol{x}+\boldsymbol{y} \mid \boldsymbol{x} \in W_1,\ \boldsymbol{y} \in W_2\}$$

は $\mathbb{R}^n$ の部分空間になる．これを W_1 と W_2 の和 (空間) といい，W_1+W_2 で表す．すなわち

$$W_1+W_2=\{\boldsymbol{x}+\boldsymbol{y} \mid \boldsymbol{x} \in W_1,\ \boldsymbol{y} \in W_2\}$$

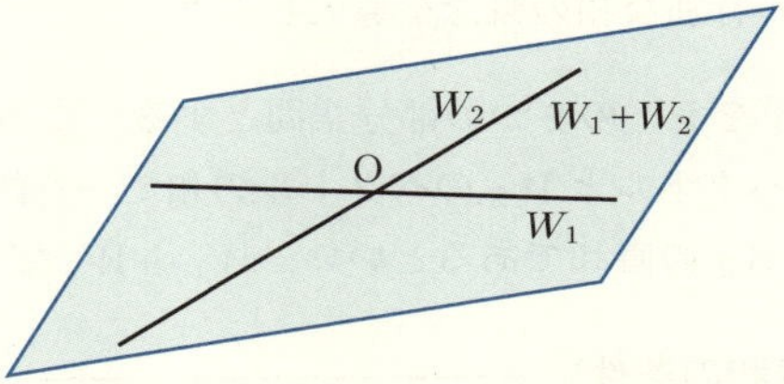

W_1+W_2 が部分空間になることを確認する．まず，$\boldsymbol{o}=\boldsymbol{o}+\boldsymbol{o} \in W_1+W_2$ である．次に，$\boldsymbol{a}, \boldsymbol{b} \in W_1+W_2$，$k, \ell \in \mathbb{R}$ とする．和 (空間) の定義より

$$\boldsymbol{a}=\boldsymbol{x}_1+\boldsymbol{x}_2 \qquad (\boldsymbol{x}_1 \in W_1,\ \boldsymbol{x}_2 \in W_2),$$
$$\boldsymbol{b}=\boldsymbol{y}_1+\boldsymbol{y}_2 \qquad (\boldsymbol{y}_1 \in W_1,\ \boldsymbol{y}_2 \in W_2)$$

と表せる．これより

$$k\boldsymbol{a}+\ell\boldsymbol{b}=k(\boldsymbol{x}_1+\boldsymbol{x}_2)+\ell(\boldsymbol{y}_1+\boldsymbol{y}_2)=(k\boldsymbol{x}_1+\ell\boldsymbol{y}_1)+(k\boldsymbol{x}_2+\ell\boldsymbol{y}_2)$$

W_1, W_2 はともに部分空間であるから，$k\boldsymbol{x}_1+\ell\boldsymbol{y}_1 \in W_1$ かつ $k\boldsymbol{x}_2+\ell\boldsymbol{y}_2 \in W_2$．よって，$k\boldsymbol{a}+\ell\boldsymbol{b} \in W_1+W_2$ となり，W_1+W_2 は $\mathbb{R}^n$ の部分空間である．

例 15 $\mathbb{R}^3$ で，次が成り立つ．

- xy 平面と yz 平面の共通部分は y 軸であるから

$$\langle \boldsymbol{e}_1, \boldsymbol{e}_2 \rangle \cap \langle \boldsymbol{e}_2, \boldsymbol{e}_3 \rangle = \langle \boldsymbol{e}_2 \rangle$$

- x 軸と z 軸で xz 平面が構成されるから

$$\langle \boldsymbol{e}_1 \rangle + \langle \boldsymbol{e}_3 \rangle = \langle \boldsymbol{e}_1, \boldsymbol{e}_3 \rangle$$

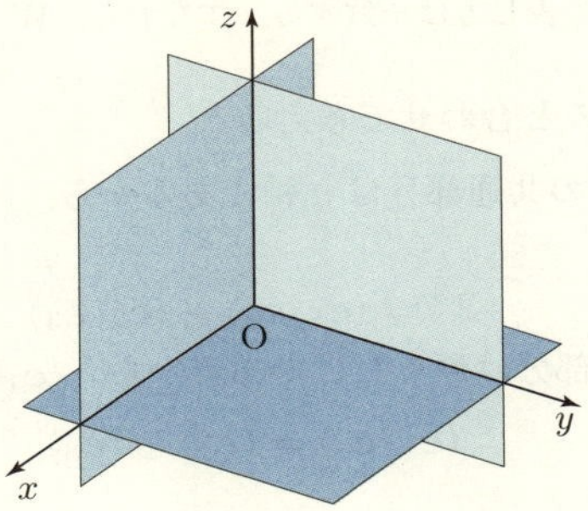

問 11　$\mathbb{R}^3$ で，次を確かめよ．

(1)　$\langle \boldsymbol{e}_1, \boldsymbol{e}_2 \rangle + \langle \boldsymbol{e}_3, \boldsymbol{e}_1 \rangle = \mathbb{R}^3$　　(2)　$\langle \boldsymbol{e}_2 \rangle \cap \langle \boldsymbol{e}_3 \rangle = \{\boldsymbol{o}\}$

(3)　$\langle \boldsymbol{e}_2, \boldsymbol{e}_3 \rangle \cap \langle \boldsymbol{e}_2 \rangle = \langle \boldsymbol{e}_2 \rangle$　　(4)　$\langle \boldsymbol{e}_2, \boldsymbol{e}_3 \rangle + \langle \boldsymbol{e}_2 \rangle = \langle \boldsymbol{e}_2, \boldsymbol{e}_3 \rangle$

問 11 (1) で，$\mathbb{R}^3$ のベクトルは，$W_1 = \langle \boldsymbol{e}_1, \boldsymbol{e}_2 \rangle$ のベクトルと $W_2 = \langle \boldsymbol{e}_3, \boldsymbol{e}_1 \rangle$ のベクトルの和の形に表されるが，その表し方は一意的とは限らない (各自考えよ)．そこで，次の特別な和の概念を導入しよう．

直　和　W_1, W_2 を $\mathbb{R}^n$ の 2 つの部分空間とする．このとき，$W_1 + W_2$ のベクトルが，W_1 のベクトルと W_2 のベクトルの和で一意的に表されるならば，$W_1 + W_2$ は W_1 と W_2 の直和であるといい，$W_1 \oplus W_2$ で表す．

定理 4.2 (直和の条件)

$W = W_1 + W_2$ とするとき，次の 2 つは同値である．

(1)　$W = W_1 \oplus W_2$

(2)　$W_1 \cap W_2 = \{\boldsymbol{o}\}$

証明　(1) を仮定し (2) を示す．$\boldsymbol{a} \in W_1 \cap W_2$ とする．$\boldsymbol{a}$ は W のベクトルとして

$$\boldsymbol{a} = \boldsymbol{a} + \boldsymbol{o} \qquad (\boldsymbol{a} \in W_1,\ \boldsymbol{o} \in W_2),$$

$$\boldsymbol{a} = \boldsymbol{o} + \boldsymbol{a} \qquad (\boldsymbol{o} \in W_1,\ \boldsymbol{a} \in W_2)$$

と 2 通りの表し方をもつ．したがって，仮定からこの 2 つの表し方は一致する．よって，$\boldsymbol{a} = \boldsymbol{o}$ となり，$W_1 \cap W_2 = \{\boldsymbol{o}\}$ を得る．

逆に，(2) を仮定し (1) を示す．いま，$\boldsymbol{x} \in W$ が

$$\boldsymbol{x} = \boldsymbol{a}_1 + \boldsymbol{a}_2 \qquad (\boldsymbol{a}_1 \in W_1,\ \boldsymbol{a}_2 \in W_2),$$

$$\boldsymbol{x} = \boldsymbol{b}_1 + \boldsymbol{b}_2 \qquad (\boldsymbol{b}_1 \in W_1,\ \boldsymbol{b}_2 \in W_2)$$

と 2 通りの表し方をもつとする．2 式の辺々を引いて整理すれば

$$\boldsymbol{a}_1 - \boldsymbol{b}_1 = \boldsymbol{b}_2 - \boldsymbol{a}_2 \qquad ①$$

左辺は W_1 に，右辺は W_2 に属すから，① のベクトルは $W_1 \cap W_2$ に属す．ところが $W_1 \cap W_2 = \{\boldsymbol{o}\}$ より，① のベクトルは $\boldsymbol{o}$ となる．よって，$\boldsymbol{a}_1 = \boldsymbol{b}_1$, $\boldsymbol{a}_2 = \boldsymbol{b}_2$ となり，最初に与えた 2 通りの表し方は一致する．すなわち，$W = W_1 \oplus W_2$ である．　□

例 16　$\mathbb{R}^3$ で，例 15 と合わせて考えると

- xy 平面と yz 平面の共通部分は y 軸であるから，$\langle \boldsymbol{e}_1, \boldsymbol{e}_2 \rangle + \langle \boldsymbol{e}_2, \boldsymbol{e}_3 \rangle$ は直和でない:

$$\mathbb{R}^3 = \langle \boldsymbol{e}_1, \boldsymbol{e}_2 \rangle + \langle \boldsymbol{e}_2, \boldsymbol{e}_3 \rangle$$

- x 軸と z 軸の共通部分は原点だけであるから，$\langle \boldsymbol{e}_1 \rangle + \langle \boldsymbol{e}_3 \rangle$ は直和である:

$$\langle \boldsymbol{e}_1, \boldsymbol{e}_3 \rangle = \langle \boldsymbol{e}_1 \rangle \oplus \langle \boldsymbol{e}_3 \rangle$$

4.4　基底と次元

基　底　W を $\mathbb{R}^n$ の部分空間とする．W のベクトルの組 $\{\boldsymbol{a}_1, \boldsymbol{a}_2, \cdots, \boldsymbol{a}_r\}$ が次の 2 条件

(B1)　$\{\boldsymbol{a}_1, \boldsymbol{a}_2, \cdots, \boldsymbol{a}_r\}$ は 1 次独立である，

(B2)　$\{\boldsymbol{a}_1, \boldsymbol{a}_2, \cdots, \boldsymbol{a}_r\}$ は W の生成系である

を満たすとき，$\{\boldsymbol{a}_1, \boldsymbol{a}_2, \cdots, \boldsymbol{a}_r\}$ を W の基底という．本書では基底を $\mathcal{A} = \{\boldsymbol{a}_1, \boldsymbol{a}_2, \cdots, \boldsymbol{a}_r\}$ のような記号を用いて表すことがある．

例 17　$\mathbb{R}^n$ の基本ベクトルの組 $\{\boldsymbol{e}_1, \boldsymbol{e}_2, \cdots, \boldsymbol{e}_n\}$ は $\mathbb{R}^n$ の基底である (1 次独立性は $|I| = 1 \neq 0$, 生成系は例 13 による)．この基底を $\mathbb{R}^n$ の標準基底という．

例 18　$\left\{\boldsymbol{e}_1 = \begin{bmatrix} 1 \\ 0 \end{bmatrix}, \boldsymbol{a} = \begin{bmatrix} 1 \\ 1 \end{bmatrix}\right\}$ は $\mathbb{R}^2$ の (標準基底とは異なる) 基底である．なぜなら，$|\boldsymbol{e}_1, \boldsymbol{a}| = 1 \neq 0$ より，$\{\boldsymbol{e}_1, \boldsymbol{a}\}$ は 1 次独立である．また，$\mathbb{R}^2$ の任意のベクトル $\boldsymbol{x}$ は，$\boldsymbol{e}_1, \boldsymbol{a}$ の 1 次結合として

$$\boldsymbol{x} = \begin{bmatrix} x \\ y \end{bmatrix} = (x-y)\boldsymbol{e}_1 + y\boldsymbol{a}$$

と表されるから，$\{\boldsymbol{e}_1, \boldsymbol{a}\}$ は $\mathbb{R}^2$ の生成系．よって，$\{\boldsymbol{e}_1, \boldsymbol{a}\}$ は $\mathbb{R}^2$ の基底である．

問 12　次のベクトルの組はいずれも $\mathbb{R}^2$ の基底となることを確かめよ．

(1)　$\left\{\begin{bmatrix} 1 \\ 1 \end{bmatrix}, \begin{bmatrix} 0 \\ 1 \end{bmatrix}\right\}$　(2)　$\left\{\begin{bmatrix} -1 \\ 0 \end{bmatrix}, \begin{bmatrix} 2 \\ 1 \end{bmatrix}\right\}$　(3)　$\left\{\begin{bmatrix} 1 \\ 1 \end{bmatrix}, \begin{bmatrix} -1 \\ 1 \end{bmatrix}\right\}$

一般に，部分空間 W の生成系を構成するベクトルの個数と，W に含まれる 1 次独立なベクトルの個数の間には，次の不等式が成り立つ．

定理 4.3 (生成系と 1 次独立なベクトルの個数)

$W = \langle \boldsymbol{a}_1, \boldsymbol{a}_2, \cdots, \boldsymbol{a}_r \rangle$ とするとき，W のどんな 1 次独立なベクトルの組 $\{\boldsymbol{b}_1, \boldsymbol{b}_2, \cdots, \boldsymbol{b}_s\}$ に対しても，つねに $s \leqq r$ が成り立つ．

すなわち，r 個のベクトルの生成する部分空間では，$r+1$ 個以上のベクトルの組は 1 次従属である．

証明　$\{\boldsymbol{a}_1, \boldsymbol{a}_2, \cdots, \boldsymbol{a}_r\}$ は W の生成系であるから，各 $\boldsymbol{b}_j \in W$ $(1 \leqq j \leqq s)$ は

$$\boldsymbol{b}_j = c_{1j}\boldsymbol{a}_1 + c_{2j}\boldsymbol{a}_2 + \cdots + c_{rj}\boldsymbol{a}_r \qquad (c_{1j}, c_{2j}, \cdots, c_{rj} \in \mathbb{R}) \qquad ①$$

と書ける．ここで，$A = [\boldsymbol{a}_1, \boldsymbol{a}_2, \cdots, \boldsymbol{a}_r]$，$B = [\boldsymbol{b}_1, \boldsymbol{b}_2, \cdots, \boldsymbol{b}_s]$，$C = [c_{ij}]$ とおくと，① は $B = AC$ と行列表示できる．C は $r \times s$ 行列なので，$\operatorname{rank} C \leqq r$ である．また，$\{\boldsymbol{b}_1, \boldsymbol{b}_2, \cdots, \boldsymbol{b}_s\}$ は 1 次独立なので，$\operatorname{rank} B = s$ である．よって

$$s = \operatorname{rank} B = \operatorname{rank}(AC) \leqq \operatorname{rank} C \leqq r$$

□

系 4.4 **($\mathbb{R}^n$ の1次従属なベクトルの組)**

$\mathbb{R}^n$ の $n+1$ 個以上のベクトルの組は1次従属である.

証明 $\mathbb{R}^n = \langle \boldsymbol{e}_1, \boldsymbol{e}_2, \cdots, \boldsymbol{e}_n \rangle$ であるから, 定理 4.3 による. □

次に, $\mathbb{R}^n$ の $\{\boldsymbol{o}\}$ でない部分空間が, 基底をもつことを示そう.

定理 4.5 **(基底の存在)**

$\mathbb{R}^n$ の $\{\boldsymbol{o}\}$ でない部分空間 W には, 必ず基底が存在する.

証明 $W \neq \{\boldsymbol{o}\}$ より, 零ベクトルでない $\boldsymbol{a}_1 \in W$ がある. $\boldsymbol{a}_1$ は1次独立であるから, $W = \langle \boldsymbol{a}_1 \rangle$ ならば, $\{\boldsymbol{a}_1\}$ が W の基底となる.

$W \neq \langle \boldsymbol{a}_1 \rangle$ ならば, $\langle \boldsymbol{a}_1 \rangle$ に属さない W のベクトルが存在する. その1つを $\boldsymbol{a}_2$ とおくと, $\{\boldsymbol{a}_1, \boldsymbol{a}_2\}$ は1次独立である (定理 4.1). したがって, $W = \langle \boldsymbol{a}_1, \boldsymbol{a}_2 \rangle$ ならば, $\{\boldsymbol{a}_1, \boldsymbol{a}_2\}$ が W の基底となる.

$W \neq \langle \boldsymbol{a}_1, \boldsymbol{a}_2 \rangle$ ならば, $\langle \boldsymbol{a}_1, \boldsymbol{a}_2 \rangle$ に属さない W のベクトルが存在する. その1つを $\boldsymbol{a}_3$ とおくと, $\{\boldsymbol{a}_1, \boldsymbol{a}_2, \boldsymbol{a}_3\}$ は1次独立である (定理 4.1). 以下, 1次独立性を損なわないようベクトルを1個ずつ付け加えていく操作を繰り返す. $\mathbb{R}^n$ には, $n+1$ 個以上の1次独立なベクトルの組は存在しないから (系 4.4), この操作はベクトルの個数が n に達するまでに終了する. 終了した時点のベクトルの個数を $r\,(\leqq n)$ とすれば, $\{\boldsymbol{a}_1, \boldsymbol{a}_2, \cdots, \boldsymbol{a}_r\}$ が W の基底となっている. □

この定理の証明からわかるように, 部分空間 W にあらかじめ1次独立なベクトルの組が与えられていれば, それらを含むような W の基底を構成できる.

系 4.6 **(基底への拡張)**

W を $\mathbb{R}^n$ の $\{\boldsymbol{o}\}$ でない部分空間とし, $\{\boldsymbol{a}_1, \boldsymbol{a}_2, \cdots, \boldsymbol{a}_r\}$ を W の1次独立なベクトルの組とする. このとき, $\boldsymbol{a}_1, \boldsymbol{a}_2, \cdots, \boldsymbol{a}_r$ を含む W の基底が存在する.

1次従属な生成系には無駄がある (問9参照). この生成系をスリム化しても, 基底が構成できる. このことを次の例で確認してみよう.

例 19 ベクトル $\boldsymbol{a}_1 = \begin{bmatrix} 1 \\ -1 \\ 0 \end{bmatrix}$, $\boldsymbol{a}_2 = \begin{bmatrix} -1 \\ 1 \\ 0 \end{bmatrix}$, $\boldsymbol{a}_3 = \begin{bmatrix} 2 \\ -1 \\ 1 \end{bmatrix}$, $\boldsymbol{a}_4 = \begin{bmatrix} 1 \\ 1 \\ 2 \end{bmatrix}$ の生成する $\mathbb{R}^3$ の部分空間を W とする．この生成系の中から余計なベクトルを除き，W の基底を求める．

- $\boldsymbol{a}_1 \neq \boldsymbol{o}$ なので，$\boldsymbol{a}_1$ は 1 次独立．よって，$\boldsymbol{a}_1$ は生成系に残す．
- $\boldsymbol{a}_2 = -\boldsymbol{a}_1$ なので，$\{\boldsymbol{a}_1, \boldsymbol{a}_2\}$ は 1 次従属．よって，$\boldsymbol{a}_2$ は生成系から除く．
- $\boldsymbol{a}_3 \neq c\boldsymbol{a}_1$ なので，$\{\boldsymbol{a}_1, \boldsymbol{a}_3\}$ は 1 次独立．よって，$\boldsymbol{a}_3$ は残す．
- $\boldsymbol{a}_4 = -3\boldsymbol{a}_1 + 2\boldsymbol{a}_3$ なので，$\{\boldsymbol{a}_1, \boldsymbol{a}_3, \boldsymbol{a}_4\}$ は 1 次従属．よって，$\boldsymbol{a}_4$ は除く．

このとき，生成系の中で残った $\{\boldsymbol{a}_1, \boldsymbol{a}_3\}$ が W の基底である．

次 元 $\{\boldsymbol{o}\}$ でない部分空間 W の基底の取り方は何通りもある．しかし，どの基底をみても，基底を構成するベクトルの個数は同じである．

定理 4.7 (基底を構成するベクトルの個数)

部分空間 $W \neq \{\boldsymbol{o}\}$ の基底を構成するベクトルの個数は，基底の取り方によらず，つねに一定である．

証明 Wの 2 組の基底 $\{\boldsymbol{a}_1, \boldsymbol{a}_2, \cdots, \boldsymbol{a}_r\}$, $\{\boldsymbol{b}_1, \boldsymbol{b}_2, \cdots, \boldsymbol{b}_s\}$ をとる．基底の定義より，$\{\boldsymbol{a}_1, \boldsymbol{a}_2, \cdots, \boldsymbol{a}_r\}$ は W の生成系 (または 1 次独立なベクトルの組) で，$\{\boldsymbol{b}_1, \boldsymbol{b}_2, \cdots, \boldsymbol{b}_s\}$ は 1 次独立なベクトルの組 (または W の生成系) である．したがって，定理 4.3 から不等式 $s \leqq r$ (または $r \leqq s$) が成り立つ．よって，$r = s$ を得る． □

部分空間 $W\ (\neq \{\boldsymbol{o}\})$ の基底を構成するベクトルの個数を W の**次元**といい，$\dim W$ で表す．自明な部分空間 $\{\boldsymbol{o}\}$ の次元は 0 と約束する．すなわち

$$\dim\{\boldsymbol{o}\} = 0$$

また，$\dim W = r$ のとき，W を r **次元部分空間**という．

例 20 $\dim \mathbb{R}^n = n$

例 21 未知数 n 個の同次連立 1 次方程式 $A\boldsymbol{x} = \boldsymbol{o}$ の解空間を W とする．このとき，$(n - \operatorname{rank} A)$ 個の基本解は，解空間 W の 1 組の基底を与え

$$\dim W = n - \operatorname{rank} A$$

解答 A を $m \times n$ 行列とし，$\operatorname{rank} A = k$，$r = n - k$ とおく．$A\boldsymbol{x} = \boldsymbol{o}$ の基本解は(以下の議論を視覚的にとらえるために，未知数の順序を適当に並べ替えると)

$$\boldsymbol{a}_1 = \begin{bmatrix} * \\ \vdots \\ * \\ 1 \\ 0 \\ \vdots \\ 0 \end{bmatrix}, \quad \boldsymbol{a}_2 = \begin{bmatrix} * \\ \vdots \\ * \\ 0 \\ 1 \\ \vdots \\ 0 \end{bmatrix}, \quad \cdots, \quad \boldsymbol{a}_r = \begin{bmatrix} * \\ \vdots \\ * \\ 0 \\ \vdots \\ 0 \\ 1 \end{bmatrix} \left.\vphantom{\begin{matrix} * \\ \vdots \\ * \end{matrix}}\right\} k$$

と書ける．

$$x_1\boldsymbol{a}_1 + x_2\boldsymbol{a}_2 + \cdots + x_r\boldsymbol{a}_r = \boldsymbol{o} \qquad (x_1, x_2, \cdots, x_r \in \mathbb{R})$$

とし，両辺の $k+1$ 番目以降の行成分を比較すれば $x_1 = x_2 = \cdots = x_r = 0$ を得る．したがって，基本解の組 $\{\boldsymbol{a}_1, \boldsymbol{a}_2, \cdots, \boldsymbol{a}_r\}$ は 1 次独立である．また，$A\boldsymbol{x} = \boldsymbol{o}$ の任意の解ベクトル $\boldsymbol{x}$ は，基本解 $\boldsymbol{a}_1, \boldsymbol{a}_2, \cdots, \boldsymbol{a}_r$ の 1 次結合で表されるので (2 章の 2.5 節)，$\{\boldsymbol{a}_1, \boldsymbol{a}_2, \cdots, \boldsymbol{a}_r\}$ は W の生成系である．よって，$\{\boldsymbol{a}_1, \boldsymbol{a}_2, \cdots, \boldsymbol{a}_r\}$ は W の基底となる．特に，$\dim W = r = n - k$ である． □

問 13 次の $\mathbb{R}^4$ の部分空間 W の基底と次元を求めよ．

(1) $W = \left\{ \begin{bmatrix} x \\ y \\ z \\ w \end{bmatrix} \middle|\ x + y + z + w = 0 \right\}$

(2) $W = \left\{ \begin{bmatrix} x \\ y \\ z \\ w \end{bmatrix} \middle|\ \begin{array}{r} x + y - z + w = 0 \\ -2x - y \qquad + w = 0 \\ 3x + y + z - 3w = 0 \end{array} \right\}$

系 4.8 (次元とベクトルの個数)

W を $\mathbb{R}^n$ の部分空間とするとき，$\dim W$ は

(1) W に含まれる 1 次独立なベクトルの最大個数 1) であり，

(2) W を生成するベクトルの最小個数 2) でもある．

証明 生成系と 1 次独立なベクトルの個数に関する定理 4.3 による． □

---

1) 1 次独立な s 個のベクトルがあり，どの $s+1$ 個のベクトルも 1 次従属になるとき，s を W に含まれる 1 次独立なベクトルの最大個数という．

2) s 個のベクトルからなる生成系があり，どの $s-1$ 個のベクトルも生成系にならないとき，s を W を生成するベクトルの最小個数という．

系 4.9 (次元の等しい部分空間)

$\mathbb{R}^n$ の 2 つの部分空間 W_1, W_2 に対して，次が成り立つ．

(1)　$W_1 \subset W_2$ ならば，$\dim W_1 \leqq \dim W_2$.

(2)　$W_1 \subset W_2$ かつ $\dim W_1 = \dim W_2$ ならば，$W_1 = W_2$.

証明　$\dim W_1 = r$ とし，$\{\boldsymbol{a}_1, \boldsymbol{a}_2, \cdots, \boldsymbol{a}_r\}$ を W_1 の基底とする．

(1)　仮定より，$\{\boldsymbol{a}_1, \boldsymbol{a}_2, \cdots, \boldsymbol{a}_r\}$ は W_2 の 1 次独立なベクトルの組である．よって，系 4.8 (1) より，$r \leqq \dim W_2$ を得る．

(2)　$\dim W_2 = r$ であるから，任意の $\boldsymbol{a} \in W_2$ に対して，$r+1$ 個のベクトルの組 $\{\boldsymbol{a}_1, \boldsymbol{a}_2, \cdots, \boldsymbol{a}_r, \boldsymbol{a}\}$ は 1 次従属である．したがって，定理 4.1 の対偶により，$\boldsymbol{a}$ は $\boldsymbol{a}_1, \boldsymbol{a}_2, \cdots, \boldsymbol{a}_r$ の 1 次結合で書けるので，$\boldsymbol{a} \in W_1$．よって $W_1 = W_2$ を得る．　□

定理 4.10 (部分空間の次元定理)

$\mathbb{R}^n$ の 2 つの部分空間 W_1, W_2 に対して，次が成り立つ．

$$\dim W_1 + \dim W_2 = \dim(W_1 + W_2) + \dim(W_1 \cap W_2)$$

証明　$\dim(W_1 \cap W_2) = r$，$\dim W_1 = r+s$，$\dim W_2 = r+t$ とし，$\{\boldsymbol{a}_1, \cdots, \boldsymbol{a}_r\}$ を $W_1 \cap W_2$ の基底とする．系 4.6 より，$\boldsymbol{a}_1, \cdots, \boldsymbol{a}_r$ を含む W_1 の基底 $\{\boldsymbol{a}_1, \cdots, \boldsymbol{a}_r, \boldsymbol{b}_1, \cdots, \boldsymbol{b}_s\}$ と W_2 の基底 $\{\boldsymbol{a}_1, \cdots, \boldsymbol{a}_r, \boldsymbol{c}_1, \cdots, \boldsymbol{c}_t\}$ をそれぞれ構成できる．

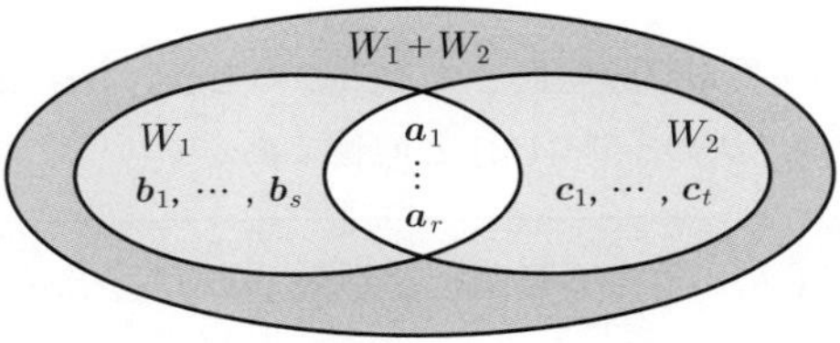

いま，$\{\boldsymbol{a}_1, \cdots, \boldsymbol{a}_r, \boldsymbol{b}_1, \cdots, \boldsymbol{b}_s, \boldsymbol{c}_1, \cdots, \boldsymbol{c}_t\}$ が $W_1 + W_2$ の基底となることを示す．まず，1 次独立であることから始める．

$$x_1\boldsymbol{a}_1 + \cdots + x_r\boldsymbol{a}_r + y_1\boldsymbol{b}_1 + \cdots + y_s\boldsymbol{b}_s + z_1\boldsymbol{c}_1 + \cdots + z_t\boldsymbol{c}_t = \boldsymbol{o}$$

とする．$\boldsymbol{c}_1, \cdots, \boldsymbol{c}_t$ を右辺に移項して

$$x_1\boldsymbol{a}_1 + \cdots + x_r\boldsymbol{a}_r + y_1\boldsymbol{b}_1 + \cdots + y_s\boldsymbol{b}_s = -z_1\boldsymbol{c}_1 - \cdots - z_t\boldsymbol{c}_t \qquad ①$$

左辺は W_1 に属し，右辺は W_2 に属すから，① の両辺は $W_1 \cap W_2$ に属す．よって，$W_1 \cap W_2$ の基底 $\{\boldsymbol{a}_1, \cdots, \boldsymbol{a}_r\}$ の 1 次結合で表される．いま，① の右辺を表すと

$$-z_1\boldsymbol{c}_1 - \cdots - z_t\boldsymbol{c}_t = k_1\boldsymbol{a}_1 + \cdots + k_r\boldsymbol{a}_r$$

$$\therefore\ k_1\boldsymbol{a}_1 + \cdots + k_r\boldsymbol{a}_r + z_1\boldsymbol{c}_1 + \cdots + z_t\boldsymbol{c}_t = \boldsymbol{o}$$

$\{\boldsymbol{a}_1, \cdots, \boldsymbol{a}_r, \boldsymbol{c}_1, \cdots, \boldsymbol{c}_t\}$ は 1 次独立なので，左辺の係数はすべて 0 である．特に，$z_1 = \cdots = z_t = 0$ である．この結果を① に代入すると

$$x_1\boldsymbol{a}_1+\cdots+x_r\boldsymbol{a}_r+y_1\boldsymbol{b}_1+\cdots+y_s\boldsymbol{b}_s=\boldsymbol{o}$$

$\{\boldsymbol{a}_1,\cdots,\boldsymbol{a}_r,\boldsymbol{b}_1,\cdots,\boldsymbol{b}_s\}$ も 1 次独立なので，$x_1=\cdots=x_r=y_1=\cdots=y_s=0$ を得る．よって，$\{\boldsymbol{a}_1,\cdots,\boldsymbol{a}_r,\boldsymbol{b}_1,\cdots,\boldsymbol{b}_s,\boldsymbol{c}_1,\cdots,\boldsymbol{c}_t\}$ は 1 次独立である．

次に，生成系であることを示す．$\boldsymbol{x}$ を W_1+W_2 の任意のベクトルとすると

$$\boldsymbol{x}=\boldsymbol{y}+\boldsymbol{z} \qquad (\boldsymbol{y}\in W_1,\ \boldsymbol{z}\in W_2)$$

と書ける．$\boldsymbol{y},\boldsymbol{z}$ はそれぞれ W_1,W_2 の基底の 1 次結合として表されるので，それを

$$\boldsymbol{y}=k_1\boldsymbol{a}_1+\cdots+k_r\boldsymbol{a}_r+\ell_1\boldsymbol{b}_1+\cdots+\ell_s\boldsymbol{b}_s,$$
$$\boldsymbol{z}=p_1\boldsymbol{a}_1+\cdots+p_r\boldsymbol{a}_r+q_1\boldsymbol{c}_1+\cdots+q_t\boldsymbol{c}_t$$

とする．この 2 式の辺々を加えると

$$\boldsymbol{x}=(k_1+p_1)\boldsymbol{a}_1+\cdots+(k_r+p_r)\boldsymbol{a}_r+\ell_1\boldsymbol{b}_1+\cdots+\ell_s\boldsymbol{b}_s+q_1\boldsymbol{c}_1+\cdots+q_t\boldsymbol{c}_t$$

よって，$\{\boldsymbol{a}_1,\cdots,\boldsymbol{a}_r,\boldsymbol{b}_1,\cdots,\boldsymbol{b}_s,\boldsymbol{c}_1,\cdots,\boldsymbol{c}_t\}$ は W_1+W_2 の生成系である．

以上より，$\{\boldsymbol{a}_1,\cdots,\boldsymbol{a}_r,\boldsymbol{b}_1,\cdots,\boldsymbol{b}_s,\boldsymbol{c}_1,\cdots,\boldsymbol{c}_t\}$ は W_1+W_2 の基底である．よって

$$\dim(W_1+W_2)=r+s+t=\dim W_1+\dim W_2-\dim(W_1\cap W_2)$$

となり与式を得る． □

問 14 $\mathbb{R}^4$ の部分空間

$$W_1=\left\{\begin{bmatrix}x_1\\x_2\\x_3\\x_4\end{bmatrix}\ \middle|\ \begin{matrix}x_1+x_2=0\\x_3-x_4=0\end{matrix}\right\},\quad W_2=\left\{\begin{bmatrix}x_1\\x_2\\x_3\\x_4\end{bmatrix}\ \middle|\ x_1+x_2+x_3+x_4=0\right\}$$

に対して，$\dim W_1$, $\dim W_2$, $\dim(W_1\cap W_2)$, $\dim(W_1+W_2)$ を求めよ．

問 15 $W=W_1\oplus W_2$ ならば，$\dim W=\dim W_1+\dim W_2$ であることを示せ．

W を $\{\boldsymbol{o}\}$ でない $\mathbb{R}^n$ の部分空間とする．このとき，$\{\boldsymbol{a}_1,\boldsymbol{a}_2,\cdots,\boldsymbol{a}_r\}$ が W の基底であることは，次の条件 (B3) と同値である．

(B3) W の任意のベクトルは $\boldsymbol{a}_1,\boldsymbol{a}_2,\cdots,\boldsymbol{a}_r$ の 1 次結合として一意的に表せる．

証明 (B3) は (B2) を含むので，1 次独立性と一意性が同値なことをいえばよい．

まず，1 次独立性を仮定する．

$$c_1\boldsymbol{a}_1+c_2\boldsymbol{a}_2+\cdots+c_r\boldsymbol{a}_r=d_1\boldsymbol{a}_1+d_2\boldsymbol{a}_2+\cdots+d_r\boldsymbol{a}_r$$

とし，各係数が一致することをみる．右辺を移項して整理すれば

$$(c_1-d_1)\boldsymbol{a}_1+(c_2-d_2)\boldsymbol{a}_2+\cdots+(c_r-d_r)\boldsymbol{a}_r=\boldsymbol{o}$$

ところが，$\{\boldsymbol{a}_1,\boldsymbol{a}_2,\cdots,\boldsymbol{a}_r\}$ は 1 次独立であるから，各係数はすべて 0．すなわち，$c_1=d_1$，$c_2=d_2$，$\cdots$，$c_r=d_r$ を得る．よって，1 次結合としての表し方は一意的である．

逆に，一意性を仮定すると，$\boldsymbol{a}_1,\boldsymbol{a}_2,\cdots,\boldsymbol{a}_r$ の 1 次関係式は自明なものだけ．よって，$\{\boldsymbol{a}_1,\boldsymbol{a}_2,\cdots,\boldsymbol{a}_r\}$ は 1 次独立である． □

座　標　$\{\boldsymbol{a}_1, \boldsymbol{a}_2, \cdots, \boldsymbol{a}_r\}$ を部分空間 W の基底とする．任意の $\boldsymbol{x} \in W$ を基底 $\{\boldsymbol{a}_1, \boldsymbol{a}_2, \cdots, \boldsymbol{a}_r\}$ の1次結合で

$$\boldsymbol{x} = c_1\boldsymbol{a}_1 + c_2\boldsymbol{a}_2 + \cdots + c_r\boldsymbol{a}_r$$

と表す．このとき，$\{\boldsymbol{a}_1, \boldsymbol{a}_2, \cdots, \boldsymbol{a}_r\}$ によって一意的に定まる係数を順に並べてできる r 次列ベクトル

$$\begin{bmatrix} c_1 \\ c_2 \\ \vdots \\ c_r \end{bmatrix}$$

を基底 $\{\boldsymbol{a}_1, \boldsymbol{a}_2, \cdots, \boldsymbol{a}_r\}$ に関する $\boldsymbol{x}$ の座標という．

注意　W を $\mathbb{R}^n$ の r 次元部分空間とすると，$r \leqq n$ である．しかし，W のベクトルは普通 n 次列ベクトル ($\mathbb{R}^n$ のベクトル) として表される．これはある意味で無駄な表示である．W のベクトルならば，その次元である r 次列ベクトルとして表したいと考えるのが自然であろう．W の基底を使って，W に独自の座標系を導入すれば，それが可能ということである．

例 22　$\left\{\boldsymbol{a}_1 = \begin{bmatrix} 1 \\ 1 \\ 1 \end{bmatrix}, \boldsymbol{a}_2 = \begin{bmatrix} 1 \\ 2 \\ 3 \end{bmatrix}\right\}$ を基底にもつ $\mathbb{R}^3$ の部分空間を W とする．

このとき，W のベクトル $\boldsymbol{b} = \begin{bmatrix} -1 \\ 1 \\ 3 \end{bmatrix}$ は

$$\boldsymbol{b} = -3\boldsymbol{a}_1 + 2\boldsymbol{a}_2$$

と表される．よって，基底 $\{\boldsymbol{a}_1, \boldsymbol{a}_2\}$ に関する $\boldsymbol{b}$ の座標は $\begin{bmatrix} -3 \\ 2 \end{bmatrix}$ である．

問 16　$\mathbb{R}^3$ の基底 $\left\{\begin{bmatrix} 0 \\ 1 \\ 1 \end{bmatrix}, \begin{bmatrix} 1 \\ -1 \\ 2 \end{bmatrix}, \begin{bmatrix} 1 \\ -1 \\ -1 \end{bmatrix}\right\}$ に関するベクトル $\boldsymbol{b} = \begin{bmatrix} 3 \\ 1 \\ 1 \end{bmatrix}$ の座標を求めよ．

4.5 線形写像と表現行列

写　像　X, Y を集合とする．X の各元に対して，Y の元がただ 1 つ定まるような規則 f が与えられたとき，この規則 f を集合 X から集合 Y への写像という．f が集合 X から集合 Y への写像であることを $f: X \to Y$ で表す．

また, 2 つの写像 $f: X \to Y$ と $g: Y \to Z$ に対して, 新たな写像 $g \circ f: X \to Z$ を

$$(g \circ f)(x) = g(f(x))$$

で定義し，f と g の合成写像という．

この節と次節では，正比例の関係を表す関数（これも写像である）$f(x) = ax$ を一般化した線形写像 $f: \mathbb{R}^n \to \mathbb{R}^m$ を扱う．実際，$n = m = 1$ としたときの線形写像が正比例の関係にあたる．

線形写像　$\mathbb{R}^n$ から $\mathbb{R}^m$ への写像 $f: \mathbb{R}^n \to \mathbb{R}^m$ が，ベクトルのもつ 2 つの演算を保つとき，すなわち，次の 2 条件

(L1)　$\boldsymbol{a}, \boldsymbol{b} \in \mathbb{R}^n$ ならば，$f(\boldsymbol{a} + \boldsymbol{b}) = f(\boldsymbol{a}) + f(\boldsymbol{b})$,

(L2)　$\boldsymbol{a} \in \mathbb{R}^n$, $k \in \mathbb{R}$ ならば，$f(k\boldsymbol{a}) = kf(\boldsymbol{a})$

を満たすとき，f を線形写像という．

特に，$\mathbb{R}^n$ から $\mathbb{R}^n$ 自身への線形写像を $\mathbb{R}^n$ の線形変換という．

線形写像の条件 (L2) で，$k = 0, -1$ とおけば，次が成り立つ．

$$f(\boldsymbol{o}) = \boldsymbol{o}, \qquad f(-\boldsymbol{a}) = -f(\boldsymbol{a})$$

注意　$f(\boldsymbol{o}) = \boldsymbol{o}$ の左辺に現れる $\boldsymbol{o}$ は $\mathbb{R}^n$ の零ベクトル，右辺に現れる $\boldsymbol{o}$ は $\mathbb{R}^m$ の零ベクトルである．同じ記号を用いているが，混乱しないよう注意してほしい．

例 23　写像 $f: \mathbb{R}^2 \to \mathbb{R}^2$，$f\left(\begin{bmatrix} x \\ y \end{bmatrix}\right) = \begin{bmatrix} x + y \\ 2x - y \end{bmatrix}$ は線形写像である．

解答　$\boldsymbol{a} = \begin{bmatrix} a_1 \\ a_2 \end{bmatrix}$, $\boldsymbol{b} = \begin{bmatrix} b_1 \\ b_2 \end{bmatrix} \in \mathbb{R}^2$，$k \in \mathbb{R}$ とすると

$$f(\boldsymbol{a} + \boldsymbol{b}) = f\left(\begin{bmatrix} a_1 + b_1 \\ a_2 + b_2 \end{bmatrix}\right) = \begin{bmatrix} (a_1 + b_1) + (a_2 + b_2) \\ 2(a_1 + b_1) - (a_2 + b_2) \end{bmatrix}$$

$$= \begin{bmatrix} a_1 + a_2 \\ 2a_1 - a_2 \end{bmatrix} + \begin{bmatrix} b_1 + b_2 \\ 2b_1 - b_2 \end{bmatrix} = f(\boldsymbol{a}) + f(\boldsymbol{b}),$$

$$f(k\boldsymbol{a}) = f\left(\begin{bmatrix} ka_1 \\ ka_2 \end{bmatrix}\right) = \begin{bmatrix} ka_1 + ka_2 \\ 2ka_1 - ka_2 \end{bmatrix} = k\begin{bmatrix} a_1 + a_2 \\ 2a_1 - a_2 \end{bmatrix} = kf(\boldsymbol{a})$$

よって，f は線形写像である．　□

例 24　写像 $f : \mathbb{R}^2 \to \mathbb{R}^2$，$f\left(\begin{bmatrix} x \\ y \end{bmatrix}\right) = \begin{bmatrix} x+1 \\ 2x-y \end{bmatrix}$ は線形写像でない．

なぜなら，$f(\boldsymbol{o}) = f\left(\begin{bmatrix} 0 \\ 0 \end{bmatrix}\right) = \begin{bmatrix} 1 \\ 0 \end{bmatrix} \neq \boldsymbol{o}$ であるから．

(ポイント: 線形写像であるか否かを調べるときには，まず $f(\boldsymbol{o}) = \boldsymbol{o}$ が成り立つかをチェックするとよい．)

例 25　$f : \mathbb{R}^2 \to \mathbb{R}^1$，$f\left(\begin{bmatrix} x \\ y \end{bmatrix}\right) = xy$ は線形写像でない．なぜなら

$$f\left(\begin{bmatrix} 1 \\ 0 \end{bmatrix}\right) + f\left(\begin{bmatrix} 0 \\ 1 \end{bmatrix}\right) = 0 + 0 = 0,$$

$$f\left(\begin{bmatrix} 1 \\ 0 \end{bmatrix} + \begin{bmatrix} 0 \\ 1 \end{bmatrix}\right) = f\left(\begin{bmatrix} 1 \\ 1 \end{bmatrix}\right) = 1$$

となり，f は条件 (L1) を満たさないから．

例 26　$\mathbb{R}^n$ のベクトル $\boldsymbol{x}$ を $\boldsymbol{x}$ 自身に移す写像 id は，$\mathbb{R}^n$ の線形変換である．id を $\mathbb{R}^n$ の恒等変換 (あるいは恒等写像) という．

問 17　次の写像は線形写像かどうか調べよ．

(1)　$f : \mathbb{R}^3 \to \mathbb{R}^1$，$f\left(\begin{bmatrix} x \\ y \\ z \end{bmatrix}\right) = x + y + z$

(2)　$f : \mathbb{R}^1 \to \mathbb{R}^2$，$f(x) = \begin{bmatrix} \sin x \\ \cos x \end{bmatrix}$

問 18　$f : \mathbb{R}^n \to \mathbb{R}^m$ が線形写像であることは，条件 (L3) と同値であることを示せ．

(L3)　$\boldsymbol{a}, \boldsymbol{b} \in \mathbb{R}^n$，$k, \ell \in \mathbb{R}$ ならば，$f(k\boldsymbol{a} + \ell\boldsymbol{b}) = kf(\boldsymbol{a}) + \ell f(\boldsymbol{b})$.

f が線形写像のとき，同値な条件 (L3) を繰り返し使えば

$$f(k_1\boldsymbol{a}_1 + k_2\boldsymbol{a}_2 + \cdots + k_r\boldsymbol{a}_r) = k_1 f(\boldsymbol{a}_1) + k_2 f(\boldsymbol{a}_2) + \cdots + k_r f(\boldsymbol{a}_r)$$

である．

行列の定める線形写像　A を $m \times n$ 行列とするとき，$f(\boldsymbol{x}) = A\boldsymbol{x}$ で定まる写像 $f : \mathbb{R}^n \to \mathbb{R}^m$ は線形写像である．この線形写像 f を行列 A の定める線形写像という．f が線形写像となることは，行列の演算法則から

$$f(\boldsymbol{a} + \boldsymbol{b}) = A(\boldsymbol{a} + \boldsymbol{b}) = A\boldsymbol{a} + A\boldsymbol{b} = f(\boldsymbol{a}) + f(\boldsymbol{b}),$$
$$f(k\boldsymbol{a}) = A(k\boldsymbol{a}) = k(A\boldsymbol{a}) = kf(\boldsymbol{a})$$

となることによる．

逆に，$\mathbb{R}^n$ から $\mathbb{R}^m$ への任意の線形写像は，ある行列の定める線形写像の形で与えられることを示そう．

$\mathbb{R}^n$ の標準基底 $\{\boldsymbol{e}_1, \boldsymbol{e}_2, \cdots, \boldsymbol{e}_n\}$ に対して，$f(\boldsymbol{e}_1), f(\boldsymbol{e}_2), \cdots, f(\boldsymbol{e}_n)$ は $\mathbb{R}^m$ のベクトルである．これらを

$$f(\boldsymbol{e}_j) = \boldsymbol{a}_j \qquad (1 \leqq j \leqq n)$$

とおき，各 $\boldsymbol{a}_j$ を第 j 列にもつ $m \times n$ 行列

$$A = \left[\boldsymbol{a}_1, \boldsymbol{a}_2, \cdots, \boldsymbol{a}_n\right] = \left[f(\boldsymbol{e}_1), f(\boldsymbol{e}_2), \cdots, f(\boldsymbol{e}_n)\right]$$

を考える．このとき，$\boldsymbol{x} = \sum_{j=1}^{n} x_j \boldsymbol{e}_j \in \mathbb{R}^n$ に対して

$$\begin{aligned} f(\boldsymbol{x}) &= f(x_1\boldsymbol{e}_1 + x_2\boldsymbol{e}_2 + \cdots + x_n\boldsymbol{e}_n) \\ &= x_1 f(\boldsymbol{e}_1) + x_2 f(\boldsymbol{e}_2) + \cdots + x_n f(\boldsymbol{e}_n) \\ &= x_1\boldsymbol{a}_1 + x_2\boldsymbol{a}_2 + \cdots + x_n\boldsymbol{a}_n \\ &= A\boldsymbol{x} \end{aligned}$$

以上をまとめると

> 線形写像 $f : \mathbb{R}^n \to \mathbb{R}^m$ は，$m \times n$ 行列 $A = \left[f(\boldsymbol{e}_1), f(\boldsymbol{e}_2), \cdots, f(\boldsymbol{e}_n)\right]$ の定める線形写像 $f(\boldsymbol{x}) = A\boldsymbol{x}$ として与えられる．

例 27　$f\left(\begin{bmatrix} x \\ y \\ z \end{bmatrix}\right) = \begin{bmatrix} 2x \qquad - z \\ -x + 3y + z \end{bmatrix}$ で定義される線形写像 $f : \mathbb{R}^3 \to \mathbb{R}^2$ において

$$f(\boldsymbol{e}_1) = \begin{bmatrix} 2 \\ -1 \end{bmatrix}, \quad f(\boldsymbol{e}_2) = \begin{bmatrix} 0 \\ 3 \end{bmatrix}, \quad f(\boldsymbol{e}_3) = \begin{bmatrix} -1 \\ 1 \end{bmatrix}$$

$$\therefore \quad A = \left[f(\boldsymbol{e}_1), f(\boldsymbol{e}_2), f(\boldsymbol{e}_3)\right] = \begin{bmatrix} 2 & 0 & -1 \\ -1 & 3 & 1 \end{bmatrix}$$

上式の A が f に対応する行列である．すなわち，f は A の定める線形写像 $f(\boldsymbol{x}) = A\boldsymbol{x}$ である．

線形写像の表現行列 $f:\mathbb{R}^n \to \mathbb{R}^m$ を線形写像とし

$\{\boldsymbol{a}_1, \boldsymbol{a}_2, \cdots, \boldsymbol{a}_n\}$ を $\mathbb{R}^n$ の基底， $\{\boldsymbol{b}_1, \boldsymbol{b}_2, \cdots, \boldsymbol{b}_m\}$ を $\mathbb{R}^m$ の基底

とする．$\boldsymbol{a}_1, \boldsymbol{a}_2, \cdots, \boldsymbol{a}_n$ の像 $f(\boldsymbol{a}_1), f(\boldsymbol{a}_2), \cdots, f(\boldsymbol{a}_n)$ は $\mathbb{R}^m$ のベクトルなので，$\mathbb{R}^m$ の基底 $\{\boldsymbol{b}_1, \boldsymbol{b}_2, \cdots, \boldsymbol{b}_m\}$ の1次結合として一意的に表される．それらを

$$\begin{cases} f(\boldsymbol{a}_1) = f_{11}\boldsymbol{b}_1 + f_{21}\boldsymbol{b}_2 + \cdots + f_{m1}\boldsymbol{b}_m \\ f(\boldsymbol{a}_2) = f_{12}\boldsymbol{b}_1 + f_{22}\boldsymbol{b}_2 + \cdots + f_{m2}\boldsymbol{b}_m \\ \qquad\cdots\cdots \\ f(\boldsymbol{a}_n) = f_{1n}\boldsymbol{b}_1 + f_{2n}\boldsymbol{b}_2 + \cdots + f_{mn}\boldsymbol{b}_m \end{cases}$$

とする．このとき，右辺の係数がつくる列ベクトル (基底 $\{\boldsymbol{b}_1, \boldsymbol{b}_2, \cdots, \boldsymbol{b}_m\}$ に関する $f(\boldsymbol{a}_i)$ の座標) を順に第1列，第2列，$\cdots$，第 n 列とする $m \times n$ 行列

$$\begin{bmatrix} f_{11} & f_{12} & \cdots & f_{1n} \\ f_{21} & f_{22} & \cdots & f_{2n} \\ \vdots & \vdots & & \vdots \\ f_{m1} & f_{m2} & \cdots & f_{mn} \end{bmatrix}$$

を基底 $\{\boldsymbol{a}_1, \boldsymbol{a}_2, \cdots, \boldsymbol{a}_n\}$ と $\{\boldsymbol{b}_1, \boldsymbol{b}_2, \cdots, \boldsymbol{b}_m\}$ に関する f の**表現行列**という．

f が $\mathbb{R}^n$ の線形変換のときには，$\mathbb{R}^n$ の1組の基底 $\{\boldsymbol{a}_1, \boldsymbol{a}_2, \cdots, \boldsymbol{a}_n\}$ を用いて

$$\begin{cases} f(\boldsymbol{a}_1) = f_{11}\boldsymbol{a}_1 + f_{21}\boldsymbol{a}_2 + \cdots + f_{n1}\boldsymbol{a}_n \\ f(\boldsymbol{a}_2) = f_{12}\boldsymbol{a}_1 + f_{22}\boldsymbol{a}_2 + \cdots + f_{n2}\boldsymbol{a}_n \\ \qquad\cdots\cdots \\ f(\boldsymbol{a}_n) = f_{1n}\boldsymbol{a}_1 + f_{2n}\boldsymbol{a}_2 + \cdots + f_{nn}\boldsymbol{a}_n \end{cases}$$

と表す．そして，係数がつくる列ベクトルからなる n 次正方行列

$$\begin{bmatrix} f_{11} & f_{12} & \cdots & f_{1n} \\ f_{21} & f_{22} & \cdots & f_{2n} \\ \vdots & \vdots & & \vdots \\ f_{n1} & f_{n2} & \cdots & f_{nn} \end{bmatrix}$$

を基底 $\{\boldsymbol{a}_1, \boldsymbol{a}_2, \cdots, \boldsymbol{a}_n\}$ に関する線形変換 f の**表現行列**という．

注意 行列 A の定める線形写像 $f:\mathbb{R}^n \to \mathbb{R}^m$ において，A は $\mathbb{R}^n$ と $\mathbb{R}^m$ の標準基底に関する線形写像 f の表現行列である．

例 28 次の線形写像 $f:\mathbb{R}^2 \to \mathbb{R}^3$ の与えられた基底 $\mathcal{A}$ と $\mathcal{B}$ に関する表現行列 F を求めよ．

$$f\left(\begin{bmatrix} x \\ y \end{bmatrix}\right) = \begin{bmatrix} x+2y \\ -3x \\ 2x-y \end{bmatrix}; \qquad \mathcal{A} = \left\{\begin{bmatrix} 1 \\ 2 \end{bmatrix}, \begin{bmatrix} 2 \\ 1 \end{bmatrix}\right\}, \quad \mathcal{B} = \{\boldsymbol{e}_1, \boldsymbol{e}_2, \boldsymbol{e}_3\}$$

解答　$f\left(\begin{bmatrix}1\\2\end{bmatrix}\right)=\begin{bmatrix}5\\-3\\0\end{bmatrix}=5\boldsymbol{e}_1-3\boldsymbol{e}_2\big(=5\boldsymbol{e}_1+(-3)\boldsymbol{e}_2+0\boldsymbol{e}_3\big),$

$$f\left(\begin{bmatrix}2\\1\end{bmatrix}\right)=\begin{bmatrix}4\\-6\\3\end{bmatrix}=4\boldsymbol{e}_1-6\boldsymbol{e}_2+3\boldsymbol{e}_3(=4\boldsymbol{e}_1+(-6)\boldsymbol{e}_2+3\boldsymbol{e}_3)$$

よって，f の基底 $\mathcal{A},\mathcal{B}$ に関する表現行列 F は

$$F=\begin{bmatrix}5&4\\-3&-6\\0&3\end{bmatrix}\qquad\left(\text{注意}\quad F\neq\begin{bmatrix}5&-3&0\\4&-6&3\end{bmatrix}\right)$$

問 19　次の線形写像 $f:\mathbb{R}^3\to\mathbb{R}^2$ の基底 $\mathcal{A}$, $\mathcal{B}$ に関する表現行列を求めよ．

$$f\left(\begin{bmatrix}x\\y\\z\end{bmatrix}\right)=\begin{bmatrix}x+2y+3z\\x-\ y-\ z\end{bmatrix};\qquad\mathcal{A}=\left\{\begin{bmatrix}1\\1\\1\end{bmatrix},\begin{bmatrix}1\\1\\0\end{bmatrix},\begin{bmatrix}1\\0\\0\end{bmatrix}\right\},\quad\mathcal{B}=\{\boldsymbol{e}_1,\boldsymbol{e}_2\}$$

例 29　$\mathbb{R}^n$ の任意の基底 $\{\boldsymbol{a}_1,\boldsymbol{a}_2,\cdots,\boldsymbol{a}_n\}$ に関する恒等変換 id の表現行列は，$\mathrm{id}(\boldsymbol{a}_j)=\boldsymbol{a}_j$ であるから，つねに n 次単位行列 I_n となる．

問 20　$\mathbb{R}^n$ の恒等変換 id の基底 $\{\boldsymbol{e}_1,\boldsymbol{e}_2,\cdots,\boldsymbol{e}_n\}$ と $\{\boldsymbol{e}_n,\cdots,\boldsymbol{e}_2,\boldsymbol{e}_1\}$ に関する(線形写像としての) 表現行列を求めよ．

写像の合成と表現行列の積はうまく対応している．

定理 4.11 (合成写像の表現行列)

$f:\mathbb{R}^n\to\mathbb{R}^m$, $g:\mathbb{R}^m\to\mathbb{R}^\ell$ を線形写像とし

$\mathcal{A}=\{\boldsymbol{a}_1,\boldsymbol{a}_2,\cdots,\boldsymbol{a}_n\}$,　$\mathcal{B}=\{\boldsymbol{b}_1,\boldsymbol{b}_2,\cdots,\boldsymbol{b}_m\}$,　$\mathcal{C}=\{\boldsymbol{c}_1,\boldsymbol{c}_2,\cdots,\boldsymbol{c}_\ell\}$

をそれぞれ $\mathbb{R}^n$, $\mathbb{R}^m$, $\mathbb{R}^\ell$ の基底とする．

基底 $\mathcal{A},\mathcal{B}$ に関する f の表現行列を F，基底 $\mathcal{B},\mathcal{C}$ に関する g の表現行列を G とするとき，基底 $\mathcal{A},\mathcal{C}$ に関する $g\circ f$ の表現行列は GF となる．

証明　まず，線形写像の合成写像 $g\circ f:\mathbb{R}^n\to\mathbb{R}^\ell$ が線形写像となることに注意する．実際，$\boldsymbol{a},\boldsymbol{b}\in\mathbb{R}^n$ と $k,\ell\in\mathbb{R}$ に対して

$$\begin{aligned}g\circ f(k\boldsymbol{a}+\ell\boldsymbol{b})&=g\big(f(k\boldsymbol{a}+\ell\boldsymbol{b})\big)=g\big(kf(\boldsymbol{a})+\ell f(\boldsymbol{b})\big) && \text{☞ } f\text{ の線形性}\\&=k\,g\big(f(\boldsymbol{a})\big)+\ell\,g\big(f(\boldsymbol{b})\big) && \text{☞ } g\text{ の線形性}\\&=k\,g\circ f(\boldsymbol{a})+\ell\,g\circ f(\boldsymbol{b})\end{aligned}$$

となるからである．

以下，$F=\big[f_{ij}\big]$, $G=\big[g_{ij}\big]$ とする．各 j $(1\leqq j\leqq n)$ に対して，$g\circ f(\boldsymbol{a}_j)$ を基底 $\mathcal{C}$ の 1 次結合で表したときの係数を調べる．

$$g\circ f(\boldsymbol{a}_j)=g\big(f(\boldsymbol{a}_j)\big)=g(f_{1j}\boldsymbol{b}_1+f_{2j}\boldsymbol{b}_2+\cdots+f_{mj}\boldsymbol{b}_m)$$

$$
\begin{aligned}
&= f_{1j}g(\boldsymbol{b}_1) + f_{2j}g(\boldsymbol{b}_2) + \cdots + f_{mj}g(\boldsymbol{b}_m) \\
&= f_{1j}(g_{11}\boldsymbol{c}_1 + \cdots + g_{\ell 1}\boldsymbol{c}_\ell) + f_{2j}(g_{12}\boldsymbol{c}_1 + \cdots + g_{\ell 2}\boldsymbol{c}_\ell) \\
&\quad + \cdots + f_{mj}(g_{1m}\boldsymbol{c}_1 + \cdots + g_{\ell m}\boldsymbol{c}_\ell) \\
&= (g_{11}f_{1j} + g_{12}f_{2j} + \cdots + g_{1m}f_{mj})\boldsymbol{c}_1 \\
&\quad + (g_{21}f_{1j} + g_{22}f_{2j} + \cdots + g_{2m}f_{mj})\boldsymbol{c}_2 \\
&\quad + \cdots + (g_{\ell 1}f_{1j} + g_{\ell 2}f_{2j} + \cdots + g_{\ell m}f_{mj})\boldsymbol{c}_\ell
\end{aligned}
$$

これより，基底 $\mathcal{A},\mathcal{C}$ に関する $g \circ f$ の表現行列の (i,j) 成分は

$$g_{i1}f_{1j} + g_{i2}f_{2j} + \cdots + g_{im}f_{mj}$$

これは，行列 GF の (i,j) 成分と一致する．よって，結論を得る．□

表現行列と座標　$\mathbb{R}^n$ のベクトル $\boldsymbol{x}$ は線形写像 $f : \mathbb{R}^n \to \mathbb{R}^m$ によって，$\boldsymbol{y} \in \mathbb{R}^m$ に移るとする．このとき

$$\boldsymbol{y} = f(\boldsymbol{x})$$

は，$\mathbb{R}^n$ と $\mathbb{R}^m$ の基底を定めることにより，次のように f の表現行列と $\boldsymbol{x}, \boldsymbol{y}$ の座標を使った式に置き換えることができる．

定理 4.12 (線形写像の表現行列と座標の関係)

線形写像 $f : \mathbb{R}^n \to \mathbb{R}^m$ で，$\boldsymbol{y} = f(\boldsymbol{x})$ とし，$\mathbb{R}^n, \mathbb{R}^m$ の基底をそれぞれ

$$\mathcal{A} = \{\boldsymbol{a}_1, \boldsymbol{a}_2, \cdots, \boldsymbol{a}_n\}, \qquad \mathcal{B} = \{\boldsymbol{b}_1, \boldsymbol{b}_2, \cdots, \boldsymbol{b}_m\}$$

とする．また，基底 $\mathcal{A}$ と $\mathcal{B}$ に関する f の表現行列を F とし，基底 $\mathcal{A}$ に関する $\boldsymbol{x}$ の座標，基底 $\mathcal{B}$ に関する $\boldsymbol{y}$ の座標をそれぞれ

$$\begin{bmatrix} x_1 \\ \vdots \\ x_n \end{bmatrix}, \quad \begin{bmatrix} y_1 \\ \vdots \\ y_m \end{bmatrix} \quad \left(\text{すなわち，} \begin{array}{l} \boldsymbol{x} = x_1\boldsymbol{a}_1 + x_2\boldsymbol{a}_2 + \cdots + x_n\boldsymbol{a}_n, \\ \boldsymbol{y} = y_1\boldsymbol{b}_1 + y_2\boldsymbol{b}_2 + \cdots + y_m\boldsymbol{b}_m \end{array}\right)$$

とする．このとき，表現行列 F と $\boldsymbol{x}, \boldsymbol{y}$ の座標の間には次が成り立つ．

$$\begin{bmatrix} y_1 \\ \vdots \\ y_m \end{bmatrix} = F \begin{bmatrix} x_1 \\ \vdots \\ x_n \end{bmatrix}$$

証明　$F = [f_{ij}]$ とし，$f(\boldsymbol{x})$ を計算する．表現行列の定義より

$$f(\boldsymbol{a}_j) = f_{1j}\boldsymbol{b}_1 + f_{2j}\boldsymbol{b}_2 + \cdots + f_{mj}\boldsymbol{b}_m \qquad (1 \leqq j \leqq n)$$

$$
\begin{aligned}
\therefore\ \ \boldsymbol{y} &= f(\boldsymbol{x}) = f(x_1\boldsymbol{a}_1 + x_2\boldsymbol{a}_2 + \cdots + x_n\boldsymbol{a}_n) \\
&= x_1 f(\boldsymbol{a}_1) + x_2 f(\boldsymbol{a}_2) + \cdots + x_n f(\boldsymbol{a}_n) \qquad \text{☞ } f \text{ の線形性} \\
&= x_1(f_{11}\boldsymbol{b}_1 + \cdots + f_{m1}\boldsymbol{b}_m) + \cdots + x_n(f_{1n}\boldsymbol{b}_1 + \cdots + f_{mn}\boldsymbol{b}_m) \\
&= (f_{11}x_1 + \cdots + f_{1n}x_n)\boldsymbol{b}_1 + \cdots + (f_{m1}x_1 + \cdots + f_{mn}x_n)\boldsymbol{b}_m
\end{aligned}
$$

基底 $\mathcal{B}$ に関する $\boldsymbol{y}$ の座標は一意的に定まるから，上式と $\boldsymbol{y}=\sum_{i=1}^{m} y_i \boldsymbol{b}_i$ における $\boldsymbol{b}_i$ の係数を比較して

$$\begin{cases} y_1 = f_{11}x_1 + f_{12}x_2 + \cdots + f_{1n}x_n \\ y_2 = f_{21}x_1 + f_{22}x_2 + \cdots + f_{2n}x_n \\ \cdots\cdots \\ y_m = f_{m1}x_1 + f_{m2}x_2 + \cdots + f_{mn}x_n \end{cases} \quad \text{すなわち} \quad \begin{bmatrix} y_1 \\ y_2 \\ \vdots \\ y_m \end{bmatrix} = F \begin{bmatrix} x_1 \\ x_2 \\ \vdots \\ x_n \end{bmatrix}$$

が得られる．よって，定理が成り立つ． □

$\mathbb{R}^n$ の基底の取り方は無数にある．そして，線形写像の表現行列は与えられた基底によって決まる．したがって，基底を取り替えると，新しい基底に関する表現行列も変化するはずである．このとき，2 つの表現行列の間にはどんな関係が成り立っているだろうか．

まず，$\mathbb{R}^n$ の 2 組の基底の間に成り立つ関係から調べてみよう．

基底の取り替え行列 $\mathbb{R}^n$ に 2 組の基底

$$\mathcal{A}=\{\boldsymbol{a}_1, \boldsymbol{a}_2, \cdots, \boldsymbol{a}_n\}, \qquad \mathcal{B}=\{\boldsymbol{b}_1, \boldsymbol{b}_2, \cdots, \boldsymbol{b}_n\}$$

をとる．各 $\boldsymbol{b}_j$ は基底 $\mathcal{A}$ の 1 次結合として表される．それを

$$\begin{cases} \boldsymbol{b}_1 = p_{11}\boldsymbol{a}_1 + p_{21}\boldsymbol{a}_2 + \cdots + p_{n1}\boldsymbol{a}_n \\ \boldsymbol{b}_2 = p_{12}\boldsymbol{a}_1 + p_{22}\boldsymbol{a}_2 + \cdots + p_{n2}\boldsymbol{a}_n \\ \cdots\cdots \\ \boldsymbol{b}_n = p_{1n}\boldsymbol{a}_1 + p_{2n}\boldsymbol{a}_2 + \cdots + p_{nn}\boldsymbol{a}_n \end{cases}$$

とする．このとき，基底 $\mathcal{A}$ に関する $\boldsymbol{b}_j$ の座標を第 j 列にもつ n 次正方行列

$$P = \begin{bmatrix} p_{11} & p_{12} & \cdots & p_{1n} \\ p_{21} & p_{22} & \cdots & p_{2n} \\ \vdots & \vdots & & \vdots \\ p_{n1} & p_{n2} & \cdots & p_{nn} \end{bmatrix}$$

を $\mathcal{A}$ から $\mathcal{B}$ への**基底の取り替え行列**という．

$\mathcal{A}$ から $\mathcal{B}$ への基底の取り替え行列 P に関しては，次のことがいえる．

基底の取り替え行列の性質

(1) P は正則行列である．

(2) $\mathcal{B}$ から $\mathcal{A}$ への基底の取り替え行列は P の逆行列 P^{-1} である．

証明 (1) と (2) を同時に示そう．$\mathcal{B}$ から $\mathcal{A}$ への基底の取り替え行列を $Q=[q_{ij}]$ とおく．$\mathcal{B}$ から $\mathcal{A}$ への取り替えの式 $\boldsymbol{a}_j=\sum_{k=1}^{n} q_{kj}\boldsymbol{b}_k$ に，$\mathcal{A}$ から $\mathcal{B}$ への取り替えの式 $\boldsymbol{b}_k=\sum_{i=1}^{n} p_{ik}\boldsymbol{a}_i$ を代入すると

$$\boldsymbol{a}_j=\sum_{i=1}^{n}\left(\sum_{k=1}^{n} p_{ik}q_{kj}\right)\boldsymbol{a}_i$$

となる．$\mathcal{A}$ は 1 次独立であるから，各 i について，この両辺の $\boldsymbol{a}_i$ の係数は一致する．右辺の $\boldsymbol{a}_i$ の係数が行列 PQ の (i,j) 成分であり，左辺の $\boldsymbol{a}_i$ の係数が δ_{ij} であることから，係数比較により $PQ=I$ を得る．すなわち，P は正則で，$Q=P^{-1}$ である．□

基底の取り替え行列を用いると，$\mathbb{R}^n$ の線形変換 f の異なる基底に関する表現行列どうしの間の関係が明らかになる．

定理 4.13 (基底の取り替え行列と線形変換の表現行列)

f を $\mathbb{R}^n$ の線形変換とし，基底 $\mathcal{A}$ に関する f の表現行列を F，基底 $\mathcal{B}$ に関する f の表現行列を G とする．このとき，F と G の間には，$\mathcal{A}$ から $\mathcal{B}$ への基底の取り替え行列 P を用いて

$$G=P^{-1}FP$$

が成り立つ．

証明 $F=[f_{ij}]$, $G=[g_{ij}]$ とする．$f(\boldsymbol{b}_j)$ を 2 通りの方法で計算する．

$$\begin{aligned}
f(\boldsymbol{b}_j)&=\sum_{k=1}^{n} g_{kj}\boldsymbol{b}_k=\sum_{k=1}^{n} g_{kj}\left(\sum_{i=1}^{n} p_{ik}\boldsymbol{a}_i\right)\\
&=\sum_{i=1}^{n}\left(\sum_{k=1}^{n} p_{ik}g_{kj}\right)\boldsymbol{a}_i,\\
f(\boldsymbol{b}_j)&=f\left(\sum_{\ell=1}^{n} p_{\ell j}\boldsymbol{a}_\ell\right)=\sum_{\ell=1}^{n} p_{\ell j}f(\boldsymbol{a}_\ell)\\
&=\sum_{\ell=1}^{n} p_{\ell j}\left(\sum_{i=1}^{n} f_{i\ell}\boldsymbol{a}_i\right)\\
&=\sum_{i=1}^{n}\left(\sum_{\ell=1}^{n} f_{i\ell}p_{\ell j}\right)\boldsymbol{a}_i
\end{aligned}$$

$\mathcal{A}$ は 1 次独立であるから，各 i について両計算の最後の式の $\boldsymbol{a}_i$ の係数は一致する．上式の $\boldsymbol{a}_i$ の係数が行列 PG の (i,j) 成分であり，下式の $\boldsymbol{a}_i$ の係数が行列 FP の (i,j) 成分であるから，$PG=FP$ を得る．すなわち，$G=P^{-1}FP$ である．□

行列の相似　2つの正方行列 A と B に対して

$$B = P^{-1}AP$$

を満たす正則行列 P が存在するとき，A と B は相似であるという．

相似な行列どうしは，性質がよく似ている．

問 21　A と B が相似ならば，次が成り立つことを示せ．

$$\operatorname{tr} A = \operatorname{tr} B, \qquad \operatorname{rank} A = \operatorname{rank} B, \qquad |A| = |B|$$

注意　1つの線形変換から (基底をいろいろと取り替えて) 得られる表現行列は，互いに相似である．したがって，うまく基底をとって，線形変換の表現行列を簡単な扱いやすい形にするという問題は，相似な行列の中で簡単なものを見つけ出すという問題と同じことになる．

4.6　像 と 核

線形写像でベクトルを移すとき，どのベクトルが潰(つぶ)れて ($\boldsymbol{o}$ に移ること)，どのベクトルが生き残るのか ($\boldsymbol{o}$ 以外に移ること) を知ることは，写像の性質を把握するうえで重要である．

像と核　$f : \mathbb{R}^n \to \mathbb{R}^m$ を線形写像とする．$\mathbb{R}^n$ のベクトルの f による像全体の集合

$$\operatorname{Im} f = \{f(\boldsymbol{a}) \in \mathbb{R}^m \mid \boldsymbol{a} \in \mathbb{R}^n\}$$

を f の像といい，f によって $\mathbb{R}^m$ の零ベクトル $\boldsymbol{o}$ に移される $\mathbb{R}^n$ のベクトル全体の集合

$$\operatorname{Ker} f = \{\boldsymbol{a} \in \mathbb{R}^n \mid f(\boldsymbol{a}) = \boldsymbol{o}\}$$

を f の核という．

$\operatorname{Im} f$ は f で移った部分を，$\operatorname{Ker} f$ は f で潰れてしまう部分を表している．

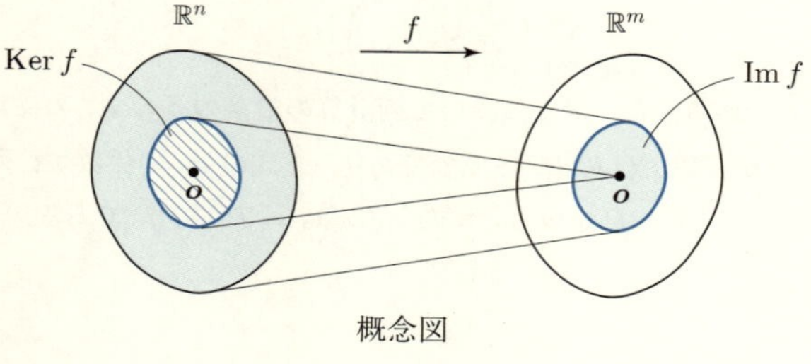

概念図

> $\mathrm{Im}\, f$ は $\mathbb{R}^m$ の部分空間であり，$\mathrm{Ker}\, f$ は $\mathbb{R}^n$ の部分空間である．

証明　$\mathbb{R}^n, \mathbb{R}^m$ の零ベクトルをそれぞれ $\boldsymbol{o}, \boldsymbol{o}'$ で表す．$f(\boldsymbol{o}) = \boldsymbol{o}'$ であるから，$\boldsymbol{o}' \in \mathrm{Im}\, f$ かつ $\boldsymbol{o} \in \mathrm{Ker}\, f$ である．よって，$\mathrm{Im}\, f$, $\mathrm{Ker}\, f$ の線形性 (S3) を示せばよい．

$\mathrm{Im}\, f$ の線形性: $\boldsymbol{b}_1, \boldsymbol{b}_2 \in \mathrm{Im}\, f$, $k, \ell \in \mathbb{R}$ とする．像の定義より，ある $\boldsymbol{a}_1, \boldsymbol{a}_2 \in \mathbb{R}^n$ があって，$\boldsymbol{b}_1 = f(\boldsymbol{a}_1)$, $\boldsymbol{b}_2 = f(\boldsymbol{a}_2)$ と書ける．f の線形性から

$$\begin{aligned} k\boldsymbol{b}_1 + \ell\boldsymbol{b}_2 &= kf(\boldsymbol{a}_1) + \ell f(\boldsymbol{a}_2) \\ &= f(k\boldsymbol{a}_1 + \ell\boldsymbol{a}_2) \in \mathrm{Im}\, f \end{aligned}$$

である．よって，$\mathrm{Im}\, f$ は $\mathbb{R}^m$ の部分空間である．

$\mathrm{Ker}\, f$ の線形性: $\boldsymbol{a}_1, \boldsymbol{a}_2 \in \mathrm{Ker}\, f$, $k, \ell \in \mathbb{R}$ ならば

$$\begin{aligned} f(k\boldsymbol{a}_1 + \ell\boldsymbol{a}_2) &= kf(\boldsymbol{a}_1) + \ell f(\boldsymbol{a}_2) \\ &= k\boldsymbol{o}' + \ell\boldsymbol{o}' = \boldsymbol{o}' \end{aligned}$$

したがって，$k\boldsymbol{a}_1 + \ell\boldsymbol{a}_2 \in \mathrm{Ker}\, f$．よって，$\mathrm{Ker}\, f$ は $\mathbb{R}^n$ の部分空間である．　□

例 30　$\mathbb{R}^3$ の線形変換 $f\left(\begin{bmatrix} x \\ y \\ z \end{bmatrix}\right) = \begin{bmatrix} x-y \\ y-z \\ z-x \end{bmatrix}$ の像と核を求めよ．

解答

$$f\left(\begin{bmatrix} x \\ y \\ z \end{bmatrix}\right) = \begin{bmatrix} x-y \\ y-z \\ z-x \end{bmatrix} = x\begin{bmatrix} 1 \\ 0 \\ -1 \end{bmatrix} + y\begin{bmatrix} -1 \\ 1 \\ 0 \end{bmatrix} + z\begin{bmatrix} 0 \\ -1 \\ 1 \end{bmatrix}$$
$$\left(= x\boldsymbol{a} + y\boldsymbol{b} + z\boldsymbol{c} \text{ とおく} \right)$$

であるから，$\mathrm{Im}\, f = \langle \boldsymbol{a}, \boldsymbol{b}, \boldsymbol{c} \rangle$ である．しかも，$\{\boldsymbol{a}, \boldsymbol{b}\}$ は 1 次独立で，$\boldsymbol{c} = -\boldsymbol{a} - \boldsymbol{b}$ であるから，$\mathrm{Im}\, f$ は $\{\boldsymbol{a}, \boldsymbol{b}\}$ を基底とする $\mathbb{R}^3$ の 2 次元部分空間である．

次に，$\mathrm{Ker}\, f$ について調べる．

$$f\left(\begin{bmatrix} x \\ y \\ z \end{bmatrix}\right) = \begin{bmatrix} x-y \\ y-z \\ z-x \end{bmatrix} = \begin{bmatrix} 0 \\ 0 \\ 0 \end{bmatrix}$$

とする．このとき，同次連立 1 次方程式

$$\begin{cases} x - y \phantom{{}-z} = 0 \\ \phantom{x-{}} y - z = 0 \\ -x \phantom{{}-y} + z = 0 \end{cases} \quad \text{を解いて，} \quad \begin{bmatrix} x \\ y \\ z \end{bmatrix} = c\begin{bmatrix} 1 \\ 1 \\ 1 \end{bmatrix} \quad (c \text{ は任意定数})$$

よって，$\mathrm{Ker}\, f$ は $\left\{\begin{bmatrix} 1 \\ 1 \\ 1 \end{bmatrix}\right\}$ を基底とする $\mathbb{R}^3$ の 1 次元部分空間である．

問 22　$\mathbb{R}^3$ から $\mathbb{R}^2$ への線形写像 $f\left(\begin{bmatrix} x \\ y \\ z \end{bmatrix}\right) = \begin{bmatrix} x - y + z \\ 2x - 2y + 2z \end{bmatrix}$ の像と核を求めよ．

次に与える像と核の次元に関する定理は，線形写像の次元に関する最も基本的な結果の１つである．

定理 4.14 (線形写像の次元定理)

線形写像 $f : \mathbb{R}^n \to \mathbb{R}^m$ に対して，次が成り立つ．

$$n = \dim(\mathrm{Ker}\, f) + \dim(\mathrm{Im}\, f)$$

証明 $\dim(\mathrm{Ker}\, f) = r$, $\dim(\mathrm{Im}\, f) = s$ とし, $\mathrm{Ker}\, f$ の基底を $\mathcal{A} = \{\boldsymbol{a}_1, \boldsymbol{a}_2, \cdots, \boldsymbol{a}_r\}$, $\mathrm{Im}\, f$ の基底を $\mathcal{B} = \{\boldsymbol{b}_1, \boldsymbol{b}_2, \cdots, \boldsymbol{b}_s\}$ とする．$\mathrm{Im}\, f$ の定義から，$\mathbb{R}^n$ のベクトル $\boldsymbol{c}_1, \boldsymbol{c}_2, \cdots, \boldsymbol{c}_s$ が存在して，$f(\boldsymbol{c}_1) = \boldsymbol{b}_1$，$f(\boldsymbol{c}_2) = \boldsymbol{b}_2$，$\cdots$，$f(\boldsymbol{c}_s) = \boldsymbol{b}_s$ と書ける．

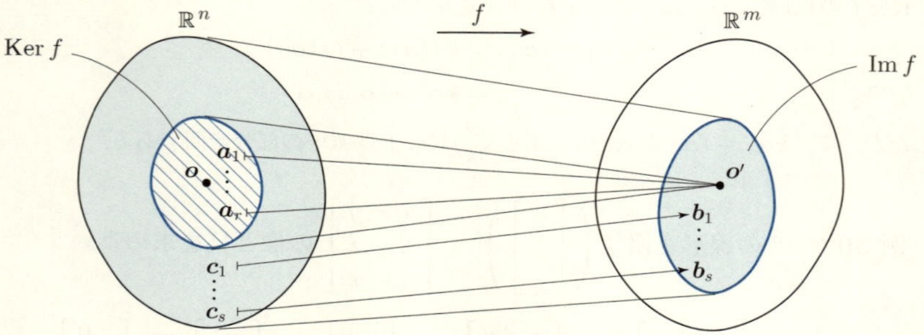

このとき，$\mathcal{C} = \{\boldsymbol{a}_1, \boldsymbol{a}_2, \cdots, \boldsymbol{a}_r,\ \boldsymbol{c}_1, \boldsymbol{c}_2, \cdots, \boldsymbol{c}_s\}$ が $\mathbb{R}^n$ の基底となることを示せば，$n = r + s$ を得る．

$\mathcal{C}$ が１次独立なこと：$\mathcal{C}$ の１次関係式を

$$x_1\boldsymbol{a}_1 + x_2\boldsymbol{a}_2 + \cdots + x_r\boldsymbol{a}_r + y_1\boldsymbol{c}_1 + y_2\boldsymbol{c}_2 + \cdots + y_s\boldsymbol{c}_s = \boldsymbol{o} \qquad ①$$

とする．両辺の f による像をとると，$f(\boldsymbol{a}_i) = \boldsymbol{o}'$，$f(\boldsymbol{c}_i) = \boldsymbol{b}_i$，$f(\boldsymbol{o}) = \boldsymbol{o}'$ より

$$y_1\boldsymbol{b}_1 + y_2\boldsymbol{b}_2 + \cdots + y_s\boldsymbol{b}_s = \boldsymbol{o}'$$

したがって，$y_1 = y_2 = \cdots = y_s = 0$ ($\mathcal{B}$ の１次独立性)．これを ① に代入して

$$x_1\boldsymbol{a}_1 + x_2\boldsymbol{a}_2 + \cdots + x_r\boldsymbol{a}_r = \boldsymbol{o}$$

よって，$x_1 = x_2 = \cdots = x_r = 0$ ($\mathcal{A}$ の１次独立性) となるから，$\mathcal{C}$ は１次独立である．

$\mathcal{C}$ が $\mathbb{R}^n$ の生成系であること：$\boldsymbol{x} \in \mathbb{R}^n$ とする．$f(\boldsymbol{x}) \in \mathrm{Im}\, f$ であるから，$f(\boldsymbol{x})$ は基底 $\mathcal{B}$ の１次結合として表せる．それを

$$f(\boldsymbol{x}) = y_1\boldsymbol{b}_1 + y_2\boldsymbol{b}_2 + \cdots + y_s\boldsymbol{b}_s$$

とし，$f(\boldsymbol{c}_i) = \boldsymbol{b}_i$ に注意して，次の計算をする．

$$\begin{aligned} f(\boldsymbol{x} - y_1\boldsymbol{c}_1 - y_2\boldsymbol{c}_2 - \cdots - y_s\boldsymbol{c}_s) &= f(\boldsymbol{x}) - y_1 f(\boldsymbol{c}_1) - y_2 f(\boldsymbol{c}_2) - \cdots - y_s f(\boldsymbol{c}_s) \\ &= f(\boldsymbol{x}) - y_1\boldsymbol{b}_1 - y_2\boldsymbol{b}_2 - \cdots - y_s\boldsymbol{b}_s \\ &= \boldsymbol{o}' \end{aligned}$$

よって，$\boldsymbol{x}-y_1\boldsymbol{c}_1-y_2\boldsymbol{c}_2-\cdots-y_s\boldsymbol{c}_s \in \mathrm{Ker}\, f$ であるから，これは基底 $\mathcal{A}$ の 1 次結合として表される．それを

$$\boldsymbol{x}-y_1\boldsymbol{c}_1-y_2\boldsymbol{c}_2-\cdots-y_s\boldsymbol{c}_s = x_1\boldsymbol{a}_1+x_2\boldsymbol{a}_2+\cdots+x_r\boldsymbol{a}_r$$

とし，移項すると

$$\boldsymbol{x} = x_1\boldsymbol{a}_1+x_2\boldsymbol{a}_2+\cdots+x_r\boldsymbol{a}_r+y_1\boldsymbol{c}_1+y_2\boldsymbol{c}_2+\cdots+y_s\boldsymbol{c}_s$$

よって，$\mathcal{C}$ は $\mathbb{R}^n$ の生成系である．

以上より，$\mathcal{C}$ は $\mathbb{R}^n$ の基底であることが示せた． □

注意 線形写像の次元定理の主張は，

「$\mathbb{R}^n$ の基底を構成するベクトルのうち，$\mathrm{Ker}\, f$ に属する部分は f で移すと潰れてしまうので，$\mathrm{Im}\, f$ の次元は $\mathbb{R}^n$ の次元から $\mathrm{Ker}\, f$ の次元を引いたものに等しい．」

ということである．

連立 1 次方程式と線形写像 A を $m\times n$ 行列とする．連立 1 次方程式 $A\boldsymbol{x}=\boldsymbol{b}$ は，行列 A の定める線形写像 $f:\mathbb{R}^n \ni \boldsymbol{x} \mapsto A\boldsymbol{x} \in \mathbb{R}^m$ を用いて

$$f(\boldsymbol{x}) = \boldsymbol{b}$$

と表せる．よって，連立 1 次方程式 $A\boldsymbol{x}=\boldsymbol{b}$ は $\boldsymbol{b}\in \mathrm{Im}\, f$ のとき解をもち，$\boldsymbol{b}\notin \mathrm{Im}\, f$ のとき解をもたないといえる．$\boldsymbol{b}=\boldsymbol{o}$ とすれば，$\mathrm{Ker}\, f$ について，次が成り立つ．

$\mathrm{Ker}\, f =$「同次連立 1 次方程式 $A\boldsymbol{x}=\boldsymbol{o}$ の解空間」

一方，A の列ベクトル分割を $A=\left[\boldsymbol{a}_1,\boldsymbol{a}_2,\cdots,\boldsymbol{a}_n\right]$ とすると

$$f(\boldsymbol{x}) = A\boldsymbol{x} = x_1\boldsymbol{a}_1+x_2\boldsymbol{a}_2+\cdots+x_n\boldsymbol{a}_n$$

であるから，$\mathrm{Im}\, f$ は

$\mathrm{Im}\, f =$「A の列ベクトル $\boldsymbol{a}_1,\boldsymbol{a}_2,\cdots,\boldsymbol{a}_n$ が生成する部分空間」

といえる．

定理 4.15 (行列の階数と像の次元)

行列 A の定める線形写像 $f:\mathbb{R}^n \to \mathbb{R}^m$ に対して

$$\dim(\mathrm{Im}\, f) = \mathrm{rank}\, A$$

証明　$f(\boldsymbol{x}) = A\boldsymbol{x}$ より，$\mathrm{Ker}\, f$ は $A\boldsymbol{x} = \boldsymbol{o}$ の解空間である．

$$\begin{aligned} \therefore\quad \dim(\mathrm{Im}\, f) &= n - \dim(\mathrm{Ker}\, f) && \text{☞ 定理 4.14} \\ &= n - \bigl(n - \mathrm{rank}\, A\bigr) && \text{☞ } A\boldsymbol{x} = \boldsymbol{o} \text{ の解空間の次元} \\ &= \mathrm{rank}\, A \end{aligned}$$

□

線形写像の階数　線形写像 $f : \mathbb{R}^n \to \mathbb{R}^m$ に対して，f の像の次元 $\dim(\mathrm{Im}\, f)$ を f の**階数**といい，$\mathrm{rank}\, f$ で表す．すなわち

$$\mathrm{rank}\, f = \dim(\mathrm{Im}\, f)$$

定理 4.13 と定理 4.15 より，線形写像 f の階数は，任意の基底に関する f の表現行列の階数に等しい．

系 4.16 (階数と列ベクトルの 1 次独立性)

行列 A の階数は，A の列ベクトルのうち 1 次独立なものの最大個数に等しい．

証明　$A = \bigl[\boldsymbol{a}_1, \boldsymbol{a}_2, \cdots, \boldsymbol{a}_n\bigr]$ を $m \times n$ 行列とし，$f : \mathbb{R}^n \to \mathbb{R}^m$ を行列 A の定める線形写像とする．$\mathrm{Im}\, f$ は，A の列ベクトルの生成する部分空間であるから

$$\dim(\mathrm{Im}\, f) = \dim \langle \boldsymbol{a}_1, \boldsymbol{a}_2, \cdots, \boldsymbol{a}_n \rangle$$

一方，定理 4.15 より，左辺は $\mathrm{rank}\, A$ であり，系 4.8 (1) より，右辺は $\boldsymbol{a}_1, \boldsymbol{a}_2, \cdots, \boldsymbol{a}_n$ の中で 1 次独立なものの最大個数に等しいから，結論が導かれる．□

4 章の問題

★ 基礎問題 ★

4.1　$\begin{bmatrix} 1 \\ 2 \\ 2 \\ -3 \end{bmatrix}$ を $\begin{bmatrix} 2 \\ 3 \\ -1 \\ 1 \end{bmatrix}, \begin{bmatrix} 1 \\ -1 \\ 1 \\ 0 \end{bmatrix}, \begin{bmatrix} 2 \\ -1 \\ 0 \\ 2 \end{bmatrix}$ の 1 次結合として表せ．

4.2　次のベクトルの組は 1 次独立か 1 次従属か，1 次従属のときにはそれらの満たす非自明な 1 次関係式もあげよ．

(1) $\begin{bmatrix} 2 \\ 1 \\ -3 \end{bmatrix}, \begin{bmatrix} 4 \\ -1 \\ 2 \end{bmatrix}, \begin{bmatrix} 2 \\ 3 \\ 1 \end{bmatrix}$　　(2) $\begin{bmatrix} 1 \\ 2 \\ -2 \end{bmatrix}, \begin{bmatrix} 4 \\ -1 \\ 3 \end{bmatrix}, \begin{bmatrix} 7 \\ 5 \\ -3 \end{bmatrix}$

(3) $\begin{bmatrix} 1 \\ 2 \\ 0 \\ -1 \end{bmatrix}, \begin{bmatrix} -1 \\ 1 \\ 0 \\ 2 \end{bmatrix}, \begin{bmatrix} 0 \\ 3 \\ 1 \\ 0 \end{bmatrix}$ (4) $\begin{bmatrix} 1 \\ 3 \\ 5 \\ 2 \end{bmatrix}, \begin{bmatrix} 1 \\ 4 \\ 6 \\ 3 \end{bmatrix}, \begin{bmatrix} -3 \\ 2 \\ -4 \\ 5 \end{bmatrix}, \begin{bmatrix} 2 \\ -1 \\ 3 \\ -3 \end{bmatrix}$

4.3 次の集合は $\mathbb{R}^3$ の部分空間か.

(1) $\left\{ \begin{bmatrix} x \\ y \\ z \end{bmatrix} \middle| \, x = 2z \right\}$ (2) $\left\{ \begin{bmatrix} x \\ y \\ z \end{bmatrix} \middle| \, x^2 + y^2 + z^2 = 1 \right\}$

(3) $\left\{ \begin{bmatrix} x \\ y \\ z \end{bmatrix} \middle| \, 3x - z = y + 2z = x - y \right\}$ (4) $\left\{ \begin{bmatrix} x \\ y \\ z \end{bmatrix} \middle| \, x \leqq y + z \right\}$

4.4 $\boldsymbol{a} = \begin{bmatrix} 1 \\ -1 \\ 2 \end{bmatrix}$, $\boldsymbol{b} = \begin{bmatrix} -1 \\ 2 \\ 1 \end{bmatrix}$, $\boldsymbol{c} = \begin{bmatrix} 4 \\ -7 \\ -1 \end{bmatrix}$, $\boldsymbol{d} = \begin{bmatrix} 4 \\ 4 \\ 3 \end{bmatrix}$ とし，$\boldsymbol{a}$ と $\boldsymbol{b}$ の生成する $\mathbb{R}^3$ の部分空間を W とする．このとき，$\boldsymbol{c}$, $\boldsymbol{d}$ は W に属するか，属さないかを調べよ．

4.5 次の同次連立 1 次方程式の解空間の基底と次元を求めよ．

(1) $\begin{cases} x + 3y + 2z = 0 \\ 2x + y = 0 \\ 5y + 4z = 0 \end{cases}$ (2) $\begin{cases} 5x + y + 8z + 6u + 3v = 0 \\ x + y + 3z + 2u + v = 0 \\ 3x - y + 2z + 2u + v = 0 \end{cases}$

4.6 $\left\{ \boldsymbol{a}_1 = \begin{bmatrix} 0 \\ -1 \\ 1 \end{bmatrix}, \boldsymbol{a}_2 = \begin{bmatrix} 1 \\ 1 \\ 2 \end{bmatrix}, \boldsymbol{a}_3 = \begin{bmatrix} 3 \\ -2 \\ 0 \end{bmatrix} \right\}$ が $\mathbb{R}^3$ の基底であることを示し，この基底に関する $\boldsymbol{b} = \begin{bmatrix} 1 \\ -5 \\ -3 \end{bmatrix}$ の座標を求めよ．

4.7 次の写像は線形写像か．

(1) $f : \mathbb{R}^1 \to \mathbb{R}^1$, $f(x) = 2x - 1$

(2) $f : \mathbb{R}^n \to \mathbb{R}^m$, $f(\boldsymbol{x}) = \boldsymbol{o}$

4.8 次の線形写像の，指定された基底に関する表現行列を求めよ．

(1) $f : \mathbb{R}^2 \to \mathbb{R}^3$, $f\left(\begin{bmatrix} x \\ y \end{bmatrix} \right) = \begin{bmatrix} x + 2y \\ -y \\ 3x \end{bmatrix}$

基底: $\mathbb{R}^2$ の標準基底と $\mathbb{R}^3$ の標準基底

(2) $f : \mathbb{R}^3 \to \mathbb{R}^2$, $f\left(\begin{bmatrix} x \\ y \\ z \end{bmatrix} \right) = \begin{bmatrix} 6x + 5y + 4z \\ -x - y - z \end{bmatrix}$

基底: $\left\{ \begin{bmatrix} 2 \\ 1 \\ -3 \end{bmatrix}, \begin{bmatrix} 4 \\ -1 \\ 2 \end{bmatrix}, \begin{bmatrix} 2 \\ 3 \\ 1 \end{bmatrix} \right\}$ と $\left\{ \begin{bmatrix} 2 \\ -1 \end{bmatrix}, \begin{bmatrix} -1 \\ 1 \end{bmatrix} \right\}$

4.9　次の線形変換の，指定された基底に関する表現行列を求めよ．

(1)　$f:\mathbb{R}^2\to\mathbb{R}^2,\ f\left(\begin{bmatrix}x\\y\end{bmatrix}\right)=\begin{bmatrix}5x+y\\2x+4y\end{bmatrix}$;　基底: $\left\{\begin{bmatrix}1\\-2\end{bmatrix},\begin{bmatrix}1\\1\end{bmatrix}\right\}$

(2)　$f:\mathbb{R}^3\to\mathbb{R}^3,\ f\left(\begin{bmatrix}x\\y\\z\end{bmatrix}\right)=\begin{bmatrix}2y+z\\x-4y\\3x\end{bmatrix}$;　基底: $\left\{\begin{bmatrix}1\\1\\1\end{bmatrix},\begin{bmatrix}1\\1\\0\end{bmatrix},\begin{bmatrix}1\\0\\0\end{bmatrix}\right\}$

4.10　次の線形写像の像と核の基底と次元を求めよ．

(1)　$f:\mathbb{R}^3\to\mathbb{R}^3,\ f\left(\begin{bmatrix}x\\y\\z\end{bmatrix}\right)=\begin{bmatrix}x+2y-z\\y+z\\x+y-2z\end{bmatrix}$

(2)　$f:\mathbb{R}^4\to\mathbb{R}^3,\ f\left(\begin{bmatrix}x\\y\\z\\w\end{bmatrix}\right)=\begin{bmatrix}x-y+z+w\\x+2z-w\\x+y+3z-3w\end{bmatrix}$

★ 標準問題 ★

4.11　次のベクトルの組が 1 次従属になるように x の値を定めよ．

(1)　$\left\{\begin{bmatrix}1+x\\1-x\end{bmatrix},\begin{bmatrix}1-x\\1+x\end{bmatrix}\right\}$　　(2)　$\left\{\begin{bmatrix}x\\1\\0\end{bmatrix},\begin{bmatrix}1\\x\\1\end{bmatrix},\begin{bmatrix}0\\1\\x\end{bmatrix}\right\}$

4.12　$\mathbb{R}^n$ のベクトル $\{\boldsymbol{a}_1,\boldsymbol{a}_2,\cdots,\boldsymbol{a}_r\}$ は 1 次独立であるとする．このとき，次の組は 1 次独立か 1 次従属か．

(1)　$\{\boldsymbol{a}_1+\boldsymbol{a}_2,\ \boldsymbol{a}_2+\boldsymbol{a}_3,\ \cdots,\ \boldsymbol{a}_{r-1}+\boldsymbol{a}_r\}$

(2)　$\{\boldsymbol{a}_1+\boldsymbol{a}_2,\ \boldsymbol{a}_2+\boldsymbol{a}_3,\ \cdots,\ \boldsymbol{a}_{r-1}+\boldsymbol{a}_r,\ \boldsymbol{a}_r+\boldsymbol{a}_1\}$

(3)　$\{\boldsymbol{a}_1,\ \boldsymbol{a}_1+\boldsymbol{a}_2,\ \boldsymbol{a}_1+\boldsymbol{a}_2+\boldsymbol{a}_3,\ \cdots,\ \boldsymbol{a}_1+\boldsymbol{a}_2+\cdots+\boldsymbol{a}_r\}$

4.13　$\mathbb{R}^4$ の 2 つの部分空間

$$W_1=\left\langle\begin{bmatrix}-1\\3\\1\\2\end{bmatrix},\begin{bmatrix}1\\-2\\2\\4\end{bmatrix},\begin{bmatrix}3\\-7\\3\\6\end{bmatrix}\right\rangle,\qquad W_2=\left\langle\begin{bmatrix}-4\\11\\1\\2\end{bmatrix},\begin{bmatrix}-5\\14\\2\\4\end{bmatrix}\right\rangle$$

に対して，$W_1=W_2$ であることを示せ．

4.14　$\mathbb{R}^3\ni\boldsymbol{a}_1=\begin{bmatrix}1\\1\\1\end{bmatrix},\ \boldsymbol{a}_2=\begin{bmatrix}0\\-2\\1\end{bmatrix},\ \boldsymbol{a}_3=\begin{bmatrix}2\\0\\3\end{bmatrix},\ \boldsymbol{a}_4=\begin{bmatrix}3\\0\\1\end{bmatrix},\ \boldsymbol{a}_5=\begin{bmatrix}1\\4\\-4\end{bmatrix}$

を左から順にみて，1 次独立なベクトルの組を選び出し，残りのベクトルをその 1 次結合で表せ．

4.15 ベクトル $\boldsymbol{a}_1 = \begin{bmatrix} 1 \\ -2 \\ 5 \\ -3 \end{bmatrix}$, $\boldsymbol{a}_2 = \begin{bmatrix} 2 \\ 3 \\ 1 \\ -4 \end{bmatrix}$, $\boldsymbol{a}_3 = \begin{bmatrix} -3 \\ -8 \\ 3 \\ 5 \end{bmatrix}$ の生成する $\mathbb{R}^4$ の部分空間を W とする．このとき

(1) W の基底と次元を求めよ． (2) W の基底を $\mathbb{R}^4$ の基底に拡張せよ．

4.16 W_1, W_2 を $\mathbb{R}^4$ の次のような部分空間とするとき，$W_1 \cap W_2$, $W_1 + W_2$ の基底と次元を求めよ．

(1) $W_1 = \left\{ \begin{bmatrix} x \\ y \\ z \\ w \end{bmatrix} \middle| \begin{array}{l} x = 2y \\ z = w \end{array} \right\}$, $W_2 = \left\{ \begin{bmatrix} x \\ y \\ z \\ w \end{bmatrix} \middle| \begin{array}{l} x + 2y + 4z = 0 \\ y + 2z - w = 0 \end{array} \right\}$

(2) $W_1 = \left\langle \begin{bmatrix} 2 \\ 1 \\ 1 \\ 0 \end{bmatrix}, \begin{bmatrix} 2 \\ -1 \\ -3 \\ 2 \end{bmatrix} \right\rangle$, $W_2 = \left\langle \begin{bmatrix} 2 \\ 1 \\ -2 \\ 3 \end{bmatrix}, \begin{bmatrix} 1 \\ 1 \\ 0 \\ 1 \end{bmatrix} \right\rangle$

4.17 r 次元部分空間 W の r 個のベクトルの組 $\{\boldsymbol{a}_1, \boldsymbol{a}_2, \cdots, \boldsymbol{a}_r\}$ に対して，次の3条件は同値であることを示せ．

(1) $\{\boldsymbol{a}_1, \boldsymbol{a}_2, \cdots, \boldsymbol{a}_r\}$ は1次独立である．
(2) $\{\boldsymbol{a}_1, \boldsymbol{a}_2, \cdots, \boldsymbol{a}_r\}$ は W の生成系である．
(3) $\{\boldsymbol{a}_1, \boldsymbol{a}_2, \cdots, \boldsymbol{a}_r\}$ は W の基底である．

4.18 基底 $\left\{ \begin{bmatrix} 2 \\ 1 \\ 1 \end{bmatrix}, \begin{bmatrix} -1 \\ -1 \\ 1 \end{bmatrix}, \begin{bmatrix} 3 \\ 0 \\ 2 \end{bmatrix} \right\}$, $\left\{ \begin{bmatrix} 1 \\ 4 \end{bmatrix}, \begin{bmatrix} 2 \\ 5 \end{bmatrix} \right\}$ に関する表現行列が $\begin{bmatrix} 3 & 0 & 1 \\ 2 & -1 & 3 \end{bmatrix}$ であるような線形写像 $f : \mathbb{R}^3 \to \mathbb{R}^2$ について，$f\left(\begin{bmatrix} x \\ y \\ z \end{bmatrix} \right)$ を求めよ．

4.19 $\mathbb{R}^n$ の線形変換に対して，次は同値であることを示せ．

(1) $\operatorname{Ker} f = \{\boldsymbol{o}\}$ (2) $\operatorname{Im} f = \mathbb{R}^n$

4.20 f を $\mathbb{R}^n$ の線形変換とする．このとき，次を示せ．

(1) $\{\boldsymbol{a}_1, \boldsymbol{a}_2, \cdots, \boldsymbol{a}_n\}$ が1次独立で, $\operatorname{Ker} f = \{\boldsymbol{o}\}$ ならば, $\{f(\boldsymbol{a}_1), f(\boldsymbol{a}_2), \cdots, f(\boldsymbol{a}_n)\}$ も1次独立である．
(2) $\{f(\boldsymbol{a}_1), f(\boldsymbol{a}_2), \cdots, f(\boldsymbol{a}_n)\}$ が1次独立ならば，$\{\boldsymbol{a}_1, \boldsymbol{a}_2, \cdots, \boldsymbol{a}_n\}$ も1次独立である．

★ 発展問題 ★

4.21 次のことを証明せよ．

(1) $\{\boldsymbol{a}_1, \boldsymbol{a}_2, \cdots, \boldsymbol{a}_r\}$ が1次独立ならば，その一部分も1次独立である．
(2) $\{\boldsymbol{a}_1, \boldsymbol{a}_2, \cdots, \boldsymbol{a}_r\}$ が1次独立であるための必要十分条件は，この中のどのベクトルも残りの $r-1$ 個のベクトルの1次結合として表せないことである．

4.22 $\mathbb{R}^n$ のベクトルの組 $\{\boldsymbol{x}_1, \boldsymbol{x}_2, \cdots, \boldsymbol{x}_r\}$ が1次独立であることと

$$\begin{vmatrix} {}^t\boldsymbol{x}_1\boldsymbol{x}_1 & \cdots & {}^t\boldsymbol{x}_1\boldsymbol{x}_r \\ \vdots & & \vdots \\ {}^t\boldsymbol{x}_r\boldsymbol{x}_1 & \cdots & {}^t\boldsymbol{x}_r\boldsymbol{x}_r \end{vmatrix} \neq 0 \qquad \text{(Gram(グラム)の行列式)}$$

が同値であることを証明せよ.

4.23 W_1, W_2 を $\mathbb{R}^3$ の2次元部分空間とする. このとき

$$W_1 \cap W_2 \neq \{\boldsymbol{o}\}$$

であることを示せ.

4.24 W_1, W_2, W_3 を $\mathbb{R}^n$ の部分空間とするとき

$$(W_1 \cap W_2) + (W_1 \cap W_3) \subset W_1 \cap (W_2 + W_3)$$

が成り立つことを示せ. また, 一致しない例をあげよ.

4.25 $\mathbb{R}^n$ の線形変換が $f \circ f = f$ を満たすとする. このとき

$$\mathbb{R}^n = \operatorname{Im} f \oplus \operatorname{Ker} f$$

であることを示せ.

4.26 $\mathbb{R}^n$ の2つの線形変換 f, g が, 任意の $\boldsymbol{x} \in \mathbb{R}^n$ に対して

$$f(\boldsymbol{x}) + g(\boldsymbol{x}) = \boldsymbol{x}, \qquad f \circ g(\boldsymbol{x}) = \boldsymbol{o}, \qquad g \circ f(\boldsymbol{x}) = \boldsymbol{o}$$

を満たすとする. このとき

$$\mathbb{R}^n = \operatorname{Im} f \oplus \operatorname{Im} g$$

となることを示せ.

4.27 $m \times n$ 行列 A と $n \times l$ 行列 B に対して, 次式を示せ.

$$AB = O \quad \text{ならば}, \quad \operatorname{rank} A + \operatorname{rank} B \leqq n$$

4.28 $m \times n$ 行列 A, B に対して, 次式を示せ.

$$\operatorname{rank}(A + B) \leqq \operatorname{rank} A + \operatorname{rank} B$$

4.29 $\mathbb{R}^n$ のベクトル $\{\boldsymbol{a}_1, \boldsymbol{a}_2, \cdots, \boldsymbol{a}_r\}$ によって張られる部分空間を W とするとき

$$\dim W = \operatorname{rank}\bigl[\boldsymbol{a}_1, \boldsymbol{a}_2, \cdots, \boldsymbol{a}_r\bigr]$$

であることを示せ.

4.30 $m \times n$ 行列 A と m 次正則行列 P に対して, 次を示せ.

(1) A の1次独立な行ベクトルの最大個数は, PA の1次独立な行ベクトルの最大個数に等しい.

(2) A の1次独立な列ベクトルの最大個数は, PA の1次独立な列ベクトルの最大個数に等しい.

研究　抽象的なベクトル空間

1 次独立，部分空間，基底，次元，線形写像などの概念を定義するのに，$\mathbb{R}^n$ のベクトルの具体的な形 (n 個の実数を縦に並べたもの) は必要でない．ベクトルに対して，加法とスカラー倍という 2 つの演算が定められていれば十分である．そこで，考察の対象を，加法とスカラー倍に関して数ベクトルと同じ性質をもつ集合に広げることができる．すなわち

集合 V の元の間に，加法 ($\boldsymbol{a}, \boldsymbol{b} \in V$ ならば $\boldsymbol{a}+\boldsymbol{b} \in V$) とスカラー倍 ($\boldsymbol{a} \in V$，$k \in \mathbb{R}$ ならば $k\boldsymbol{a} \in V$) が定義されていて，次の 8 条件を満たすとき，V を実数上のベクトル空間という．

(1)　(結合法則)　$(\boldsymbol{a}+\boldsymbol{b})+\boldsymbol{c} = \boldsymbol{a}+(\boldsymbol{b}+\boldsymbol{c})$

(2)　(交換法則)　$\boldsymbol{a}+\boldsymbol{b} = \boldsymbol{b}+\boldsymbol{a}$

(3)　(零ベクトルの存在)　ある $\boldsymbol{o} \in V$ が存在して，すべての $\boldsymbol{a} \in V$ に対して $\boldsymbol{a}+\boldsymbol{o} = \boldsymbol{a}$ を満たす．

(4)　(逆ベクトルの存在)　各 $\boldsymbol{a} \in V$ に対して，ある $\boldsymbol{x} \in V$ が存在して $\boldsymbol{a}+\boldsymbol{x} = \boldsymbol{o}$ を満たす ($\boldsymbol{x}$ を $\boldsymbol{a}$ の逆ベクトルといい，$-\boldsymbol{a}$ で表す)．

(5)　(分配法則)　$k(\boldsymbol{a}+\boldsymbol{b}) = k\boldsymbol{a}+k\boldsymbol{b}$

(6)　(分配法則)　$(k+\ell)\boldsymbol{a} = k\boldsymbol{a}+\ell\boldsymbol{a}$

(7)　(結合法則)　$(k\ell)\boldsymbol{a} = k(\ell\boldsymbol{a})$

(8)　(1 倍)　$1\boldsymbol{a} = \boldsymbol{a}$

$\mathbb{R}^n$ 以外にも，$m \times n$ 行列全体の集合，x の多項式全体の集合などたくさんのベクトル空間がある ($\mathbb{R}^n$ の部分空間もこの条件を満たしている)．ここでは，次の例をあげよう．

V を実関数全体の集合，すなわち $V = \{f \mid f : \mathbb{R} \to \mathbb{R}\}$ とする．V の元 (関数) に対して，加法 $f+g$ とスカラー倍 kf をそれぞれ

$$(f+g)(x) = f(x)+g(x), \qquad (kf)(x) = kf(x)$$

で定める．このとき，V は上の 8 条件を満たす．関数を元とするこのようなベクトル空間は関数空間とよばれる．

任意の自然数 n に対して，$\{1, x, x^2, \cdots, x^n\}$ は 1 次独立となる．したがって，V の次元 (1 次独立なベクトルの最大個数) は有限の値にならない．関数空間 V は無限次元であるという．

W_1 を連続な関数全体の集合，W_2 を無限回微分可能な関数全体の集合とする．これらはともに V の部分空間になる (したがって，ベクトル空間である)．さらに，$f \in W_2$ に導関数 f' を対応させる写像 $\dfrac{d}{dx} : W_2 \to W_2$ は W_2 の線形変換となる．

このようにベクトル空間の定義を一般化すると，微積分学も線形代数の視点でとらえることができるようになる．

5
内　積

内積とは，２つのベクトルの関係を１つのスカラーで表す「ものさし」である．内積が与えられると，ベクトルの大きさや２つのベクトルのなす角を考えることが可能になる．高校ではこのプロセスとは逆に，先に大きさと角を考え，それらを用いて内積を定義した．しかし，今後は内積の方を基本の概念と考える．

5.1 ベクトルの内積

まず内積の概念を導入しよう．

内　積　$\mathbb{R}^n$ のベクトル $\boldsymbol{a}, \boldsymbol{b}$ に対し，実数 $(\boldsymbol{a}, \boldsymbol{b})$ が定まって，次の４条件が成り立つとき，$(\boldsymbol{a}, \boldsymbol{b})$ を $\boldsymbol{a}$ と $\boldsymbol{b}$ の**内積**という．

内積の条件

(1)　$(\boldsymbol{a}, \boldsymbol{b}) = (\boldsymbol{b}, \boldsymbol{a})$

(2)　$(\boldsymbol{a}+\boldsymbol{b}, \boldsymbol{c}) = (\boldsymbol{a}, \boldsymbol{c}) + (\boldsymbol{b}, \boldsymbol{c})$

(3)　$(k\boldsymbol{a}, \boldsymbol{b}) = k(\boldsymbol{a}, \boldsymbol{b}) \qquad (k \in \mathbb{R})$

(4)　$(\boldsymbol{a}, \boldsymbol{a}) \geqq 0$，かつ $(\boldsymbol{a}, \boldsymbol{a}) = 0 \iff \boldsymbol{a} = \boldsymbol{o}$

内積の定義されたベクトル空間 $\mathbb{R}^n$ を**内積空間**という．

問 1　内積の条件を用いて，次の性質を示せ．

$(2)'$　$(\boldsymbol{a}, \boldsymbol{b}+\boldsymbol{c}) = (\boldsymbol{a}, \boldsymbol{b}) + (\boldsymbol{a}, \boldsymbol{c})$

$(3)'$　$(\boldsymbol{a}, k\boldsymbol{b}) = k(\boldsymbol{a}, \boldsymbol{b})$

問 2　内積の条件を用いて，$(\boldsymbol{o}, \boldsymbol{b}) = 0$ を示せ．

ベクトルの大きさ　内積空間においては条件 (4) より，$(\boldsymbol{a}, \boldsymbol{a})$ はつねに負でない実数である．$\sqrt{(\boldsymbol{a}, \boldsymbol{a})}$ をベクトル $\boldsymbol{a}$ の大きさ (または長さ，ノルム) といい，$\|\boldsymbol{a}\|$ で表す．すなわち

$$\|\boldsymbol{a}\| = \sqrt{(\boldsymbol{a}, \boldsymbol{a})}$$

例 1　$\mathbb{R}^2$ のベクトル $\boldsymbol{a} = \begin{bmatrix} a_1 \\ a_2 \end{bmatrix}$, $\boldsymbol{b} = \begin{bmatrix} b_1 \\ b_2 \end{bmatrix}$ に対して

$$(\boldsymbol{a}, \boldsymbol{b}) = a_1 b_1 + 2a_2 b_2$$

と定めると，これは内積の 4 条件を満たすので，内積を定義する．

問 3　$\mathbb{R}^2$ のベクトル $\boldsymbol{a} = \begin{bmatrix} a_1 \\ a_2 \end{bmatrix}$, $\boldsymbol{b} = \begin{bmatrix} b_1 \\ b_2 \end{bmatrix}$ に対して

$$(\boldsymbol{a}, \boldsymbol{b}) = a_1 b_1 + a_1 b_2 + a_2 b_1 + 2a_2 b_2$$

と定めると，これは内積を定義することを示せ．

標準内積　このように内積の定め方はいろいろある．いま，$\mathbb{R}^n$ のベクトル

$$\boldsymbol{a} = \begin{bmatrix} a_1 \\ \vdots \\ a_n \end{bmatrix}, \quad \boldsymbol{b} = \begin{bmatrix} b_1 \\ \vdots \\ b_n \end{bmatrix} \text{ に対して}$$

$$(\boldsymbol{a}, \boldsymbol{b}) = a_1 b_1 + a_2 b_2 + \cdots + a_n b_n$$

と定めると，これも内積を定義する．これは，$(\boldsymbol{a}, \boldsymbol{b}) = {}^t\boldsymbol{a}\boldsymbol{b}$ と表すこともできる．この内積を $\mathbb{R}^n$ の標準内積という．以後特に断らないかぎり，$\mathbb{R}^n$ の内積といえば標準内積であるとする．標準内積においては

$$\|\boldsymbol{a}\| = \sqrt{{a_1}^2 + {a_2}^2 + \cdots + {a_n}^2}$$

である．

ベクトルの大きさの性質　ベクトルの大きさ $\|\ \ \|$ に関して次が成り立つ [1]．

定理 5.1 (ベクトルの大きさの性質)

(1)　$\|\boldsymbol{a}\| \geqq 0$,　かつ $\|\boldsymbol{a}\| = 0 \iff \boldsymbol{a} = \boldsymbol{o}$

(2)　$\|k\boldsymbol{a}\| = |k|\,\|\boldsymbol{a}\| \qquad (k \in \mathbb{R})$

(3)　$|(\boldsymbol{a}, \boldsymbol{b})| \leqq \|\boldsymbol{a}\|\,\|\boldsymbol{b}\|$　　(Schwarz（シュワルツ）の不等式)

(4)　$\|\boldsymbol{a} + \boldsymbol{b}\| \leqq \|\boldsymbol{a}\| + \|\boldsymbol{b}\|$　　(三角不等式)

---

1)　以下の定理は内積の条件のみを用いて証明しているので，標準内積に限らず，どんな内積に対しても成り立つ．

証明　(1) は定義から明らか．(2) は容易である．

(3) $\boldsymbol{a}=\boldsymbol{o}$ のときは，$(\boldsymbol{a},\boldsymbol{b})$ も $\|\boldsymbol{a}\|$ もともに 0 となるので不等式は成り立つ．以下 $\boldsymbol{a}\neq\boldsymbol{o}$ とする．t がどんな実数であっても $\|t\boldsymbol{a}+\boldsymbol{b}\|^2 \geqq 0$ である．一方

$$\begin{aligned}\|t\boldsymbol{a}+\boldsymbol{b}\|^2 &= (t\boldsymbol{a}+\boldsymbol{b}, t\boldsymbol{a}+\boldsymbol{b}) \\ &= t^2(\boldsymbol{a},\boldsymbol{a})+2t(\boldsymbol{a},\boldsymbol{b})+(\boldsymbol{b},\boldsymbol{b}) \\ &= t^2\|\boldsymbol{a}\|^2+2t(\boldsymbol{a},\boldsymbol{b})+\|\boldsymbol{b}\|^2\end{aligned}$$

よって，t の 2 次式 $t^2\|\boldsymbol{a}\|^2+2t(\boldsymbol{a},\boldsymbol{b})+\|\boldsymbol{b}\|^2$ は，すべての実数 t について 0 以上の値をとる．ゆえに，判別式より

$$(\boldsymbol{a},\boldsymbol{b})^2-\|\boldsymbol{a}\|^2\|\boldsymbol{b}\|^2 \leqq 0$$

が成り立つ．これから求める不等式を得る．

(4) シュワルツの不等式を用いると

$$\begin{aligned}\|\boldsymbol{a}+\boldsymbol{b}\|^2 &= \|\boldsymbol{a}\|^2+2(\boldsymbol{a},\boldsymbol{b})+\|\boldsymbol{b}\|^2 \\ &\leqq \|\boldsymbol{a}\|^2+2\|\boldsymbol{a}\|\,\|\boldsymbol{b}\|+\|\boldsymbol{b}\|^2 \\ &= (\|\boldsymbol{a}\|+\|\boldsymbol{b}\|)^2\end{aligned}$$

よって，求める不等式を得る．　□

角，直交　内積空間 $\mathbb{R}^n$ において，$\boldsymbol{a}$, $\boldsymbol{b}$ がともに零ベクトルでないとき，シュワルツの不等式から

$$-1 \leqq \frac{(\boldsymbol{a},\boldsymbol{b})}{\|\boldsymbol{a}\|\,\|\boldsymbol{b}\|} \leqq 1$$

が成り立つ．よって

$$\frac{(\boldsymbol{a},\boldsymbol{b})}{\|\boldsymbol{a}\|\,\|\boldsymbol{b}\|} = \cos\theta \qquad (0 \leqq \theta \leqq \pi)$$

を満たす θ がただ 1 つ存在する．この θ をベクトル $\boldsymbol{a}$ と $\boldsymbol{b}$ のなす角という．$\boldsymbol{a},\boldsymbol{b}$ がともに零ベクトルでなくて $(\boldsymbol{a},\boldsymbol{b})=0$ ならば，上式より $\cos\theta=0$．したがって，$\boldsymbol{a}$ と $\boldsymbol{b}$ のなす角 θ は $\dfrac{\pi}{2}$ となる．$\boldsymbol{a},\boldsymbol{b}$ のどちらかが零ベクトルの場合には，内積の条件からつねに $(\boldsymbol{a},\boldsymbol{b})=0$ となる．

今後は，$\boldsymbol{a},\boldsymbol{b}$ が零ベクトルであるとないとにかかわらず，$(\boldsymbol{a},\boldsymbol{b})=0$ のとき，$\boldsymbol{a}$ と $\boldsymbol{b}$ は互いに直交する (垂直である) ということにし，$\boldsymbol{a}\perp\boldsymbol{b}$ と書く．

問 4　$\boldsymbol{a}=\begin{bmatrix}1\\0\\2\\-1\end{bmatrix}$，$\boldsymbol{b}=\begin{bmatrix}1\\-1\\1\\-3\end{bmatrix}$ の内積，大きさ，なす角を求めよ．

正規化　零でないベクトル $\boldsymbol{a}$ をその大きさで割って，大きさ1のベクトル $\dfrac{1}{\|\boldsymbol{a}\|}\boldsymbol{a}$ にすることを $\boldsymbol{a}$ を正規化するという．

問5　$\dfrac{1}{\|\boldsymbol{a}\|}\boldsymbol{a}$ の大きさが1であることを確かめよ．

正規直交系　内積空間 $\mathbb{R}^n$ のベクトルの組 $\boldsymbol{a}_1, \boldsymbol{a}_2, \cdots, \boldsymbol{a}_r$ がすべて大きさ1で(すなわち，正規化されていて)かつどの2つも互いに直交するとき，言い換えると

$$(\boldsymbol{a}_i, \boldsymbol{a}_j) = \delta_{ij} \qquad (i, j = 1, 2, \cdots, r)$$

が成り立つとき，$\{\boldsymbol{a}_1, \boldsymbol{a}_2, \cdots, \boldsymbol{a}_r\}$ は正規直交系であるという．

定理 5.2 (正規直交系の1次独立性)

正規直交系をなすベクトルの組は1次独立である．

証明　$\{\boldsymbol{a}_1, \boldsymbol{a}_2, \cdots, \boldsymbol{a}_r\}$ を正規直交系とし

$$k_1\boldsymbol{a}_1 + k_2\boldsymbol{a}_2 + \cdots + k_r\boldsymbol{a}_r = \boldsymbol{o}$$

とおく．両辺と $\boldsymbol{a}_i$ $(i = 1, 2, \cdots, r)$ の内積をつくれば

$$k_1(\boldsymbol{a}_1, \boldsymbol{a}_i) + \cdots + k_i(\boldsymbol{a}_i, \boldsymbol{a}_i) + \cdots + k_r(\boldsymbol{a}_r, \boldsymbol{a}_i) = (\boldsymbol{o}, \boldsymbol{a}_i)$$

となる．この右辺は0であり，$(\boldsymbol{a}_i, \boldsymbol{a}_j) = \delta_{ij}$ より左辺は k_i である．よって，$k_i = 0$ $(i = 1, 2, \cdots, r)$．したがって，$\{\boldsymbol{a}_1, \boldsymbol{a}_2, \cdots, \boldsymbol{a}_r\}$ は1次独立である．□

例 2　$\mathbb{R}^n$ の基本ベクトルの組 $\{\boldsymbol{e}_1, \boldsymbol{e}_2, \cdots, \boldsymbol{e}_n\}$ は正規直交系である．

問6　$\mathbb{R}^4$ のベクトルの組 $\boldsymbol{a}_1 = \dfrac{1}{\sqrt{2}}\begin{bmatrix} 0 \\ 0 \\ -1 \\ 1 \end{bmatrix}$，$\boldsymbol{a}_2 = \dfrac{1}{\sqrt{7}}\begin{bmatrix} 1 \\ 2 \\ -1 \\ -1 \end{bmatrix}$，$\boldsymbol{a}_3 = \dfrac{1}{\sqrt{3}}\begin{bmatrix} 0 \\ 1 \\ 1 \\ 1 \end{bmatrix}$ が正規直交系であることを確かめよ．

5.2 グラム・シュミットの正規直交化法

正規直交基底　W を $\mathbb{R}^n$ の $\{\boldsymbol{o}\}$ でない部分空間とし，$\{\boldsymbol{a}_1, \boldsymbol{a}_2, \cdots, \boldsymbol{a}_r\}$ を W の基底とする．$\{\boldsymbol{a}_1, \boldsymbol{a}_2, \cdots, \boldsymbol{a}_r\}$ が正規直交系をなしているとき，この基底は W の正規直交基底であるという．

例 3　$\mathbb{R}^n$ の基本ベクトルの組 $\{\boldsymbol{e}_1, \boldsymbol{e}_2, \cdots, \boldsymbol{e}_n\}$ は $\mathbb{R}^n$ の正規直交基底である．

定理 5.3 (正規直交基底の存在)

$\mathbb{R}^n$ の $\{\boldsymbol{o}\}$ でない任意の部分空間 W は正規直交基底をもつ.

証明 $\dim W = r$ とし，$\{\boldsymbol{a}_1, \boldsymbol{a}_2, \cdots, \boldsymbol{a}_r\}$ を W の 1 つの基底とする．これをまず直交系 (どの 2 つのベクトルも互いに直交するベクトルの組) $\{\boldsymbol{b}_1, \boldsymbol{b}_2, \cdots, \boldsymbol{b}_r\}$ になおそう．正規化はその後に行う．

最初に $\boldsymbol{b}_1 = \boldsymbol{a}_1$ とおく．次に

$$\boldsymbol{b}_2 = \boldsymbol{a}_2 - k\boldsymbol{b}_1$$

とおき，$(\boldsymbol{b}_2, \boldsymbol{b}_1) = 0$ となるように k を定めたい．それには

$$(\boldsymbol{b}_2, \boldsymbol{b}_1) = (\boldsymbol{a}_2 - k\boldsymbol{b}_1, \boldsymbol{b}_1) = (\boldsymbol{a}_2, \boldsymbol{b}_1) - k(\boldsymbol{b}_1, \boldsymbol{b}_1)$$

より，$k = \dfrac{(\boldsymbol{a}_2, \boldsymbol{b}_1)}{(\boldsymbol{b}_1, \boldsymbol{b}_1)}$ と定めればよい．すなわち

$$\boldsymbol{b}_2 = \boldsymbol{a}_2 - \frac{(\boldsymbol{a}_2, \boldsymbol{b}_1)}{(\boldsymbol{b}_1, \boldsymbol{b}_1)}\boldsymbol{b}_1$$

ここで，$\boldsymbol{b}_1, \boldsymbol{a}_2$ の 1 次独立性から $\boldsymbol{b}_2 \neq \boldsymbol{o}$ である．

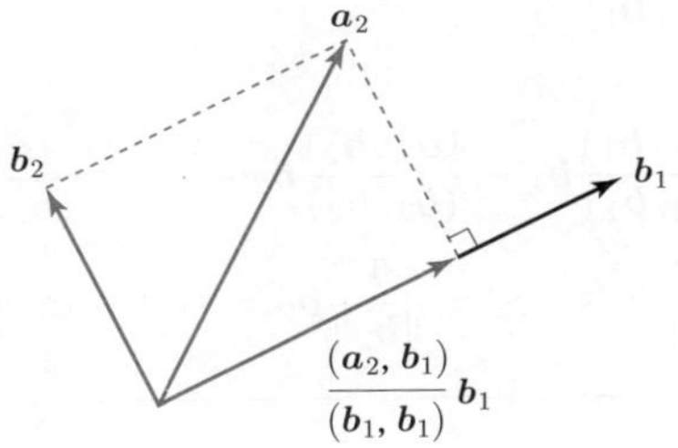

次に

$$\boldsymbol{b}_3 = \boldsymbol{a}_3 - k_1\boldsymbol{b}_1 - k_2\boldsymbol{b}_2$$

とおき，$(\boldsymbol{b}_3, \boldsymbol{b}_1) = 0$ かつ $(\boldsymbol{b}_3, \boldsymbol{b}_2) = 0$ となるようにしたい．それには

$$(\boldsymbol{b}_3, \boldsymbol{b}_1) = (\boldsymbol{a}_3, \boldsymbol{b}_1) - k_1(\boldsymbol{b}_1, \boldsymbol{b}_1) - k_2(\boldsymbol{b}_2, \boldsymbol{b}_1) = (\boldsymbol{a}_3, \boldsymbol{b}_1) - k_1(\boldsymbol{b}_1, \boldsymbol{b}_1),$$
$$(\boldsymbol{b}_3, \boldsymbol{b}_2) = (\boldsymbol{a}_3, \boldsymbol{b}_2) - k_1(\boldsymbol{b}_1, \boldsymbol{b}_2) - k_2(\boldsymbol{b}_2, \boldsymbol{b}_2) = (\boldsymbol{a}_3, \boldsymbol{b}_2) - k_2(\boldsymbol{b}_2, \boldsymbol{b}_2)$$

より，$k_1 = \dfrac{(\boldsymbol{a}_3, \boldsymbol{b}_1)}{(\boldsymbol{b}_1, \boldsymbol{b}_1)}$，$k_2 = \dfrac{(\boldsymbol{a}_3, \boldsymbol{b}_2)}{(\boldsymbol{b}_2, \boldsymbol{b}_2)}$ と定めればよい．すなわち

$$\boldsymbol{b}_3 = \boldsymbol{a}_3 - \frac{(\boldsymbol{a}_3, \boldsymbol{b}_1)}{(\boldsymbol{b}_1, \boldsymbol{b}_1)}\boldsymbol{b}_1 - \frac{(\boldsymbol{a}_3, \boldsymbol{b}_2)}{(\boldsymbol{b}_2, \boldsymbol{b}_2)}\boldsymbol{b}_2$$

ここで，$\boldsymbol{b}_1, \boldsymbol{b}_2$ は $\boldsymbol{a}_1, \boldsymbol{a}_2$ の 1 次結合で表されていることと，$\boldsymbol{a}_1, \boldsymbol{a}_2, \boldsymbol{a}_3$ の 1 次独立性から，$\boldsymbol{b}_3 \neq \boldsymbol{o}$ である．

以下同様にして，$k = 4, \cdots, r$ に対しても

$$\boldsymbol{b}_k = \boldsymbol{a}_k - \frac{(\boldsymbol{a}_k, \boldsymbol{b}_1)}{(\boldsymbol{b}_1, \boldsymbol{b}_1)}\boldsymbol{b}_1 - \frac{(\boldsymbol{a}_k, \boldsymbol{b}_2)}{(\boldsymbol{b}_2, \boldsymbol{b}_2)}\boldsymbol{b}_2 - \cdots - \frac{(\boldsymbol{a}_k, \boldsymbol{b}_{k-1})}{(\boldsymbol{b}_{k-1}, \boldsymbol{b}_{k-1})}\boldsymbol{b}_{k-1}$$

と定めれば，$\boldsymbol{b}_1, \boldsymbol{b}_2, \cdots, \boldsymbol{b}_{k-1}$ は $\boldsymbol{a}_1, \boldsymbol{a}_2, \cdots, \boldsymbol{a}_{k-1}$ の１次結合で表されていることと，$\boldsymbol{a}_1, \boldsymbol{a}_2, \cdots, \boldsymbol{a}_k$ の１次独立性から $\boldsymbol{b}_k \neq \boldsymbol{o}$ であり，$\boldsymbol{b}_1, \boldsymbol{b}_2, \cdots, \boldsymbol{b}_r$ はどの２つも互いに直交する．

最後に，各 $\boldsymbol{b}_k$ を正規化して

$$\boldsymbol{c}_k = \frac{1}{\|\boldsymbol{b}_k\|}\boldsymbol{b}_k \qquad (k = 1, 2, \cdots, r)$$

とおけば，$\{\boldsymbol{c}_1, \boldsymbol{c}_2, \cdots, \boldsymbol{c}_r\}$ は正規直交系である．正規直交系は１次独立であるから，W の正規直交基底となる． □

この定理の中で述べた，与えられた基底から正規直交基底を構成する方法をGram-Schmidt（グラム・シュミット）の正規直交化法という．以下にその手順をまとめておこう．

$$\{\boldsymbol{a}_1, \boldsymbol{a}_2, \cdots, \boldsymbol{a}_r\} \xrightarrow{\text{直交化}} \{\boldsymbol{b}_1, \boldsymbol{b}_2, \cdots, \boldsymbol{b}_r\} \xrightarrow{\text{正規化}} \{\boldsymbol{c}_1, \boldsymbol{c}_2, \cdots, \boldsymbol{c}_r\}$$

$$\boldsymbol{b}_1 = \boldsymbol{a}_1,$$

$$\boldsymbol{b}_2 = \boldsymbol{a}_2 - \frac{(\boldsymbol{a}_2, \boldsymbol{b}_1)}{(\boldsymbol{b}_1, \boldsymbol{b}_1)}\boldsymbol{b}_1,$$

$$\cdots$$

$$\boldsymbol{b}_r = \boldsymbol{a}_r - \frac{(\boldsymbol{a}_r, \boldsymbol{b}_1)}{(\boldsymbol{b}_1, \boldsymbol{b}_1)}\boldsymbol{b}_1 - \frac{(\boldsymbol{a}_r, \boldsymbol{b}_2)}{(\boldsymbol{b}_2, \boldsymbol{b}_2)}\boldsymbol{b}_2 - \cdots - \frac{(\boldsymbol{a}_r, \boldsymbol{b}_{r-1})}{(\boldsymbol{b}_{r-1}, \boldsymbol{b}_{r-1})}\boldsymbol{b}_{r-1};$$

$$\boldsymbol{c}_1 = \frac{1}{\|\boldsymbol{b}_1\|}\boldsymbol{b}_1, \quad \boldsymbol{c}_2 = \frac{1}{\|\boldsymbol{b}_2\|}\boldsymbol{b}_2, \quad \cdots, \quad \boldsymbol{c}_r = \frac{1}{\|\boldsymbol{b}_r\|}\boldsymbol{b}_r$$

例 4　グラム・シュミットの正規直交化法を用いて，$\mathbb{R}^3$ の基底

$$\left\{\boldsymbol{a}_1 = \begin{bmatrix} 1 \\ -1 \\ 0 \end{bmatrix},\ \boldsymbol{a}_2 = \begin{bmatrix} 0 \\ 1 \\ 1 \end{bmatrix},\ \boldsymbol{a}_3 = \begin{bmatrix} 2 \\ 1 \\ 0 \end{bmatrix}\right\}$$

を正規直交基底になおせ．

解答　まず，$\boldsymbol{a}_1, \boldsymbol{a}_2, \boldsymbol{a}_3$ を直交化して

$$\boldsymbol{b}_1 = \boldsymbol{a}_1 = \begin{bmatrix} 1 \\ -1 \\ 0 \end{bmatrix},$$

$$\boldsymbol{b}_2 = \boldsymbol{a}_2 - \frac{(\boldsymbol{a}_2, \boldsymbol{b}_1)}{(\boldsymbol{b}_1, \boldsymbol{b}_1)}\boldsymbol{b}_1 = \begin{bmatrix} 0 \\ 1 \\ 1 \end{bmatrix} + \frac{1}{2}\begin{bmatrix} 1 \\ -1 \\ 0 \end{bmatrix} = \frac{1}{2}\begin{bmatrix} 1 \\ 1 \\ 2 \end{bmatrix},$$

$$\boldsymbol{b}_3 = \boldsymbol{a}_3 - \frac{(\boldsymbol{a}_3, \boldsymbol{b}_1)}{(\boldsymbol{b}_1, \boldsymbol{b}_1)}\boldsymbol{b}_1 - \frac{(\boldsymbol{a}_3, \boldsymbol{b}_2)}{(\boldsymbol{b}_2, \boldsymbol{b}_2)}\boldsymbol{b}_2 = \begin{bmatrix} 2 \\ 1 \\ 0 \end{bmatrix} - \frac{1}{2}\begin{bmatrix} 1 \\ -1 \\ 0 \end{bmatrix} - \frac{1}{2}\begin{bmatrix} 1 \\ 1 \\ 2 \end{bmatrix} = \begin{bmatrix} 1 \\ 1 \\ -1 \end{bmatrix}$$

次に，$\boldsymbol{b}_1, \boldsymbol{b}_2, \boldsymbol{b}_3$ をそれぞれ正規化して

$$\left\{ \boldsymbol{c}_1 = \frac{1}{\sqrt{2}}\begin{bmatrix} 1 \\ -1 \\ 0 \end{bmatrix},\ \boldsymbol{c}_2 = \frac{1}{\sqrt{6}}\begin{bmatrix} 1 \\ 1 \\ 2 \end{bmatrix},\ \boldsymbol{c}_3 = \frac{1}{\sqrt{3}}\begin{bmatrix} 1 \\ 1 \\ -1 \end{bmatrix} \right\}$$

よって，これが求める正規直交基底である．

問 7　例 4 のベクトルの順番を並べ替えた $\{\boldsymbol{a}_2, \boldsymbol{a}_3, \boldsymbol{a}_1\}$ をグラム・シュミットの正規直交化法を用いて正規直交基底になおせ．

5.3　直交補空間

$\mathbb{R}^n$ の部分空間 W が与えられたとき，別の部分空間 W' をうまく見つけて，W と W' の直和を $\mathbb{R}^n$ 全体にすることを考えてみよう (このような W' を W の補空間という)．次の問 8 でわかるように，一般にはそのような W' は 1 通りには定まらない．

問 8　$\mathbb{R}^2$ の部分空間 $W = \langle \boldsymbol{e}_1 \rangle$ に対して，その補空間を 2 通りあげよ．

しかし，$\mathbb{R}^n$ に内積が入っているときには，以下に述べるように，ある特別の補空間が自然に定まる．

直交補空間　W を内積空間 $\mathbb{R}^n$ の部分空間とし，$\boldsymbol{a}$ を $\mathbb{R}^n$ のベクトルとする．$\boldsymbol{a}$ が W に属するすべてのベクトルに直交するとき，$\boldsymbol{a}$ は W に直交するといい，$\boldsymbol{a} \perp W$ と書く．

ベクトルと部分空間との直交に関する計算には次の定理が有効である．

定理 5.4 (ベクトルと部分空間との直交条件)

W を内積空間 $\mathbb{R}^n$ の r 次元部分空間とする．$\mathbb{R}^n$ のベクトル $\boldsymbol{b}$ が W と直交するための必要十分条件は，$\boldsymbol{b}$ が W の基底 $\{\boldsymbol{a}_1, \boldsymbol{a}_2, \cdots, \boldsymbol{a}_r\}$ の各ベクトルと直交することである．

証明　$\{\boldsymbol{a}_1, \boldsymbol{a}_2, \cdots, \boldsymbol{a}_r\}$ を W の基底とする．

まず，ベクトル $\boldsymbol{b}$ が W と直交するならば，$\boldsymbol{b}$ は W のすべてのベクトルと直交するから，特に，基底を構成するベクトル $\boldsymbol{a}_1, \boldsymbol{a}_2, \cdots, \boldsymbol{a}_r$ とも直交する．

逆に，$(\boldsymbol{b}, \boldsymbol{a}_i) = 0\ (i = 1, 2, \cdots, r)$ とし，$\boldsymbol{a}$ を W の任意のベクトルとする．基底の条件より，$\boldsymbol{a}$ は $\boldsymbol{a} = k_1\boldsymbol{a}_1 + k_2\boldsymbol{a}_2 + \cdots + k_r\boldsymbol{a}_r$ と，基底のベクトルの 1 次結合の形で表せる．そこで，$\boldsymbol{b}$ との内積をとると

$$(\boldsymbol{b}, \boldsymbol{a}) = k_1(\boldsymbol{b}, \boldsymbol{a}_1) + k_2(\boldsymbol{b}, \boldsymbol{a}_2) + \cdots + k_r(\boldsymbol{b}, \boldsymbol{a}_r) = 0$$

よって，$\boldsymbol{b}$ と $\boldsymbol{a}$ は直交する．□

W に直交するベクトル $\boldsymbol{x}$ 全体の集合

$$\{\boldsymbol{x} \in \mathbb{R}^n \mid \boldsymbol{x} \perp W\}$$

は $\mathbb{R}^n$ の部分空間になる．これを $W^\perp$ で表す．

問 9　$W^\perp$ が $\mathbb{R}^n$ の部分空間であることを示せ．

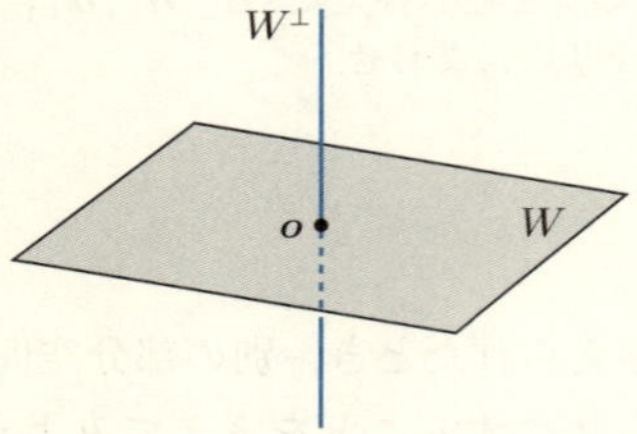

次の定理で示すように，$W^\perp$ は W の補空間である．$W^\perp$ を W の直交補空間という．

定理 5.5 (正射影)

内積空間 $\mathbb{R}^n$ の $\{\boldsymbol{o}\}$ でない部分空間 W に対して

$$\mathbb{R}^n = W \oplus W^\perp$$

が成り立つ．したがって，任意の $\boldsymbol{a} \in \mathbb{R}^n$ は

$$\boldsymbol{a} = \boldsymbol{b} + \boldsymbol{c} \qquad (\boldsymbol{b} \in W,\ \boldsymbol{c} \in W^\perp)$$

の形に一意的に表せる (このとき，$\boldsymbol{b}$ を $\boldsymbol{a}$ の W への正射影という)．

証明　$\dim W = r$ とし，W の 1 つの正規直交基底 $\{\boldsymbol{a}_1, \boldsymbol{a}_2, \cdots, \boldsymbol{a}_r\}$ をとる．任意のベクトル $\boldsymbol{a} \in \mathbb{R}^n$ に対して

$$\boldsymbol{c} = \boldsymbol{a} - \sum_{i=1}^{r} k_i \boldsymbol{a}_i$$

とおき，$\boldsymbol{c} \perp W$ となるように k_j $(j = 1, 2, \cdots, r)$ を定める．定理 5.4 を適用すると

$$\begin{aligned}0 = (\boldsymbol{c}, \boldsymbol{a}_j) &= (\boldsymbol{a} - \sum_{i=1}^{r} k_i \boldsymbol{a}_i, \boldsymbol{a}_j)\\ &= (\boldsymbol{a}, \boldsymbol{a}_j) - \sum_{i=1}^{r} k_i (\boldsymbol{a}_i, \boldsymbol{a}_j) = (\boldsymbol{a}, \boldsymbol{a}_j) - k_j\end{aligned}$$

であるから

$$k_j = (\boldsymbol{a}, \boldsymbol{a}_j)$$

と定めればよい．このとき

$$\boldsymbol{b} = \sum_{i=1}^{r} (\boldsymbol{a}, \boldsymbol{a}_i)\boldsymbol{a}_i$$

とおけば

$$\boldsymbol{a} = \boldsymbol{b} + \boldsymbol{c} \qquad (\boldsymbol{b} \in W,\ \boldsymbol{c} \in W^\perp)$$

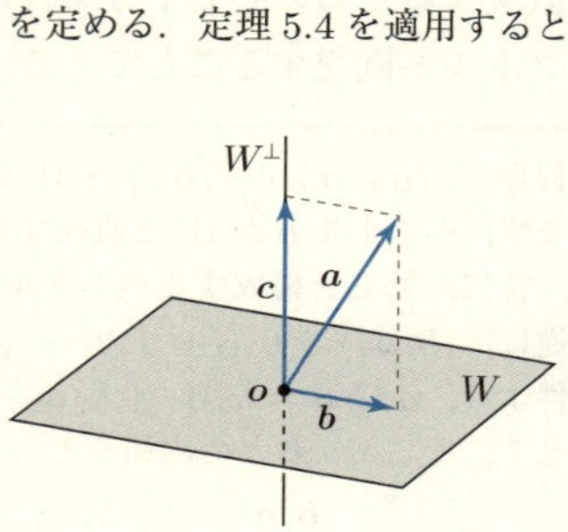

となる．したがって，$\mathbb{R}^n = W + W^{\perp}$ である．

次に，$\boldsymbol{a} \in W \cap W^{\perp}$ とすれば，$\boldsymbol{a} \in W$ かつ $\boldsymbol{a} \in W^{\perp}$ より $(\boldsymbol{a}, \boldsymbol{a}) = 0$．よって，$\boldsymbol{a} = \boldsymbol{o}$ である．したがって，$W \cap W^{\perp} = \{\boldsymbol{o}\}$ となり，$\mathbb{R}^n = W \oplus W^{\perp}$ を得る． □

例 5 $\mathbb{R}^3$ において xy 平面 $\langle \boldsymbol{e}_1, \boldsymbol{e}_2 \rangle$ の直交補空間は z 軸 $\langle \boldsymbol{e}_3 \rangle$ である．すなわち，$\langle \boldsymbol{e}_1, \boldsymbol{e}_2 \rangle^{\perp} = \langle \boldsymbol{e}_3 \rangle$ である．

定理 5.4 より，W の直交補空間を求めるには，W の基底を 1 組とり，その基底の各ベクトルに直交するベクトルをすべて求めればよい．

例 6 W を $\left\{ \boldsymbol{a} = \begin{bmatrix} -1 \\ 0 \\ 1 \end{bmatrix}, \boldsymbol{b} = \begin{bmatrix} 1 \\ -1 \\ 2 \end{bmatrix} \right\}$ を基底とする $\mathbb{R}^3$ の部分空間とするとき，W の直交補空間 $W^{\perp}$ を求めよ．

解答 ベクトル $\boldsymbol{x} = \begin{bmatrix} x \\ y \\ z \end{bmatrix}$ が $\boldsymbol{x} \perp W$ であるための条件は $(\boldsymbol{a}, \boldsymbol{x}) = (\boldsymbol{b}, \boldsymbol{x}) = 0$ である．成分で表せば $-x + z = x - y + 2z = 0$．これを解いて

$$\boldsymbol{x} = c \begin{bmatrix} 1 \\ 3 \\ 1 \end{bmatrix} \qquad (c \text{ は任意定数})$$

よって，$W^{\perp}$ は $\begin{bmatrix} 1 \\ 3 \\ 1 \end{bmatrix}$ で生成される 1 次元部分空間である．

定理 5.5 の証明中に示したように，部分空間 W の正規直交基底 $\{\boldsymbol{a}_1, \boldsymbol{a}_2, \cdots, \boldsymbol{a}_r\}$ が与えられているときには，ベクトル $\boldsymbol{a}$ の W への正射影は

$$(\boldsymbol{a}, \boldsymbol{a}_1)\boldsymbol{a}_1 + (\boldsymbol{a}, \boldsymbol{a}_2)\boldsymbol{a}_2 + \cdots + (\boldsymbol{a}, \boldsymbol{a}_r)\boldsymbol{a}_r$$

と表される．

例 7 W を $\left\{ \boldsymbol{a}_1 = \begin{bmatrix} -1 \\ 0 \\ 1 \end{bmatrix}, \boldsymbol{a}_2 = \begin{bmatrix} 1 \\ -1 \\ 0 \end{bmatrix} \right\}$ を基底とする $\mathbb{R}^3$ の部分空間とするとき，ベクトル $\boldsymbol{p} = \begin{bmatrix} 1 \\ 1 \\ 3 \end{bmatrix}$ の W への正射影を求めよ．

解答 グラム・シュミットの正規直交化法を用いて，W の基底 $\{\boldsymbol{a}_1, \boldsymbol{a}_2\}$ を正規直交基底になおすと

$$\left\{ \boldsymbol{c}_1 = \frac{1}{\sqrt{2}} \begin{bmatrix} -1 \\ 0 \\ 1 \end{bmatrix}, \ \boldsymbol{c}_2 = \frac{1}{\sqrt{6}} \begin{bmatrix} 1 \\ -2 \\ 1 \end{bmatrix} \right\}$$

となる．

$$(\boldsymbol{p}, \boldsymbol{c}_1) = \frac{2}{\sqrt{2}}, \qquad (\boldsymbol{p}, \boldsymbol{c}_2) = \frac{2}{\sqrt{6}}$$

である．よって，求める正射影は

$$(\boldsymbol{p}, \boldsymbol{c}_1)\boldsymbol{c}_1 + (\boldsymbol{p}, \boldsymbol{c}_2)\boldsymbol{c}_2 = \frac{2}{\sqrt{2}}\frac{1}{\sqrt{2}}\begin{bmatrix} -1 \\ 0 \\ 1 \end{bmatrix} + \frac{2}{\sqrt{6}}\frac{1}{\sqrt{6}}\begin{bmatrix} 1 \\ -2 \\ 1 \end{bmatrix} = \frac{2}{3}\begin{bmatrix} -1 \\ -1 \\ 2 \end{bmatrix}$$

となる．

問 10 $(W^\perp)^\perp = W$ を示せ．

5.4 直交行列と内積

直交行列 実正方行列 A が

$${}^tAA = I$$

を満たすとき，A を**直交行列**という．定義より明らかに，直交行列 A は正則である．また，${}^tAA = I$ の両辺の行列式をとれば

$$\text{左辺} = |{}^tAA| = |{}^tA|\,|A| = |A|^2,$$
$$\text{右辺} = |I| = 1$$

よって $|A| = \pm 1$ である．${}^tAA = I$ の両辺に右から A^{-1} を掛ければ $A^{-1} = {}^tA$ を得る．また，この式の両辺に左から A を掛ければ $A\,{}^tA = I$ を得る．

定理 5.6 (直交行列と正規直交基底)

正方行列 $A = \left[a_{ij}\right] = \left[\boldsymbol{a}_1, \boldsymbol{a}_2, \cdots, \boldsymbol{a}_n\right]$ について，次は同値である．

(1) A は直交行列．

(2) A の列ベクトル $\{\boldsymbol{a}_1, \boldsymbol{a}_2, \cdots, \boldsymbol{a}_n\}$ は $\mathbb{R}^n$ の正規直交基底をなす．

証明 ${}^tAA$ の (i,j) 成分は $\sum_{k=1}^{n} a_{ki}a_{kj} = (\boldsymbol{a}_i, \boldsymbol{a}_j)$．一方，$I$ の (i,j) 成分は δ_{ij}．よって，${}^tAA = I$ である (すなわち，A が直交行列である) ことと

$$(\boldsymbol{a}_i, \boldsymbol{a}_j) = \delta_{ij} \qquad (i, j = 1, 2, \cdots, n)$$

である (すなわち，$\{\boldsymbol{a}_1, \boldsymbol{a}_2, \cdots, \boldsymbol{a}_n\}$ が $\mathbb{R}^n$ の正規直交基底である) ことは同値である． □

問 11 次の行列は直交行列であることを示せ．

(1) $\begin{bmatrix} \cos\theta & -\sin\theta \\ \sin\theta & \cos\theta \end{bmatrix}$ (2) $\dfrac{1}{1+m^2}\begin{bmatrix} 1-m^2 & 2m \\ 2m & -1+m^2 \end{bmatrix}$

(3) $\begin{bmatrix} 1 & 0 & 0 \\ 0 & \cos\theta & \sin\theta \\ 0 & -\sin\theta & \cos\theta \end{bmatrix}$

直交行列の定める線形変換 直交行列の定める線形変換は以下に述べる重要な性質をもつ．実は，直交行列は，この性質が成り立つように定義された概念である．

定理 5.7 (直交行列の定める線形変換と内積)

A を直交行列とし，f を A の定める線形変換 $f(\boldsymbol{x}) = A\boldsymbol{x}$ とすれば，f は $\mathbb{R}^n$ の標準内積を変えない．すなわち，$\mathbb{R}^n$ のどんなベクトル $\boldsymbol{x}$, $\boldsymbol{y}$ に対しても

$$(f(\boldsymbol{x}), f(\boldsymbol{y})) = (\boldsymbol{x}, \boldsymbol{y})$$

証明 $(f(\boldsymbol{x}), f(\boldsymbol{y})) = (A\boldsymbol{x}, A\boldsymbol{y}) = {}^t(A\boldsymbol{x})A\boldsymbol{y} = {}^t\boldsymbol{x}\,{}^tAA\boldsymbol{y} = {}^t\boldsymbol{x}\boldsymbol{y} = (\boldsymbol{x}, \boldsymbol{y})$ □

ベクトルの大きさとなす角は内積から定まるから，内積を変えないならば，大きさとなす角も変えない．よって，直交行列の定める線形変換は，大きさもなす角も変えない変換，すなわち合同変換である．

例 8 (1) θ を定数とするとき，直交行列 $\begin{bmatrix} \cos\theta & -\sin\theta \\ \sin\theta & \cos\theta \end{bmatrix}$ の定める $\mathbb{R}^2$ の線形変換 f_θ は，幾何学的には原点を中心とする θ 回転である．

(2) m を定数とするとき，直交行列 $\dfrac{1}{1+m^2}\begin{bmatrix} 1-m^2 & 2m \\ 2m & -1+m^2 \end{bmatrix}$ の定める $\mathbb{R}^2$ の線形変換 g_m は，幾何学的には直線 $y = mx$ に関する線対称移動である．

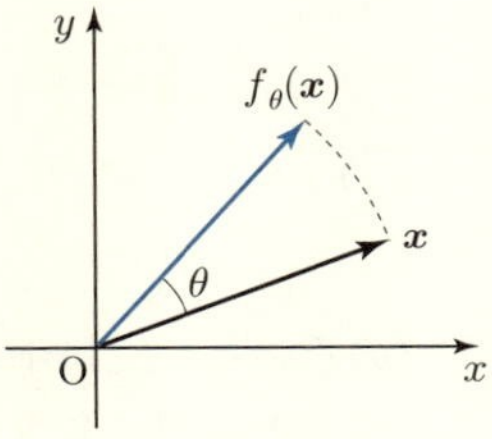

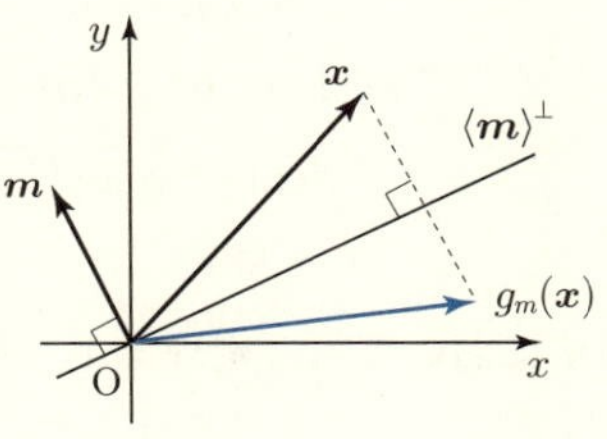

問 12 $\boldsymbol{m} = \begin{bmatrix} m \\ -1 \end{bmatrix}$ とおくと，例 8 (2) の線形変換 g_m は

$$g_m(\boldsymbol{x}) = \boldsymbol{x} - \frac{2(\boldsymbol{x}, \boldsymbol{m})}{(\boldsymbol{m}, \boldsymbol{m})}\boldsymbol{m}$$

と表されることを示せ．

5.5 複素内積

これまでは $\mathbb{R}^n$ での内積を考えてきたが，複素ベクトル空間 $\mathbb{C}^n$ での内積も考えることができる．

$\mathbb{C}^n$ のベクトル $\boldsymbol{a}, \boldsymbol{b}$ に対し，複素数 $(\boldsymbol{a}, \boldsymbol{b})$ が定まって，次の 4 条件が成り立つとき，$(\boldsymbol{a}, \boldsymbol{b})$ を $\boldsymbol{a}$ と $\boldsymbol{b}$ の内積 (または複素内積) という．($\mathbb{R}^n$ の内積を複素内積と区別したいときは実内積とよぶ．)

複素内積の条件

(1) $(\boldsymbol{a}, \boldsymbol{b}) = \overline{(\boldsymbol{b}, \boldsymbol{a})}$ 　（$\overline{\qquad}$ は共役複素数）

(2) $(\boldsymbol{a}+\boldsymbol{b}, \boldsymbol{c}) = (\boldsymbol{a}, \boldsymbol{c}) + (\boldsymbol{b}, \boldsymbol{c})$

(3) $(k\boldsymbol{a}, \boldsymbol{b}) = k(\boldsymbol{a}, \boldsymbol{b}) \qquad (k \in \mathbb{C})$

(4) $(\boldsymbol{a}, \boldsymbol{a}) \geqq 0$，かつ $(\boldsymbol{a}, \boldsymbol{a}) = 0 \Longleftrightarrow \boldsymbol{a} = \boldsymbol{o}$

複素内積の定義されたベクトル空間 $\mathbb{C}^n$ を複素内積空間という．

問 13　複素内積の条件を用いて，次の性質を示せ．
(3)′ $(\boldsymbol{a}, k\boldsymbol{b}) = \overline{k}(\boldsymbol{a}, \boldsymbol{b})$

ベクトル $\boldsymbol{a}$ の大きさ $\|\boldsymbol{a}\|$ の定義は実内積のときと同じである．

複素標準内積は $\mathbb{C}^n$ のベクトル $\boldsymbol{a} = \begin{bmatrix} a_1 \\ \vdots \\ a_n \end{bmatrix}$，$\boldsymbol{b} = \begin{bmatrix} b_1 \\ \vdots \\ b_n \end{bmatrix}$ に対して

$$(\boldsymbol{a}, \boldsymbol{b}) = a_1\overline{b_1} + a_2\overline{b_2} + \cdots + a_n\overline{b_n}$$

で定義される．これは $(\boldsymbol{a}, \boldsymbol{b}) = {}^t\boldsymbol{a}\overline{\boldsymbol{b}}$ と表すこともできる．このとき

$$\|\boldsymbol{a}\| = \sqrt{|a_1|^2 + |a_2|^2 + \cdots + |a_n|^2}$$

である．

複素内積においても，定理 5.1，特にシュワルツの不等式，三角不等式が成立する (ただし，定理 5.1 で与えたシュワルツの不等式の証明は多少変更する必要がある．変更方法については本書では省略する)．

実内積との相違点は，内積の値が複素数のためベクトルのなす角が定義されないことである．ただし特別に，直交の概念に限り，三角関数を持ち出す必要がなく，内積が 0 になることとして複素内積においても定義される．正規直交系，正規直交基底，グラム・シュミットの正規直交化法，直交補空間，正射影などもまったく同様に考えることができる．

5 章の問題

* の付いた問題では，内積は $\mathbb{R}^n$ の標準内積とする．

★ 基礎問題 ★

5.1* $\mathbb{R}^3$ のベクトル $\boldsymbol{a} = \begin{bmatrix} 1 \\ 2 \\ 1 \end{bmatrix}$, $\boldsymbol{b} = \begin{bmatrix} 2 \\ 1 \\ 2 \end{bmatrix}$ について，次に答えよ．

(1) $(\boldsymbol{a}, \boldsymbol{b})$ および $\|\boldsymbol{a}\|$, $\|\boldsymbol{b}\|$ を求めよ．
(2) $\boldsymbol{a}$ と $\boldsymbol{b}$ の両方に直交するベクトルを求めよ．

5.2* 次のベクトルのなす角を求めよ．

(1) $\boldsymbol{a} = \begin{bmatrix} -1 \\ 1 \\ 0 \end{bmatrix}$, $\boldsymbol{b} = \begin{bmatrix} 2 \\ -1 \\ 1 \end{bmatrix}$　　(2) $\boldsymbol{a} = \begin{bmatrix} 1 \\ 0 \\ -2 \\ 1 \\ 4 \end{bmatrix}$, $\boldsymbol{b} = \begin{bmatrix} 1 \\ -7 \\ -2 \\ 5 \\ 3 \end{bmatrix}$

5.3 $\mathbb{R}^2$ のベクトル $\boldsymbol{a} = \begin{bmatrix} a_1 \\ a_2 \end{bmatrix}$, $\boldsymbol{b} = \begin{bmatrix} b_1 \\ b_2 \end{bmatrix}$ に対して，次の $(\boldsymbol{a}, \boldsymbol{b})$ は内積を定義するか．

(1) $(\boldsymbol{a}, \boldsymbol{b}) = (a_1 + a_2)(b_1 + b_2)$
(2) $(\boldsymbol{a}, \boldsymbol{b}) = 2a_1b_1 - a_1b_2 - a_2b_1 + 2a_2b_2$

5.4 $\mathbb{R}^n$ において，正規直交基底 $\{\boldsymbol{a}_1, \boldsymbol{a}_2, \cdots, \boldsymbol{a}_n\}$ を用いて，任意のベクトル $\boldsymbol{b}$, $\boldsymbol{c}$ を

$$\boldsymbol{b} = k_1\boldsymbol{a}_1 + k_2\boldsymbol{a}_2 + \cdots + k_n\boldsymbol{a}_n, \qquad \boldsymbol{c} = \ell_1\boldsymbol{a}_1 + \ell_2\boldsymbol{a}_2 + \cdots + \ell_n\boldsymbol{a}_n$$

と表すとき

$$(\boldsymbol{b}, \boldsymbol{c}) = k_1\ell_1 + k_2\ell_2 + \cdots + k_n\ell_n$$

であることを示せ．

5.5* $\boldsymbol{x} = \begin{bmatrix} x_1 \\ x_2 \\ \vdots \\ x_n \end{bmatrix}$, $\bar{x} = \dfrac{1}{n}\sum_{i=1}^{n} x_i$ に対して，ベクトル $\boldsymbol{z} = \begin{bmatrix} x_1 - \bar{x} \\ x_2 - \bar{x} \\ \vdots \\ x_n - \bar{x} \end{bmatrix}$ を考える．

このとき

$$(\boldsymbol{z}, \boldsymbol{z}) = (\boldsymbol{x}, \boldsymbol{x}) - n\bar{x}^2$$

が成り立つことを示せ．

5.6 $\mathbb{R}^n$ のベクトル $\boldsymbol{a}$, $\boldsymbol{b}$ に対して，次のことを証明せよ．

(1) $\|\boldsymbol{a}\| = \|\boldsymbol{b}\| \iff (\boldsymbol{a} + \boldsymbol{b}) \perp (\boldsymbol{a} - \boldsymbol{b})$
(2) $\|\boldsymbol{a} + \boldsymbol{b}\|^2 = \|\boldsymbol{a}\|^2 + \|\boldsymbol{b}\|^2 \iff \boldsymbol{a} \perp \boldsymbol{b}$
(3) $(\boldsymbol{a}, \boldsymbol{b}) = \dfrac{1}{4}(\|\boldsymbol{a} + \boldsymbol{b}\|^2 - \|\boldsymbol{a} - \boldsymbol{b}\|^2)$
(4) $\|\boldsymbol{a} + \boldsymbol{b}\|^2 + \|\boldsymbol{a} - \boldsymbol{b}\|^2 = 2(\|\boldsymbol{a}\|^2 + \|\boldsymbol{b}\|^2)$
(5) $\big|\, \|\boldsymbol{a}\| - \|\boldsymbol{b}\| \,\big| \leqq \|\boldsymbol{a} - \boldsymbol{b}\|$

5.7* 次の基底をグラム・シュミットの正規直交化法により正規直交基底になおせ．

(1) $\mathbb{R}^3$ の基底 $\left\{ \begin{bmatrix} 1 \\ -1 \\ 0 \end{bmatrix}, \begin{bmatrix} 2 \\ -1 \\ -2 \end{bmatrix}, \begin{bmatrix} 1 \\ -1 \\ -2 \end{bmatrix} \right\}$

(2) $\mathbb{R}^4$ の基底 $\left\{ \begin{bmatrix} 1 \\ 1 \\ -1 \\ -1 \end{bmatrix}, \begin{bmatrix} 3 \\ 2 \\ 1 \\ -2 \end{bmatrix}, \begin{bmatrix} 3 \\ 0 \\ 1 \\ 0 \end{bmatrix}, \begin{bmatrix} 0 \\ 0 \\ 0 \\ 1 \end{bmatrix} \right\}$

★ 標準問題 ★

5.8 $|(\boldsymbol{a}, \boldsymbol{b})| = \|\boldsymbol{a}\| \|\boldsymbol{b}\|$ ならば，ベクトル $\boldsymbol{a}$, $\boldsymbol{b}$ は 1 次従属であることを証明せよ．

5.9 ベクトル $\boldsymbol{a}$, $\boldsymbol{b}$, $\boldsymbol{c}$ が 1 次従属で，かつ $\boldsymbol{a} \neq \boldsymbol{o}$, $\boldsymbol{a} \perp \boldsymbol{b}$, $\boldsymbol{a} \perp \boldsymbol{c}$ ならば，$\boldsymbol{b}$, $\boldsymbol{c}$ も 1 次従属であることを証明せよ．

5.10* $\boldsymbol{a} = \begin{bmatrix} 1 \\ 2 \\ 3 \\ 4 \end{bmatrix}$, $\boldsymbol{b} = \begin{bmatrix} 2 \\ 1 \\ -1 \\ 1 \end{bmatrix}$, $\boldsymbol{c} = \begin{bmatrix} 4 \\ 2 \\ 3 \\ 1 \end{bmatrix}$ とし，W_1 は $\{\boldsymbol{a}, \boldsymbol{b}\}$ で生成される $\mathbb{R}^4$ の部分空間，W_2 は $\{\boldsymbol{a}, \boldsymbol{b}, \boldsymbol{c}\}$ で生成される $\mathbb{R}^4$ の部分空間とする．

(1) $\boldsymbol{c} \notin W_1$ を示せ．

(2) $\boldsymbol{a}$, $\boldsymbol{b}$ と直交する W_2 のベクトルを求めよ．

5.11* $\dfrac{1}{3} \begin{bmatrix} 1 \\ 2 \\ 2 \end{bmatrix}$ を含む $\mathbb{R}^3$ の正規直交基底を 1 つ構成せよ．

5.12* W を $\begin{bmatrix} 1 \\ 2 \\ 3 \\ -1 \\ 2 \end{bmatrix}$ と $\begin{bmatrix} 2 \\ 4 \\ 7 \\ 2 \\ -1 \end{bmatrix}$ で生成される $\mathbb{R}^5$ の部分空間とする．

(1) $W^{\perp}$ の基底を求めよ．

(2) $\boldsymbol{c} = \begin{bmatrix} -3 \\ 2 \\ 5 \\ 4 \\ -2 \end{bmatrix}$ を W と $W^{\perp}$ のベクトルの和の形に表せ．

5.13* W を $\begin{bmatrix} 1 \\ 0 \\ 0 \end{bmatrix}$ と $\begin{bmatrix} 1 \\ 1 \\ 1 \end{bmatrix}$ で生成される $\mathbb{R}^3$ の部分空間とし，$\boldsymbol{a} = \begin{bmatrix} 1 \\ 3 \\ 2 \end{bmatrix}$ とする．

(1) $\boldsymbol{a}$ の W への正射影を求めよ．

(2) $\boldsymbol{a}$ の $W^{\perp}$ への正射影を求めよ．

★ 発展問題 ★

5.14 W_1, W_2 を $\mathbb{R}^n$ の部分空間とする．このとき，次のことを証明せよ．

(1) $(W_1 + W_2)^\perp = {W_1}^\perp \cap {W_2}^\perp$

(2) $(W_1 \cap W_2)^\perp = {W_1}^\perp + {W_2}^\perp$

5.15 内積空間 $\mathbb{R}^n$ (標準内積とは限らない) の線形変換 f は任意のベクトル $\boldsymbol{a}$, $\boldsymbol{b}$ に対して

$$(f(\boldsymbol{a}), f(\boldsymbol{b})) = (\boldsymbol{a}, \boldsymbol{b})$$

を満たすとき，直交変換という．f が直交変換ならば，正規直交基底に関する f の表現行列は直交行列であることを証明せよ．

5.16 $\{\boldsymbol{a}_1, \boldsymbol{a}_2, \cdots, \boldsymbol{a}_n\}$ が正規直交系ならば

$$\|\boldsymbol{a}_1 + \boldsymbol{a}_2 + \cdots + \boldsymbol{a}_n\| = \sqrt{n}$$

であることを示せ．

5.17 W を $\mathbb{R}^n$ の k 次元部分空間 $(1 \leqq k \leqq n)$ とし，$\{\boldsymbol{a}_1, \boldsymbol{a}_2, \cdots, \boldsymbol{a}_k\}$ を W の正規直交基底とする．このとき，$\mathbb{R}^n$ の任意のベクトル $\boldsymbol{x}$ に対して，次を示せ．

(1) $\left\| \boldsymbol{x} - \sum_{i=1}^{k} (\boldsymbol{x}, \boldsymbol{a}_i)\boldsymbol{a}_i \right\|^2 = \|\boldsymbol{x}\|^2 - \sum_{i=1}^{k} (\boldsymbol{x}, \boldsymbol{a}_i)^2$

(2) $\|\boldsymbol{x}\|^2 \geqq \sum_{i=1}^{k} (\boldsymbol{x}, \boldsymbol{a}_i)^2$

5.18 $\mathbb{R}^n$ の部分空間はすべて，ある同次連立 1 次方程式の解空間として表せることを証明せよ．

5.19* $\mathbb{R}^3$ のベクトル $\boldsymbol{a} = \begin{bmatrix} a_1 \\ a_2 \\ a_3 \end{bmatrix}$, $\boldsymbol{b} = \begin{bmatrix} b_1 \\ b_2 \\ b_3 \end{bmatrix}$ に対して

$$\boldsymbol{a} \times \boldsymbol{b} = \begin{bmatrix} a_2 b_3 - b_2 a_3 \\ a_3 b_1 - b_3 a_1 \\ a_1 b_2 - b_1 a_2 \end{bmatrix}$$

を $\boldsymbol{a}$ と $\boldsymbol{b}$ の外積という．このとき，次を示せ．

(1) $(\boldsymbol{a} \times \boldsymbol{b}, \boldsymbol{c}) = |\boldsymbol{a},\ \boldsymbol{b},\ \boldsymbol{c}|$

(2) $\|\boldsymbol{a} \times \boldsymbol{b}\| = \|\boldsymbol{a}\|\,\|\boldsymbol{b}\| \sin\theta$　(ただし，θ は $\boldsymbol{a}$ と $\boldsymbol{b}$ のなす角)

(3) $\boldsymbol{a}$, $\boldsymbol{b}$, $\boldsymbol{c}$ のつくる平行六面体の体積は $|(\boldsymbol{a} \times \boldsymbol{b}, \boldsymbol{c})|$ である．

研究 一般のベクトル空間における内積

この章では内積を，$\mathbb{R}^n$ のベクトルの成分を使わず，4 条件を満たすものとして定義したので，4 章の研究で触れた $\mathbb{R}^n$ 以外のベクトル空間，例えば，関数空間においても定義はそのまま通用する．また，シュワルツの不等式やグラム・シュミットの正規直交化法など多くの定理も，その証明を 4 条件のみを用いて行ったので，$\mathbb{R}^n$ 以外のベクトル空間においても成立する．一例をあげてみよう．

W を実数上の実数値連続関数のうち周期 2π の周期関数となっているもの全体の集合とすると，W は一般の意味のベクトル空間となる (4 章の研究で考えた関数空間 V の部分空間になっている)．W の 2 つのベクトル (すなわち，周期 2π の連続な周期関数) f，g に対して

$$(f, g) = \int_{-\pi}^{\pi} f(x)g(x)\,dx$$

と定めると，積分の性質から，上式が内積の 4 条件を満たすことが確かめられる．この内積を使うと，周期関数の「大きさ」や周期関数どうしの「なす角」を考えることができる．例えば，$\sin x$ の大きさは $\sqrt{\pi}$ であり，$\sin x$ と $\cos x$ は互いに直交する．

6

固有値と固有ベクトル

行列を深く理解するには，その行列の定める線形変換によってベクトル空間内のベクトルがどう移されるのか，その全体的な様子を知ることが重要である．調べてみると，特別な移り方をするベクトルが存在し，そのベクトルの移り方から全体の様子がほぼ把握できることがわかる．そこで，そのベクトルを行列の固有ベクトルとよぶ．固有値は固有ベクトルの移り方を表すスカラーである．固有値，固有ベクトルを知れば，その行列の「性格」がわかる．

6.1 固有値と固有ベクトルの定義

例から始めよう．

$$A = \begin{bmatrix} \frac{5}{4} & \frac{1}{4} \\ \frac{1}{2} & 1 \end{bmatrix}$$

とし，A の定める $\mathbb{R}^2$ の線形変換 $f(\boldsymbol{x}) = A\boldsymbol{x}$ を考える．f によってベクトル $\begin{bmatrix} x \\ y \end{bmatrix}$ はベクトル $\begin{bmatrix} \frac{5}{4}x + \frac{1}{4}y \\ \frac{1}{2}x + y \end{bmatrix}$ に移されるが，この移り方を幾何学的にとらえるために，これを，平面上の点 (x, y) が点 $\left(\dfrac{5}{4}x + \dfrac{1}{4}y,\ \dfrac{1}{2}x + y\right)$ に移されるものとみて，図示してみる．

点 P が点 Q に移されるとき，始点 P，終点 Q の矢印を描いて表すことにする．いろいろな点をとって，矢印を描いていくと次頁のような図が得られる．これを眺めてわかることは，原点を通る 2 本の直線があって，その直線上の点は f で移しても再びその直線上に移る，ということである．この 2 直線上以外の点は 2 直線上の点の動きに「つられるように」動くから，この 2 直線上の点の動きさえわかれば，f による平面上の点の動きの全貌をほぼ把握したことになる．したがって，f を「知る」には，「この 2 直線」と，「その上の点の動き」を知ることが極めて重要となる．

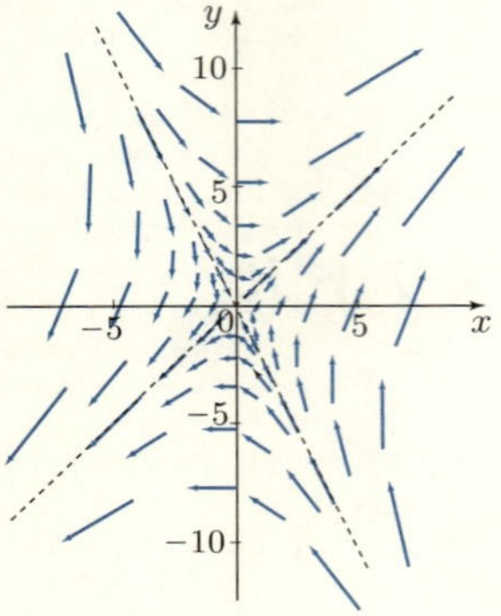

なお，この例では実数の世界で話がおさまっているが，固有値は虚数になることもある．そこで，この章では，今後特に断らないかぎり，行列，ベクトルの成分，スカラーはすべて複素数の範囲で考える．

固有値と固有ベクトル　n 次正方行列 $A = \left[a_{ij}\right]$ に対して

$$A\boldsymbol{x} = \lambda\boldsymbol{x} \qquad (\boldsymbol{x} \neq \boldsymbol{o})$$

を満たすベクトル $\boldsymbol{x}(\neq \boldsymbol{o})$ と，スカラー λ が存在するとき，λ を A の固有値，$\boldsymbol{x}$ を固有値 λ に対する A の固有ベクトルという．

これは，固有ベクトル $\boldsymbol{x}$ を A で移すと $\boldsymbol{x}$ をスカラー倍 (固有値倍) したものに移るということであるから，実数の世界に限れば，$\boldsymbol{x}$ の生成する $\mathbb{R}^n$ の 1 次元部分空間 (原点を通る直線) 上の点は A で移しても再びその直線上にあるということ，さらに，固有値がその移り方を指定しているということを意味している．これがまさに，最初の例で説明したことである．

固有方程式　行列 A が与えられたとき，その固有値と固有ベクトルを求める方法について考えよう．上式を書き直すと

$$(A - \lambda I)\boldsymbol{x} = \boldsymbol{o}$$

となる．(λ はまだ求まっていないわけであるが) これを $A - \lambda I$ を係数行列とする同次連立 1 次方程式とみると，固有ベクトル $\boldsymbol{x}$ とはこの方程式の非自明な解のことに他ならない．ところが，同次連立 1 次方程式が非自明な解をもつための必要十分条件は，係数行列が正則でないこと，すなわち

$$|A - \lambda I| = 0$$

が成り立つことである (2 章，3 章参照)．そこで，まず $|A - \lambda I| = 0$ を満たす λ を求める．すると，求めた λ に対しては，同次連立 1 次方程式 $(A - \lambda I)\boldsymbol{x} = \boldsymbol{o}$

は必ず非自明な解をもつことになる．以上のプロセスにより，固有値と固有ベクトルが求まる．

$|A - \lambda I| = 0$ を A の固有方程式という．固有方程式の解が固有値である．成分を用いて書くと

$$\begin{vmatrix} a_{11}-\lambda & a_{12} & \cdots & a_{1n} \\ a_{21} & a_{22}-\lambda & \cdots & a_{2n} \\ \vdots & \vdots & \ddots & \vdots \\ a_{n1} & a_{n2} & \cdots & a_{nn}-\lambda \end{vmatrix} = 0$$

となる．左辺は λ に関する n 次多項式である．この多項式を A の固有多項式といい，$f_A(\lambda)$ で表す．すなわち

$$f_A(\lambda) = |A - \lambda I| = \begin{vmatrix} a_{11}-\lambda & a_{12} & \cdots & a_{1n} \\ a_{21} & a_{22}-\lambda & \cdots & a_{2n} \\ \vdots & \vdots & \ddots & \vdots \\ a_{n1} & a_{n2} & \cdots & a_{nn}-\lambda \end{vmatrix}$$

したがって

A の固有値 $\iff$ $f_A(\lambda) = |A - \lambda I| = 0$ の解

固有値の重複度　代数学の基本定理により，固有方程式は (重解は重複して数えることにすると，複素数の範囲ではつねに) ちょうど n 個の解をもつ．いま，$f_A(\lambda) = 0$ の異なる解を $\lambda_1, \lambda_2, \cdots, \lambda_r$ とすれば，$f_A(\lambda)$ は

$$f_A(\lambda) = (-1)^n(\lambda - \lambda_1)^{n_1}(\lambda - \lambda_2)^{n_2} \cdots (\lambda - \lambda_r)^{n_r}$$

と表される．ここで，$n_1 + n_2 + \cdots + n_r = n$ である．このとき，n_i を固有値 λ_i の重複度という．したがって，n 次正方行列 A の固有値は重複度まで込めるとちょうど n 個ある．

例 1　次の行列の固有値を求めよ．

$$A = \begin{bmatrix} 1 & 2 \\ 4 & 3 \end{bmatrix}, \qquad B = \begin{bmatrix} 1 & -1 \\ 4 & 5 \end{bmatrix}, \qquad C = \begin{bmatrix} 0 & 1 \\ -1 & 0 \end{bmatrix}$$

解答　固有方程式はそれぞれ

$$f_A(\lambda) = \begin{vmatrix} 1-\lambda & 2 \\ 4 & 3-\lambda \end{vmatrix} = \lambda^2 - 4\lambda - 5 = (\lambda+1)(\lambda-5) = 0,$$

$$f_B(\lambda) = \begin{vmatrix} 1-\lambda & -1 \\ 4 & 5-\lambda \end{vmatrix} = \lambda^2 - 6\lambda + 9 = (\lambda-3)^2 = 0,$$

$$f_C(\lambda) = \begin{vmatrix} -\lambda & 1 \\ -1 & -\lambda \end{vmatrix} = \lambda^2 + 1 = 0$$

であるから，A の固有値は -1 と 5，B の固有値は 3 (重複度 2)，C の固有値は $\pm i$ である．

問 1 次の行列の固有値を求めよ．ただし，i は虚数単位である．

$$A=\begin{bmatrix}1&2\\0&3\end{bmatrix},\quad B=\begin{bmatrix}-1&1\\-4&-5\end{bmatrix},\quad C=\begin{bmatrix}0&1\\-1&-1\end{bmatrix},\quad D=\begin{bmatrix}1&i\\i&0\end{bmatrix}$$

例 2 次の行列の固有値を求めよ．

$$A=\begin{bmatrix}1&-3&2\\0&-2&-1\\-1&1&-3\end{bmatrix},\qquad B=\begin{bmatrix}0&1&-1\\1&0&1\\-1&1&0\end{bmatrix},\qquad C=\begin{bmatrix}0&1&0\\0&0&1\\1&0&0\end{bmatrix}$$

解答 固有方程式はそれぞれ

$$f_A(\lambda)=\begin{vmatrix}1-\lambda&-3&2\\0&-2-\lambda&-1\\-1&1&-3-\lambda\end{vmatrix}=-\lambda^3-4\lambda^2-4\lambda=-\lambda(\lambda+2)^2=0,$$

$$f_B(\lambda)=\begin{vmatrix}-\lambda&1&-1\\1&-\lambda&1\\-1&1&-\lambda\end{vmatrix}=-\lambda^3+3\lambda-2=-(\lambda+2)(\lambda-1)^2=0,$$

$$f_C(\lambda)=\begin{vmatrix}-\lambda&1&0\\0&-\lambda&1\\1&0&-\lambda\end{vmatrix}=-\lambda^3+1=-(\lambda-1)(\lambda-\omega)(\lambda-\omega^2)=0$$

ここで，$\omega=\dfrac{-1+\sqrt{3}i}{2}$．したがって，$A$ の固有値は 0 と -2 (重複度 2)，B の固有値は -2 と 1 (重複度 2)，C の固有値は 1 と ω と ω^2 である．

問 2 次の行列の固有値を求めよ．

$$A=\begin{bmatrix}3&0&1\\-2&1&2\\0&0&1\end{bmatrix},\quad B=\begin{bmatrix}1&-1&2\\2&4&-4\\1&1&0\end{bmatrix},\quad C=\begin{bmatrix}0&0&-1\\1&0&0\\0&1&0\end{bmatrix}$$

固有空間 λ を n 次正方行列 A の固有値とするとき，集合

$$W_\lambda=\{\boldsymbol{x}\mid A\boldsymbol{x}=\lambda\boldsymbol{x}\}$$

を固有値 λ に対する A の**固有空間**という．W_λ は λ に対する A の固有ベクトル全体の集合 (に $\boldsymbol{o}$ を加えたもの) であり，$\mathbb{R}^n$ または $\mathbb{C}^n$ の部分空間である．$A\boldsymbol{x}=\lambda\boldsymbol{x}$ は $(A-\lambda I)\boldsymbol{x}=\boldsymbol{o}$ と書けるから

> 固有空間 $W_\lambda \iff (A-\lambda I)\boldsymbol{x}=\boldsymbol{o}$ の解空間

したがって，4 章の例 21 より次の定理を得る．

定理 6.1 (固有空間の次元)

n 次正方行列 A の固有値 λ に対する固有空間 W_λ の次元は

$$\dim W_\lambda = n - \operatorname{rank}(A - \lambda I)$$

注意　固有空間 W_λ は，通常 $\mathbb{C}^n$ の部分空間としているが，例 1，例 2 の行列 A, B のように，実行列で，その固有値もすべて実数の場合には，固有空間も $\mathbb{R}^n$ の部分空間として扱い，すべてを実数の範囲で取り扱うことも多い．

例 3　例 1 の行列 A, C について，その固有空間の基底と次元を求めよ．

解答　まず，A の固有値 -1 に対する固有空間 W_{-1} を求めるために，同次連立 1 次方程式 $(A+I)\boldsymbol{x} = \boldsymbol{o}$ を解くと

$$\boldsymbol{x} = a\begin{bmatrix} -1 \\ 1 \end{bmatrix} \qquad (a \text{ は任意定数})$$

よって

$$W_{-1} \text{ の基底} = \left\{\begin{bmatrix} -1 \\ 1 \end{bmatrix}\right\}, \qquad \dim W_{-1} = 1$$

を得る．同様にして，A の固有値 5 に対する固有空間 W_5 は $(A-5I)\boldsymbol{x} = \boldsymbol{o}$ を解いて

$$\boldsymbol{x} = b\begin{bmatrix} 1 \\ 2 \end{bmatrix} \qquad (b \text{ は任意定数})$$

よって

$$W_5 \text{ の基底} = \left\{\begin{bmatrix} 1 \\ 2 \end{bmatrix}\right\}, \qquad \dim W_5 = 1$$

次に，C の固有値 $\pm i$ に対する固有空間 W_i, W_{-i} を求めるために，同次連立 1 次方程式 $(C - iI)\boldsymbol{x} = \boldsymbol{o}$ を解くと

$$\boldsymbol{x} = a\begin{bmatrix} -i \\ 1 \end{bmatrix} \qquad (a \text{ は任意定数})$$

よって

$$W_i \text{ の基底} = \left\{\begin{bmatrix} -i \\ 1 \end{bmatrix}\right\}, \qquad \dim W_i = 1$$

同様にして，$(C + iI)\boldsymbol{x} = \boldsymbol{o}$ を解くと

$$\boldsymbol{x} = b\begin{bmatrix} i \\ 1 \end{bmatrix} \qquad (b \text{ は任意定数})$$

よって

$$W_{-i} \text{ の基底} = \left\{\begin{bmatrix} i \\ 1 \end{bmatrix}\right\}, \qquad \dim W_{-i} = 1$$

問 3　例 1 の行列 B，および問 1 の行列 A, B, C, D について，その固有空間の基底と次元を求めよ．

例 4　例 2 の行列 B について，その固有空間の基底と次元を求めよ．

解答　まず，固有値 -2 に対する固有空間 W_{-2} を求めるために，同次連立 1 次方程式 $(B+2I)\boldsymbol{x}=\boldsymbol{o}$ を解くと

$$\boldsymbol{x}=a\begin{bmatrix}1\\-1\\1\end{bmatrix}\qquad (a\text{ は任意定数})$$

よって

$$W_{-2}\text{ の基底}=\left\{\begin{bmatrix}1\\-1\\1\end{bmatrix}\right\},\qquad \dim W_{-2}=1$$

を得る．同様にして，固有値 1 に対する固有空間 W_1 は $(B-I)\boldsymbol{x}=\boldsymbol{o}$ を解いて

$$\boldsymbol{x}=b\begin{bmatrix}1\\1\\0\end{bmatrix}+c\begin{bmatrix}-1\\0\\1\end{bmatrix}\qquad (b,\ c\text{ は任意定数})$$

よって

$$W_1\text{ の基底}=\left\{\begin{bmatrix}1\\1\\0\end{bmatrix},\begin{bmatrix}-1\\0\\1\end{bmatrix}\right\},\qquad \dim W_1=2$$

問 4　例 2 の行列 A, C，および問 2 の行列 A, B, C について，その固有空間の基底と次元を求めよ．

固有値，固有空間の幾何学的意味　この章の冒頭であげた例について，固有値，固有空間の言葉を使って説明しなおしておこう．

計算すると，A の固有値は $\dfrac{3}{4}$ と $\dfrac{3}{2}$ であり，固有空間 $W_{\frac{3}{4}}$ は $\begin{bmatrix}1\\-2\end{bmatrix}$ の生成する部分空間，$W_{\frac{3}{2}}$ は $\begin{bmatrix}1\\1\end{bmatrix}$ の生成する部分空間である．$\mathbb{R}^2$ 上に図示すると $W_{\frac{3}{4}}$ は直線 $y=-2x$ で，$W_{\frac{3}{2}}$ は直線 $y=x$ で表される．これら 2 直線上のベクトルの動きは対応する固有値によって支配される．すなわち，A で移すと $y=-2x$ 上のベクトルは $\dfrac{3}{4}$ 倍に縮み，$y=x$ 上のベクトルは $\dfrac{3}{2}$ 倍に伸びる．

さて，この例では固有値が実数である．固有値が虚数のときには，点はどのように動くのだろうか？　例を 1 つだけあげておこう．

$A=\begin{bmatrix}1&-1\\1&1\end{bmatrix}$ とすると，この行列の固有値は虚数である．これについて上の例と同様に点の動きを平面上に図示してみると次のような図になる．

この例が示すように，一般に虚数固有値があると実空間上で点は渦巻状に回転することがわかる．そのことの確認については本書では省略する．

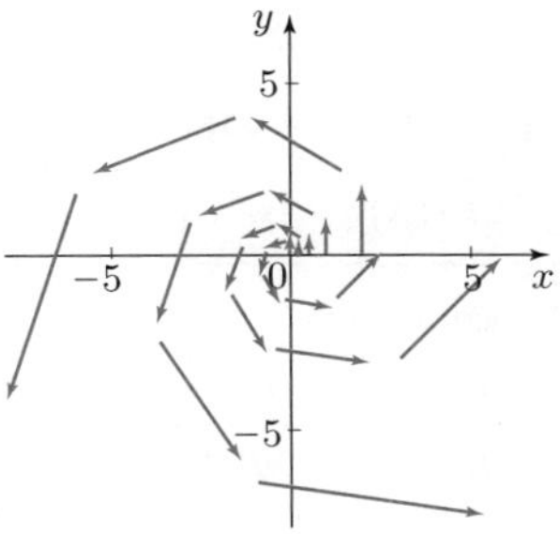

6.2 固有値と固有ベクトルの性質 (その 1)

n 次正方行列 $A = \left[a_{ij}\right]$ の固有値，固有ベクトルの基本的性質を調べよう．

性質 [I] 固有ベクトルの 1 次独立性

A の異なる固有値に対する固有ベクトルは 1 次独立である．

証明　$\lambda_1, \lambda_2, \cdots, \lambda_r$ を A の異なる固有値，各 λ_i に対する A の固有ベクトルを $\boldsymbol{x}_i$ とするとき，$\{\boldsymbol{x}_1, \boldsymbol{x}_2, \cdots, \boldsymbol{x}_r\}$ が 1 次独立であることを r に関する帰納法で示す．

$r = 1$ のときは，$\boldsymbol{x}_1 \neq \boldsymbol{o}$ より 1 次独立である．次に，$\{\boldsymbol{x}_1, \boldsymbol{x}_2, \cdots, \boldsymbol{x}_{r-1}\}$ が 1 次独立であると仮定し，1 次関係式

$$c_1\boldsymbol{x}_1 + c_2\boldsymbol{x}_2 + \cdots + c_r\boldsymbol{x}_r = \boldsymbol{o} \qquad ①$$

を考える．この両辺の左から A を掛けると，$A\boldsymbol{x}_i = \lambda_i\boldsymbol{x}_i$ より

$$c_1\lambda_1\boldsymbol{x}_1 + c_2\lambda_2\boldsymbol{x}_2 + \cdots + c_r\lambda_r\boldsymbol{x}_r = \boldsymbol{o} \qquad ②$$

また，① の両辺に λ_r を掛けると

$$c_1\lambda_r\boldsymbol{x}_1 + c_2\lambda_r\boldsymbol{x}_2 + \cdots + c_r\lambda_r\boldsymbol{x}_r = \boldsymbol{o} \qquad ③$$

② と ③ の辺々を引いて

$$c_1(\lambda_1 - \lambda_r)\boldsymbol{x}_1 + c_2(\lambda_2 - \lambda_r)\boldsymbol{x}_2 + \cdots + c_{r-1}(\lambda_{r-1} - \lambda_r)\boldsymbol{x}_{r-1} = \boldsymbol{o}$$

を得る．仮定より，$\{\boldsymbol{x}_1, \boldsymbol{x}_2, \cdots, \boldsymbol{x}_{r-1}\}$ は 1 次独立であるから

$$c_1(\lambda_1 - \lambda_r) = c_2(\lambda_2 - \lambda_r) = \cdots = c_{r-1}(\lambda_{r-1} - \lambda_r) = 0$$

ここで，各 λ_i はすべて異なることより

$$c_1 = c_2 = \cdots = c_{r-1} = 0$$

これを① に代入して $c_r = 0$．よって，$\{\boldsymbol{x}_1, \boldsymbol{x}_2, \cdots, \boldsymbol{x}_r\}$ も 1 次独立である． □

問 5　A の異なる固有値 $\lambda_1, \lambda_2, \cdots, \lambda_r$ に対する各固有空間 W_{λ_i} $(1 \leqq i \leqq r)$ の基底を $\{\boldsymbol{a}_{i1}, \boldsymbol{a}_{i2}, \cdots, \boldsymbol{a}_{in_i}\}$ とすれば

$$\{\boldsymbol{a}_{11}, \boldsymbol{a}_{12}, \cdots, \boldsymbol{a}_{1n_1}, \boldsymbol{a}_{21}, \cdots, \boldsymbol{a}_{2n_2}, \cdots, \boldsymbol{a}_{r1}, \cdots, \boldsymbol{a}_{rn_r}\}$$

は 1 次独立であることを示せ．

性質 [II] 相似な行列の固有多項式

正則行列 P に対し，A と $P^{-1}AP$ の固有多項式は等しい．すなわち

$$f_A(\lambda) = f_{P^{-1}AP}(\lambda)$$

証明 $|P^{-1}| = |P|^{-1}$ に注意して

$$\begin{aligned} f_{P^{-1}AP}(\lambda) &= |P^{-1}AP - \lambda I| = |P^{-1}(A - \lambda I)P| \\ &= |P^{-1}||A - \lambda I||P| = |A - \lambda I| = f_A(\lambda) \end{aligned}$$

□

問 6 P が正則行列ならば，AP と PA の固有多項式は等しいことを示せ．

性質 [II] は，A の固有値と $P^{-1}AP$ の固有値が重複度まで込めて一致することを示している．しかし，対応する固有ベクトルまでが一致するとは限らない．λ を A の固有値，$\boldsymbol{x}$ を λ に対する A の固有ベクトルとすれば

$$P^{-1}AP(P^{-1}\boldsymbol{x}) = P^{-1}(A\boldsymbol{x}) = P^{-1}(\lambda\boldsymbol{x}) = \lambda(P^{-1}\boldsymbol{x})$$

であるから，λ に対する $P^{-1}AP$ の固有ベクトルは $P^{-1}\boldsymbol{x}$ となる．

性質 [III] 分割行列の固有多項式

$$A = \begin{bmatrix} B & C \\ O & D \end{bmatrix} \qquad (B,\ D \text{ は正方行列})$$

と分割されるならば

$$f_A(\lambda) = f_B(\lambda) f_D(\lambda)$$

が成り立つ．特に，三角行列の固有値はその対角成分である．

証明 行列式の性質 (3 章の問題 3.12 (3)) から

$$\begin{aligned} f_A(\lambda) = |A - \lambda I| &= \begin{vmatrix} B - \lambda I & C \\ O & D - \lambda I \end{vmatrix} \\ &= |B - \lambda I|\,|D - \lambda I| = f_B(\lambda) f_D(\lambda) \end{aligned}$$

を得る．また，後半はこの結果を繰り返し使うことによって求められる． □

注意 $A = \begin{bmatrix} B & O \\ C & D \end{bmatrix}$ に対しても，性質 [III] と同様の性質が成り立つ．

問 7 性質 [III] を使って，次の行列の固有値を求めよ．

(1) $\begin{bmatrix} 1 & 2 & 0 \\ 0 & 1 & 2 \\ 0 & 0 & 1 \end{bmatrix}$ (2) $\begin{bmatrix} 1 & 0 & 0 & 0 \\ 1 & 1 & 0 & 0 \\ 3 & 0 & 2 & 2 \\ 0 & 3 & 0 & 2 \end{bmatrix}$ (3) $\begin{bmatrix} 1 & 2 & 3 & 0 \\ 0 & 2 & 3 & 0 \\ 0 & 0 & 3 & 0 \\ 1 & 2 & 3 & 4 \end{bmatrix}$

6.3 行列の三角化・対角化

この節では，正方行列 A が与えられたときに，A と相似な行列の中に，三角行列や対角行列のようなできるだけ簡単な形のものを求める問題について考える．4 章の 4.5 節の末尾の注意で述べたように，この問題は次のようにも言い換えられる．「線形変換 f が与えられたとき，上手に基底を選んで，f の表現行列ができるだけ簡単な形になるようにせよ．」

正方行列 A が三角行列と相似なとき，A は三角化可能であるといい，対角行列と相似なとき，対角化可能であるという．

三角化

定理 6.2 (三角化)

任意の n 次正方行列 A は，適当な正則行列 P で三角化可能である．特に，A の固有値を $\lambda_1, \lambda_2, \cdots, \lambda_n$ とすると

$$P^{-1}AP = \begin{bmatrix} \lambda_1 & & & * \\ & \lambda_2 & & \\ & & \ddots & \\ O & & & \lambda_n \end{bmatrix}$$

証明 固有値 λ_1 に対する固有ベクトルを $\boldsymbol{r}_1$ とする．そして，$\boldsymbol{r}_1$ を第 1 列にもつ n 次正則行列 R を適当にとる (4 章の系 4.6 (正確にはその $\mathbb{C}^n$ 版) を用いて，$\boldsymbol{r}_1$ を含む $\mathbb{C}^n$ の基底をとり，それらを列ベクトルとする行列を R とおけばよい)．このとき，$R\boldsymbol{e}_1 = \boldsymbol{r}_1$，$A\boldsymbol{r}_1 = \lambda_1\boldsymbol{r}_1$ より

$$R^{-1}AR\boldsymbol{e}_1 = R^{-1}A\boldsymbol{r}_1 = \lambda_1 R^{-1}\boldsymbol{r}_1 = \lambda_1 R^{-1}R\boldsymbol{e}_1 = \lambda_1\boldsymbol{e}_1$$

したがって，$R^{-1}AR$ は

$$R^{-1}AR = \begin{bmatrix} \lambda_1 & \boldsymbol{b} \\ \boldsymbol{o} & A_1 \end{bmatrix} \qquad (A_1 \text{ は } n-1 \text{ 次正方行列})$$

と表せる．このとき，固有多項式の性質 [II], [III] より

$$f_A(\lambda) = f_{R^{-1}AR}(\lambda) = (\lambda_1 - \lambda)f_{A_1}(\lambda)$$

であるから，A_1 の固有値は λ_2，λ_3，$\cdots$，λ_n となる．

以下，行列の次数 n に関する帰納法によって示す．$n=2$ のときは，上で $R^{-1}AR$ がすでに上三角行列になっているからよい．$n-1$ 次行列に対して，定理は正しいと仮定する．A_1 は $n-1$ 次行列であるから，仮定により $n-1$ 次正則行列 Q を適当に選んで

$$Q^{-1}A_1Q = \begin{bmatrix} \lambda_2 & & & * \\ & \lambda_3 & & \\ & & \ddots & \\ O & & & \lambda_n \end{bmatrix}$$

とできる．そこで

$$P = R\begin{bmatrix} 1 & \boldsymbol{o} \\ \boldsymbol{o} & Q \end{bmatrix}$$

とおけば，P は正則行列で

$$\begin{aligned} P^{-1}AP &= \begin{bmatrix} 1 & \boldsymbol{o} \\ \boldsymbol{o} & Q^{-1} \end{bmatrix} R^{-1}AR \begin{bmatrix} 1 & \boldsymbol{o} \\ \boldsymbol{o} & Q \end{bmatrix} \\ &= \begin{bmatrix} 1 & \boldsymbol{o} \\ \boldsymbol{o} & Q^{-1} \end{bmatrix} \begin{bmatrix} \lambda_1 & \boldsymbol{b} \\ \boldsymbol{o} & A_1 \end{bmatrix} \begin{bmatrix} 1 & \boldsymbol{o} \\ \boldsymbol{o} & Q \end{bmatrix} = \begin{bmatrix} \lambda_1 & \boldsymbol{b}Q \\ \boldsymbol{o} & Q^{-1}A_1Q \end{bmatrix} \\ &= \begin{bmatrix} \lambda_1 & & & \ast \\ & \lambda_2 & & \\ & & \ddots & \\ O & & & \lambda_n \end{bmatrix} \end{aligned}$$

よって，定理は証明された． □

実際に，A を三角化する正則行列 P は，どのようにして求めればよいのだろうか．次の 2 つの例で示してみよう．

例 5 $A = \begin{bmatrix} 2 & 0 & 2 \\ 1 & -1 & -2 \\ -1 & 3 & 5 \end{bmatrix}$ を適当な正則行列 P で三角化せよ．

解答 A の固有方程式は

$$f_A(\lambda) = \begin{vmatrix} 2-\lambda & 0 & 2 \\ 1 & -1-\lambda & -2 \\ -1 & 3 & 5-\lambda \end{vmatrix} = -(\lambda-1)(\lambda-2)(\lambda-3) = 0$$

したがって，A の固有値は 1, 2, 3 である．固有空間 W_1, W_2, W_3 の基底は，同次連立 1 次方程式 $(A-I)\boldsymbol{x} = \boldsymbol{o}$，$(A-2I)\boldsymbol{x} = \boldsymbol{o}$，$(A-3I)\boldsymbol{x} = \boldsymbol{o}$ をそれぞれ解いて，順に

$$\left\{\boldsymbol{p}_1 = \begin{bmatrix} -2 \\ -2 \\ 1 \end{bmatrix}\right\}, \quad \left\{\boldsymbol{p}_2 = \begin{bmatrix} 3 \\ 1 \\ 0 \end{bmatrix}\right\}, \quad \left\{\boldsymbol{p}_3 = \begin{bmatrix} 2 \\ 0 \\ 1 \end{bmatrix}\right\}$$

となる．このとき，異なる固有値に対する固有ベクトルの 1 次独立性より，$\{\boldsymbol{p}_1, \boldsymbol{p}_2, \boldsymbol{p}_3\}$ は 1 次独立．したがって

$$P = [\boldsymbol{p}_1,\ \boldsymbol{p}_2,\ \boldsymbol{p}_3] = \begin{bmatrix} -2 & 3 & 2 \\ -2 & 1 & 0 \\ 1 & 0 & 1 \end{bmatrix}$$

は正則行列で

$$P^{-1}AP = \begin{bmatrix} \frac{1}{2} & -\frac{3}{2} & -1 \\ 1 & -2 & -2 \\ -\frac{1}{2} & \frac{3}{2} & 2 \end{bmatrix} \begin{bmatrix} 2 & 0 & 2 \\ 1 & -1 & -2 \\ -1 & 3 & 5 \end{bmatrix} \begin{bmatrix} -2 & 3 & 2 \\ -2 & 1 & 0 \\ 1 & 0 & 1 \end{bmatrix} = \begin{bmatrix} 1 & 0 & 0 \\ 0 & 2 & 0 \\ 0 & 0 & 3 \end{bmatrix}$$

を得る．

注意 上では $P^{-1}AP$ の計算を実際に行っているが，実は，あとで示す補題 6.3 によれば，この場合は $P^{-1}AP$ を計算しなくても結果が得られる．

例 6 $A=\begin{bmatrix}1&2&1\\0&1&0\\-1&0&3\end{bmatrix}$ を適当な正則行列 P で三角化せよ.

解答 A の固有方程式は

$$f_A(\lambda)=\begin{vmatrix}1-\lambda&2&1\\0&1-\lambda&0\\-1&0&3-\lambda\end{vmatrix}=-(\lambda-1)(\lambda-2)^2=0$$

したがって，A の固有値は 1 と 2 (重複度 2)．固有空間 W_1, W_2 の基底は，同次連立 1 次方程式 $(A-I)\boldsymbol{x}=\boldsymbol{o}$, $(A-2I)\boldsymbol{x}=\boldsymbol{o}$ をそれぞれ解いて，順に

$$\left\{\boldsymbol{p}_1=\begin{bmatrix}4\\-1\\2\end{bmatrix}\right\},\qquad\left\{\boldsymbol{p}_2=\begin{bmatrix}1\\0\\1\end{bmatrix}\right\}$$

となる．いま，$\boldsymbol{p}_1$, $\boldsymbol{p}_2$ の 1 次結合で表せないベクトルとして $\boldsymbol{p}_3=\begin{bmatrix}0\\0\\1\end{bmatrix}$ を選ぶと，

$\{\boldsymbol{p}_1,\boldsymbol{p}_2,\boldsymbol{p}_3\}$ は 1 次独立．したがって

$$P=[\boldsymbol{p}_1,\ \boldsymbol{p}_2,\ \boldsymbol{p}_3]=\begin{bmatrix}4&1&0\\-1&0&0\\2&1&1\end{bmatrix}$$

は正則行列で

$$P^{-1}AP=\begin{bmatrix}0&-1&0\\1&4&0\\-1&-2&1\end{bmatrix}\begin{bmatrix}1&2&1\\0&1&0\\-1&0&3\end{bmatrix}\begin{bmatrix}4&1&0\\-1&0&0\\2&1&1\end{bmatrix}=\begin{bmatrix}1&0&0\\0&2&1\\0&0&2\end{bmatrix}$$

を得る．

問 8 次の行列 A を適当な正則行列 P で三角化せよ．

(1) $\begin{bmatrix}1&-2\\2&5\end{bmatrix}$ (2) $\begin{bmatrix}4&2&-6\\1&3&-2\\-1&2&1\end{bmatrix}$ (3) $\begin{bmatrix}3&0&1\\-2&1&2\\0&0&1\end{bmatrix}$

ここで次のことに注意しておこう．

補題 6.3 (正則行列 P と固有ベクトル)

A を n 次正方行列，$P=[\boldsymbol{p}_1,\ \boldsymbol{p}_2,\ \cdots,\ \boldsymbol{p}_n]$ を n 次正則行列とするとき，次は同値である．

(1) $\boldsymbol{p}_j$ は，A の固有値 λ に対する固有ベクトルである．

(2) $P^{-1}AP$ の第 j 列は，基本ベクトル $\boldsymbol{e}_j$ の λ 倍に等しい．

証明 (1) を仮定すると，$A\boldsymbol{p}_j=\lambda\boldsymbol{p}_j$ だから

$$P^{-1}AP\boldsymbol{e}_j=P^{-1}A\boldsymbol{p}_j=\lambda P^{-1}\boldsymbol{p}_j=\lambda P^{-1}P\boldsymbol{e}_j=\lambda\boldsymbol{e}_j$$

逆に，(2) を仮定すると，$P^{-1}AP\boldsymbol{e}_j=\lambda\boldsymbol{e}_j$ だから $AP\boldsymbol{e}_j=\lambda P\boldsymbol{e}_j$ であり

$$A\boldsymbol{p}_j=AP\boldsymbol{e}_j=\lambda P\boldsymbol{e}_j=\lambda\boldsymbol{p}_j$$

□

対角化 対角化について考えよう．対角化の問題は三角化よりも複雑であり，行列によって対角化可能であったり不可能であったりするので注意が必要である．

もし n 次正方行列 A が異なる n 個の固有値 $\lambda_1, \lambda_2, \cdots, \lambda_n$ をもつとすると，$\boldsymbol{p}_i$ $(1 \leqq i \leqq n)$ を固有値 λ_i に対する固有ベクトルとすれば，$\{\boldsymbol{p}_1, \boldsymbol{p}_2, \cdots, \boldsymbol{p}_n\}$ は1次独立である．したがって

$$P = \left[\boldsymbol{p}_1,\ \boldsymbol{p}_2,\ \cdots,\ \boldsymbol{p}_n\right]$$

とおけば，P は正則で，補題 6.3 より

$$P^{-1}AP = \begin{bmatrix} \lambda_1 & & & O \\ & \lambda_2 & & \\ & & \ddots & \\ O & & & \lambda_n \end{bmatrix}$$

を得る．すなわち，次の定理が成り立つ．

定理 6.4 (対角化の十分条件)

n 次正方行列 A が異なる n 個の固有値をもつならば，A は対角化可能である．

例 7 例2の行列 C は対角化可能であることを確かめ，対角化せよ．

解答 C は3個の固有値 $1,\ \omega,\ \omega^2$ をもつので対角化可能である．各固有値に対する固有ベクトル

$$\left\{ \begin{bmatrix} 1 \\ 1 \\ 1 \end{bmatrix}, \begin{bmatrix} \omega \\ \omega^2 \\ 1 \end{bmatrix}, \begin{bmatrix} \omega^2 \\ \omega \\ 1 \end{bmatrix} \right\}$$

は1次独立で

$$P = \begin{bmatrix} 1 & \omega & \omega^2 \\ 1 & \omega^2 & \omega \\ 1 & 1 & 1 \end{bmatrix} \quad \text{とおけば，} \quad P^{-1}AP = \begin{bmatrix} 1 & 0 & 0 \\ 0 & \omega & 0 \\ 0 & 0 & \omega^2 \end{bmatrix}$$

問 9 $A = \begin{bmatrix} 0 & 0 & -1 \\ 1 & 0 & 0 \\ 0 & 1 & 0 \end{bmatrix}$ は対角化可能であることを確かめ，対角化せよ．

n 次正方行列 A の固有方程式が重解をもつとき，A は対角化可能とは限らない．しかし，この場合でも A が n 個の1次独立な固有ベクトルをもてば，対角化できることがわかる．

定理 6.5 (対角化の必要十分条件)

n 次正方行列 A の異なる固有値を $\lambda_1, \lambda_2, \cdots, \lambda_r$，その重複度をそれぞれ $n_1, n_2, \cdots, n_r$ $(n_1 + n_2 + \cdots + n_r = n)$ とする．このとき，A が適当な正則行列 P で対角化可能である，すなわち

$$P^{-1}AP = \begin{bmatrix} \lambda_1 I_{n_1} & & & O \\ & \lambda_2 I_{n_2} & & \\ & & \ddots & \\ O & & & \lambda_r I_{n_r} \end{bmatrix} \qquad ①$$

であるための必要十分条件は

$$\dim W_{\lambda_i} = n_i \qquad (i = 1, 2, \cdots, r) \qquad ②$$

が成り立つことである．

証明 A が ① の形に対角化されると仮定する．このとき

$$\begin{aligned} \mathrm{rank}(A - \lambda_i I) &= \mathrm{rank}(P^{-1}(A - \lambda_i I)P) = \mathrm{rank}(P^{-1}AP - \lambda_i I) \\ &= n - n_i \end{aligned}$$

したがって，定理 6.1 より

$$\dim W_{\lambda_i} = n - \mathrm{rank}(A - \lambda_i I) = n_i$$

逆に，② が成り立つと仮定する．このとき，各固有空間 W_{λ_i} の基底を $\{\boldsymbol{p}_{i1}, \boldsymbol{p}_{i2}, \cdots, \boldsymbol{p}_{in_i}\}$ とすると，問 5 より

$$\{\boldsymbol{p}_{11}, \cdots, \boldsymbol{p}_{1n_1}, \boldsymbol{p}_{21}, \cdots, \boldsymbol{p}_{2n_2}, \cdots, \boldsymbol{p}_{r1}, \cdots, \boldsymbol{p}_{rn_r}\}$$

は 1 次独立で，その構成するベクトルの個数は

$$n_1 + n_2 + \cdots + n_r = n$$

である．したがって

$$P = [\boldsymbol{p}_{11}, \cdots, \boldsymbol{p}_{1n_1}, \boldsymbol{p}_{21}, \cdots, \boldsymbol{p}_{2n_2}, \cdots, \boldsymbol{p}_{r1}, \cdots, \boldsymbol{p}_{rn_r}]$$

は正則行列で

$$P^{-1}AP = \begin{bmatrix} \lambda_1 I_{n_1} & & & O \\ & \lambda_2 I_{n_2} & & \\ & & \ddots & \\ O & & & \lambda_r I_{n_r} \end{bmatrix}$$

が成り立つ． □

注意 定義により，各固有空間の次元はつねに 1 以上であるから，n 次正方行列 A が異なる n 個の固有値をもつならば，少なくとも n 個の 1 次独立な固有ベクトルが存在する．しかし，1 次独立な n 次元ベクトルは高々 n 個なので

$$\dim W_{\lambda_i} = 1 \ (= \lambda_i \text{ の重複度}) \qquad (i = 1, 2, \cdots, n)$$

でなければならない．よって，定理 6.5 は定理 6.4 の拡張になっている．

例 8 $A = \begin{bmatrix} 1 & 0 & 0 \\ 1 & 2 & -3 \\ 1 & 1 & -2 \end{bmatrix}$ が対角化可能であるか調べよ.

解答 A の固有値は -1 と 1 (重複度 2). さらに, $\mathrm{rank}(A+I) = 2$, $\mathrm{rank}(A-I) = 1$ であるから

$$\dim W_{-1} = 3 - \mathrm{rank}(A+I) = 1 = \text{「固有値 } -1 \text{ の重複度」},$$
$$\dim W_1 = 3 - \mathrm{rank}(A-I) = 2 = \text{「固有値 } 1 \text{ の重複度」}$$

よって, A は対角化可能である.

例 9 例 6 の行列 A が対角化可能であるか調べよ.

解答 A の固有値は 1 と 2 (重複度 2). さらに, $\mathrm{rank}(A-I) = 2$, $\mathrm{rank}(A-2I) = 2$ であるから

$$\dim W_1 = 3 - \mathrm{rank}(A-I) = 1 = \text{「固有値 } 1 \text{ の重複度」},$$
$$\dim W_2 = 3 - \mathrm{rank}(A-2I) = 1 \neq 2 = \text{「固有値 } 2 \text{ の重複度」}$$

よって, A は対角化可能でない.

問 10 次の行列は対角化可能であるか調べよ.

(1) $\begin{bmatrix} 1 & 1 \\ 1 & 1 \end{bmatrix}$ (2) $\begin{bmatrix} 1 & 0 \\ 1 & 1 \end{bmatrix}$ (3) $\begin{bmatrix} 1 & 0 & 0 \\ 1 & 2 & 1 \\ 0 & 0 & 1 \end{bmatrix}$ (4) $\begin{bmatrix} 1 & 1 & 0 \\ 1 & 1 & 1 \\ 0 & 1 & 1 \end{bmatrix}$

6.4 固有値と固有ベクトルの性質 (その 2)

6.3 節の三角化に関する結果を用いると, 固有値に関してさらにいくつかの性質を示すことができる.

性質 [IV] 固有値の和と積

n 次正方行列 A の n 個の固有値 (重複度 2 以上のものはその個数だけ同じ固有値を並べる) を $\lambda_1, \lambda_2, \cdots, \lambda_n$ とするとき

$$\lambda_1 + \lambda_2 + \cdots + \lambda_n = \mathrm{tr}\, A,$$
$$\lambda_1 \lambda_2 \cdots \lambda_n = |A|$$

ただし, $\mathrm{tr}\, A$ は A のトレースである (1 章の問題 1.16).

証明 三角化定理 (定理 6.2) により, A は適当な正則行列 P を使って

$$P^{-1}AP = \begin{bmatrix} \lambda_1 & & & * \\ & \lambda_2 & & \\ & & \ddots & \\ O & & & \lambda_n \end{bmatrix} \qquad (\dagger)$$

と三角化できる. そこで (†) の両辺のトレースをとると, トレースの性質 (1 章の問題 1.16 (3)) より

$$左辺 = \mathrm{tr}(P^{-1}AP) = \mathrm{tr}\,A, \qquad 右辺 = \lambda_1 + \lambda_2 + \cdots + \lambda_n$$

また，両辺の行列式をとると

$$左辺 = |P^{-1}AP| = |P|^{-1}|A|\,|P| = |A|, \qquad 右辺 = \lambda_1\lambda_2\cdots\lambda_n$$

よって，結論が従う． □

問 11 「A が正則であるための必要十分条件は，A が 0 を固有値にもたないこと」を示せ．

行列の多項式 A を正方行列とする．一般に，x の多項式

$$f(x) = a_m x^m + a_{m-1}x^{m-1} + \cdots + a_1 x + a_0 \quad ①$$

に対して，正方行列 $f(A)$ を

$$f(A) = a_m A^m + a_{m-1}A^{m-1} + \cdots + a_1 A + a_0 I \quad ②$$

と定める．これは ① の右辺の x に正方行列 A を代入して得られる行列である．ここで，定数項 a_0 は $a_0 I$ で置き換えることと約束する．

行列の多項式に関して，次に述べるような 2 つの興味深い性質がある．

性質 [V] Cayley-Hamilton の定理（ケーリー・ハミルトン）

A の固有多項式 $f_A(\lambda)$ に対して

$$f_A(A) = O$$

証明 A を性質 [IV] の証明中の (†) のように三角化する．このとき，$\lambda_1, \lambda_2, \cdots, \lambda_n$ は A の固有値であるから

$$f_A(\lambda) = (\lambda_1 - \lambda)(\lambda_2 - \lambda)\cdots(\lambda_n - \lambda)$$

と表せる．したがって，$P^{-1}A^kP = (P^{-1}AP)^k$ より

$$\begin{aligned}
P^{-1}f_A(A)P &= f_A(P^{-1}AP) \\
&= (\lambda_1 I - P^{-1}AP)(\lambda_2 I - P^{-1}AP)\cdots(\lambda_n I - P^{-1}AP) \\
&= \begin{bmatrix} 0 & & & * \\ & \lambda_1-\lambda_2 & & \\ & & \ddots & \\ O & & & \lambda_1-\lambda_n \end{bmatrix}
\begin{bmatrix} \lambda_2-\lambda_1 & & & * \\ & 0 & & \\ & & \ddots & \\ O & & & \lambda_2-\lambda_n \end{bmatrix} \\
&\qquad \cdots \begin{bmatrix} \lambda_n-\lambda_1 & & & * \\ & \ddots & & \\ & & \lambda_n-\lambda_{n-1} & \\ O & & & 0 \end{bmatrix} \\
&= O
\end{aligned}$$

よって，$f_A(A) = O$ である． □

注意 $f_A(A)$ と $|A-AI|$ はまったく違うので混同しないこと．$|A-AI|=0$ はスカラーだが，$f_A(A)=O$ は行列である．

例 10 $A=\begin{bmatrix}0 & -1\\ 1 & 1\end{bmatrix}$ に対して，ケーリー・ハミルトンの定理を応用して，A^{-1} と A^6 を求めよ．

解答 A の固有多項式は，$f_A(\lambda)=\lambda^2-\lambda+1$ であるから，ケーリー・ハミルトンの定理により $f_A(A)=A^2-A+I=O$ である．これを変形して

$$I=A-A^2=A(I-A)$$

よって

$$\begin{aligned}A^{-1}&=I-A\\&=\begin{bmatrix}1 & 0\\ 0 & 1\end{bmatrix}-\begin{bmatrix}0 & -1\\ 1 & 1\end{bmatrix}=\begin{bmatrix}1 & 1\\ -1 & 0\end{bmatrix}\end{aligned}$$

また，$x^6=(x^2-x+1)(x^4+x^3-x-1)+1$ より

$$\begin{aligned}A^6&=(A^2-A+I)(A^4+A^3-A-I)+I\\&=I \quad (\because\ A^2-A+I=O)\end{aligned}$$

一般に，n 次正方行列 A の固有多項式 $f_A(\lambda)$ が求まれば，A の多項式 $g(A)$ は，$g(x)$ を $f_A(x)$ で割ったときの余りから得られる．すなわち

$g(x)=f_A(x)q(x)+r(x)$ $(0\leqq$「$r(x)$ の次数」$<n)$ ならば，$g(A)=r(A)$.

問 12 $A=\begin{bmatrix}0 & 1\\ 2 & 1\end{bmatrix}$ に対して，ケーリー・ハミルトンの定理を用いて，次の行列を求めよ．

(1) A^{-1} (2) A^3 (3) A^5-2A^4

性質 [VI] Frobenius（フロベニウス）の定理

$g(x)$ を x の多項式，$\lambda_1,\lambda_2,\cdots,\lambda_n$ を n 次正方行列 A の固有値とする．このとき，行列 $g(A)$ の n 個の固有値は $g(\lambda_1),g(\lambda_2),\cdots,g(\lambda_n)$ である．

証明 $g(x)=a_mx^m+a_{m-1}x^{m-1}+\cdots+a_1x+a_0$ とし，A を性質 [IV] の証明中の (†) のように三角化する．このとき

$$P^{-1}g(A)P=g(P^{-1}AP)$$

$$=a_m\begin{bmatrix}{\lambda_1}^m & & & *\\ & {\lambda_2}^m & & \\ & & \ddots & \\ O & & & {\lambda_n}^m\end{bmatrix}+a_{m-1}\begin{bmatrix}{\lambda_1}^{m-1} & & & *\\ & {\lambda_2}^{m-1} & & \\ & & \ddots & \\ O & & & {\lambda_n}^{m-1}\end{bmatrix}$$

$$+\cdots+a_0\begin{bmatrix}1 & & & O\\ & 1 & & \\ & & \ddots & \\ O & & & 1\end{bmatrix}=\begin{bmatrix}g(\lambda_1) & & & *\\ & g(\lambda_2) & & \\ & & \ddots & \\ O & & & g(\lambda_n)\end{bmatrix}$$

性質[II]より, $g(A)$ と $P^{-1}g(A)P$ は同じ固有多項式をもつから, $g(\lambda_1), g(\lambda_2), \cdots, g(\lambda_n)$ は $g(A)$ の固有値である. □

例 11 例10の行列 A に対して, フロベニウスの定理を応用して, A^3 の固有値を求めよ.

解答 $f_A(\lambda)=0$ を解いて, A の固有値は $\dfrac{1\pm\sqrt{3}i}{2}$ である. したがって, フロベニウスの定理によって, A^3 の固有値は

$$\left(\frac{1\pm\sqrt{3}i}{2}\right)^3=-1 \qquad (\text{重複度 } 2)$$

となる.

問 13 問12の行列 A に対して, フロベニウスの定理を用いて, 次の行列の固有値を求めよ.

(1) A^{-1} (2) A^3 (3) A^5-2A^4

6.5 実対称行列の対角化

実対称行列の固有値・固有ベクトル 一般には, 実行列であってもその固有値は, 虚数になることがある. しかし, 以下で示すように実対称行列の場合には, 固有値は必ず実数となる.

定理 6.6 (実対称行列の固有値)

実対称行列の固有値はすべて実数である. さらに, 固有空間の基底もすべて実ベクトルにとれる.

証明 実対称行列 A の固有値 λ に対する固有ベクトルを $\boldsymbol{x}$ とする. 標準複素内積を考えると

$$\begin{aligned}\lambda(\boldsymbol{x},\boldsymbol{x})&=(\lambda\boldsymbol{x},\boldsymbol{x})=(A\boldsymbol{x},\boldsymbol{x})={}^t(A\boldsymbol{x})\overline{\boldsymbol{x}}={}^t\boldsymbol{x}\,{}^tA\overline{\boldsymbol{x}}\\&={}^t\boldsymbol{x}(\overline{A\boldsymbol{x}})=(\boldsymbol{x},A\boldsymbol{x})=(\boldsymbol{x},\lambda\boldsymbol{x})=\overline{\lambda}(\boldsymbol{x},\boldsymbol{x})\end{aligned}$$

したがって

$$(\lambda-\overline{\lambda})(\boldsymbol{x},\boldsymbol{x})=0$$

ここで, $\boldsymbol{x}\neq\boldsymbol{o}$ より, $(\boldsymbol{x},\boldsymbol{x})\neq 0$ で, $\lambda=\overline{\lambda}$ を得る. よって, λ は実数である.

また, このとき, 固有ベクトルは実係数の同次連立1次方程式 $(A-\lambda I)\boldsymbol{x}=\boldsymbol{o}$ の解であることから, 実ベクトルの範囲で選べる. □

この定理により，実対称行列の固有値，固有ベクトルに関する議論はすべて実数の範囲で扱うことができる．そこで，以後この節で扱うベクトルは実ベクトルとし，内積は実標準内積とする．

定理 6.7 (実対称行列の固有ベクトルの直交性)

実対称行列の異なる固有値に対する固有ベクトルは，互いに直交する．

証明　実対称行列 A の異なる固有値を λ, μ とし，これらの固有値に対する固有ベクトルをそれぞれ $\boldsymbol{x}$, $\boldsymbol{y}$ とすれば

$$\begin{aligned}\lambda(\boldsymbol{x},\boldsymbol{y}) &= (\lambda\boldsymbol{x},\boldsymbol{y}) = (A\boldsymbol{x},\boldsymbol{y}) = {}^t(A\boldsymbol{x})\boldsymbol{y} = {}^t\boldsymbol{x}\,{}^tA\boldsymbol{y}\\ &= {}^t\boldsymbol{x}(A\boldsymbol{y}) = (\boldsymbol{x},A\boldsymbol{y}) = (\boldsymbol{x},\mu\boldsymbol{y}) = \mu(\boldsymbol{x},\boldsymbol{y})\end{aligned}$$

仮定より，$\lambda \neq \mu$ であるから，$(\boldsymbol{x},\boldsymbol{y}) = 0$ となり，直交することがいえる． □

実対称行列の直交行列による対角化　実対称行列の固有値，固有ベクトルに関する上の 2 つの定理より，実対称行列の対角化に関する次の結果が得られる．

定理 6.8 (実対称行列の直交行列による対角化)

任意の実対称行列 A は適当な直交行列 P で対角化可能である．

証明　固有値 λ_1 に対する固有ベクトルとして大きさ 1 のベクトル $\boldsymbol{r}_1$ をとる．さらに，$\boldsymbol{r}_1$ を含む $\mathbb{R}^n$ の正規直交基底 $\{\boldsymbol{r}_1,\boldsymbol{r}_2,\cdots,\boldsymbol{r}_n\}$ を適当にとる (まず，4 章の系 4.6 を用いて，$\boldsymbol{r}_1$ を含む $\mathbb{R}^n$ の基底をとり，それらにグラム・シュミットの正規直交化法を施せばよい)．このとき

$$R = \left[\boldsymbol{r}_1,\ \boldsymbol{r}_2,\ \cdots,\ \boldsymbol{r}_n\right]$$

は直交行列である．以下，三角化定理 (定理 6.2) の証明とまったく同じ帰納法を用いた議論 (正則行列が直交行列に代わることを除いて) を適用すれば，A は適当な直交行列 P で三角化されることがわかる．すなわち

$$P^{-1}AP = \begin{bmatrix}\lambda_1 & & & * \\ & \lambda_2 & & \\ & & \ddots & \\ O & & & \lambda_n\end{bmatrix}$$

とできる．P は直交行列なので，${}^tP = P^{-1}$ に注意すると

$${}^t(P^{-1}AP) = {}^tP\,{}^tA\,{}^t(P^{-1}) = P^{-1}AP$$

であるから，$P^{-1}AP$ も対称行列で，$*$ の成分はすべて 0 となり

$$P^{-1}AP = \begin{bmatrix}\lambda_1 & & & O \\ & \lambda_2 & & \\ & & \ddots & \\ O & & & \lambda_n\end{bmatrix}$$

を得る． □

P の求め方 実対称行列 A を対角化する直交行列 P の求め方について考察しよう．P は直交行列であるから，その列ベクトル分割を

$$P = \begin{bmatrix}\boldsymbol{p}_1, \ \boldsymbol{p}_2, \ \cdots, \ \boldsymbol{p}_n\end{bmatrix}$$

とおけば，$\{\boldsymbol{p}_1, \boldsymbol{p}_2, \cdots, \boldsymbol{p}_n\}$ は $\mathbb{R}^n$ の正規直交基底である (定理 5.6)．また

$$P^{-1}AP = \begin{bmatrix} \lambda_1 & & & O \\ & \lambda_2 & & \\ & & \ddots & \\ O & & & \lambda_n \end{bmatrix}$$

であるから，補題 6.3 より P の第 j 列 $\boldsymbol{p}_j$ は，固有値 λ_j に対する A の固有ベクトルである．

以上のことから，実対称行列 A を対角化する直交行列 P は，次の手順によって求められる．

(1) 固有方程式 $|A - \lambda I| = 0$ を解いて，A の固有値 λ を求める．
(2) 同次連立 1 次方程式 $(A - \lambda I)\boldsymbol{x} = \boldsymbol{o}$ を解いて，各固有空間 W_λ の基底を求める．
(3) 固有空間ごとに，グラム・シュミットの正規直交化法を用いて，(2) で求めた基底を正規直交基底になおす．
(4) (3) で得られたすべてのベクトルを並べてできる行列が P である．

実対称行列の固有値がすべて重複度 1 の場合は，手順 (3) においては，(2) で求めた各固有ベクトルを正規化するだけでよい．

例 12 実対称行列 $A = \begin{bmatrix} 2 & 1 & 1 \\ 1 & 2 & 1 \\ 1 & 1 & 2 \end{bmatrix}$ を対角化せよ．

解答 A の固有値は 1 (重複度 2) と 4 で，これらに対する固有ベクトルはそれぞれ

$$\boldsymbol{x} = a\begin{bmatrix} -1 \\ 1 \\ 0 \end{bmatrix} + b\begin{bmatrix} -1 \\ 0 \\ 1 \end{bmatrix}, \qquad \boldsymbol{y} = c\begin{bmatrix} 1 \\ 1 \\ 1 \end{bmatrix}$$

である．したがって，固有空間の基底はそれぞれ

$$W_1 \text{ の基底} = \left\{\begin{bmatrix} -1 \\ 1 \\ 0 \end{bmatrix}, \begin{bmatrix} -1 \\ 0 \\ 1 \end{bmatrix}\right\}, \qquad W_4 \text{ の基底} = \left\{\begin{bmatrix} 1 \\ 1 \\ 1 \end{bmatrix}\right\}$$

で，$\dim W_1 = 2$, $\dim W_4 = 1$ となる．W_1, W_4 の基底をそれぞれ正規直交化して

$$W_1 \text{ の正規直交基底} = \left\{ \boldsymbol{p}_1 = \frac{1}{\sqrt{2}}\begin{bmatrix} -1 \\ 1 \\ 0 \end{bmatrix},\ \boldsymbol{p}_2 = \frac{1}{\sqrt{6}}\begin{bmatrix} -1 \\ -1 \\ 2 \end{bmatrix} \right\}$$

$$W_4 \text{ の正規直交基底} = \left\{ \boldsymbol{p}_3 = \frac{1}{\sqrt{3}}\begin{bmatrix} 1 \\ 1 \\ 1 \end{bmatrix} \right\}$$

をつくれば，$\{\boldsymbol{p}_1, \boldsymbol{p}_2, \boldsymbol{p}_3\}$ は $\mathbb{R}^3$ の正規直交基底となる．そこで

$$P = [\boldsymbol{p}_1,\ \boldsymbol{p}_2,\ \boldsymbol{p}_3] = \begin{bmatrix} -\frac{1}{\sqrt{2}} & -\frac{1}{\sqrt{6}} & \frac{1}{\sqrt{3}} \\ \frac{1}{\sqrt{2}} & -\frac{1}{\sqrt{6}} & \frac{1}{\sqrt{3}} \\ 0 & \frac{2}{\sqrt{6}} & \frac{1}{\sqrt{3}} \end{bmatrix}$$

とおけば，P は直交行列で

$$P^{-1}AP = \begin{bmatrix} 1 & 0 & 0 \\ 0 & 1 & 0 \\ 0 & 0 & 4 \end{bmatrix}$$

注意　上で，最後の $P^{-1}AP$ の計算はする必要がない．結果が対角線に固有値が並んだ対角行列になることはすでに補題 6.3 によって保証されている．

問 14　次の実対称行列 A を適当な直交行列 P で対角化せよ．

(1) $\begin{bmatrix} 0 & 1 \\ 1 & 0 \end{bmatrix}$　(2) $\begin{bmatrix} 1 & 2 & 2 \\ 2 & 1 & 2 \\ 2 & 2 & 1 \end{bmatrix}$,　(3) $\begin{bmatrix} 0 & 1 & -1 \\ 1 & 0 & 1 \\ -1 & 1 & 0 \end{bmatrix}$

6.6 2 次 形 式

n 個の変数 $x_1, x_2, \cdots, x_n$ に関する実係数の 2 次の同次式

$$f(x_1, x_2, \cdots, x_n) = \sum_{i=1}^{n} \sum_{j=1}^{n} a_{ij} x_i x_j$$

を **2 次形式**という．ここで同類項をまとめると，$i \neq j$ のとき，$x_i x_j$ の係数は $a_{ij} + a_{ji}$ であるが，a_{ij} と a_{ji} をともに $\dfrac{a_{ij} + a_{ji}}{2}$ で置き換えることで，$a_{ij} = a_{ji}$ としてよい．したがって，上式は次式で表せる．

$$f(x_1, x_2, \cdots, x_n) = \sum_{i=1}^{n} a_{ii} {x_i}^2 + 2 \sum_{i<j} a_{ij} x_i x_j$$

さらに，$A = [a_{ij}]$，$\boldsymbol{x} = \begin{bmatrix} x_1 \\ x_2 \\ \vdots \\ x_n \end{bmatrix}$ とおくと，A は n 次実対称行列であり

$$f(x_1, x_2, \cdots, x_n) = {}^t\boldsymbol{x} A \boldsymbol{x}$$

となる．A を **2 次形式の行列**という．

例 13 $f(x_1, x_2) = 2{x_1}^2 - 6x_1x_2 - {x_2}^2$ は 2 変数の 2 次形式であり

$$A = \begin{bmatrix} 2 & -3 \\ -3 & -1 \end{bmatrix},\ \boldsymbol{x} = \begin{bmatrix} x_1 \\ x_2 \end{bmatrix} \quad \text{とおけば,} \quad f(x_1, x_2) = {}^t\boldsymbol{x}A\boldsymbol{x}$$

となる.

問 15 3 変数の 2 次形式 $f(x_1, x_2, x_3) = {x_1}^2 + 3{x_3}^2 + 2x_1x_2 + 6x_2x_3 - 3x_1x_3$ の行列 A を求めよ.

2 次形式の標準形 n 次実対称行列 A は適当な直交行列 P によって

$$P^{-1}AP = \begin{bmatrix} \lambda_1 & & & O \\ & \lambda_2 & & \\ & & \ddots & \\ O & & & \lambda_n \end{bmatrix}$$

と対角化できる (定理 6.8). ここで, P は直交行列であるから $P^{-1} = {}^tP$ であり, よって, 左辺の $P^{-1}AP$ は ${}^tPAP$ と書き換えることができる. このことを踏まえて, 変数変換

$$\boldsymbol{x} = P\boldsymbol{y}, \quad \boldsymbol{y} = \begin{bmatrix} y_1 \\ \vdots \\ y_n \end{bmatrix}$$

を行えば

$$\begin{aligned} {}^t\boldsymbol{x}A\boldsymbol{x} &= {}^t(P\boldsymbol{y})A(P\boldsymbol{y}) = {}^t\boldsymbol{y}({}^tPAP)\boldsymbol{y} \\ &= \begin{bmatrix} y_1, & y_2, & \cdots, & y_n \end{bmatrix} \begin{bmatrix} \lambda_1 & & & O \\ & \lambda_2 & & \\ & & \ddots & \\ O & & & \lambda_n \end{bmatrix} \begin{bmatrix} y_1 \\ y_2 \\ \vdots \\ y_n \end{bmatrix} \\ &= \lambda_1{y_1}^2 + \lambda_2{y_2}^2 + \cdots + \lambda_n{y_n}^2 \end{aligned}$$

となる. よって, 次の定理が成り立つ.

定理 6.9 (2 次形式の標準形)

2 次形式 ${}^t\boldsymbol{x}A\boldsymbol{x}$ は適当な直交行列 P による変数変換 $\boldsymbol{x} = P\boldsymbol{y}$ によって

$${}^t\boldsymbol{x}A\boldsymbol{x} = \lambda_1{y_1}^2 + \lambda_2{y_2}^2 + \cdots + \lambda_n{y_n}^2$$

と表せる. これを **2** 次形式の標準形という. ここで, $\lambda_1, \lambda_2, \cdots, \lambda_n$ は A の固有値である.

例 14 $f(x_1, x_2, x_3) = 2{x_1}^2 + 2{x_2}^2 + 2{x_3}^2 + 2x_1x_2 + 2x_1x_3 + 2x_2x_3$ の標準形を求めよ.

解答 $A = \begin{bmatrix} 2 & 1 & 1 \\ 1 & 2 & 1 \\ 1 & 1 & 2 \end{bmatrix}$, $\boldsymbol{x} = \begin{bmatrix} x_1 \\ x_2 \\ x_3 \end{bmatrix}$ とおけば, $f(x_1, x_2, x_3) = {}^t\boldsymbol{x}A\boldsymbol{x}$ と表せるから, 例 12 より, A は直交行列

$$P = \begin{bmatrix} -\frac{1}{\sqrt{2}} & -\frac{1}{\sqrt{6}} & \frac{1}{\sqrt{3}} \\ \frac{1}{\sqrt{2}} & -\frac{1}{\sqrt{6}} & \frac{1}{\sqrt{3}} \\ 0 & \frac{2}{\sqrt{6}} & \frac{1}{\sqrt{3}} \end{bmatrix} \quad \text{によって} \quad {}^tPAP = \begin{bmatrix} 1 & 0 & 0 \\ 0 & 1 & 0 \\ 0 & 0 & 4 \end{bmatrix}$$

と対角化される. したがって, 2 次形式 f は, 変数変換 $\boldsymbol{x} = P\boldsymbol{y}$ によって, 標準形

$$f(x_1, x_2, x_3) = {}^t\boldsymbol{x}A\boldsymbol{x} = {y_1}^2 + {y_2}^2 + 4{y_3}^2$$

になおせる.

問 16 2 次形式 $f(x_1, x_2) = 2{x_1}^2 - 4x_1x_2 - {x_2}^2$ を適当な変数変換によって標準形になおせ.

正値 2 次形式 2 次形式 ${}^t\boldsymbol{x}A\boldsymbol{x}$ が零ベクトル以外の $\mathbb{R}^n$ の任意のベクトル $\boldsymbol{x}$ に対して

$${}^t\boldsymbol{x}A\boldsymbol{x} > 0$$

を満たすとき, 2 次形式 ${}^t\boldsymbol{x}A\boldsymbol{x}$ は (または, 行列 A は) 正値であるという.

定理 6.9 を使えば, A の固有値の正負を調べることで ${}^t\boldsymbol{x}A\boldsymbol{x}$ が正値か否か判定できる.

定理 6.10 (固有値による正値性の判定)

2 次形式 ${}^t\boldsymbol{x}A\boldsymbol{x}$ が正値であるための必要十分条件は A の固有値がすべて正となることである.

証明 $\lambda_1, \lambda_2, \cdots, \lambda_n$ を A の固有値とする. ${}^t\boldsymbol{x}A\boldsymbol{x}$ が正値ならば, 定理 6.9 において $\boldsymbol{y} = \boldsymbol{e}_i$ とおけば, ${}^t\boldsymbol{x}A\boldsymbol{x} = \lambda_i > 0$.

逆に, $\lambda_1, \lambda_2, \cdots, \lambda_n$ がすべて正ならば, 任意の $\boldsymbol{y} \neq \boldsymbol{o}$ に対して

$${}^t\boldsymbol{x}A\boldsymbol{x} = \lambda_1{y_1}^2 + \lambda_2{y_2}^2 + \cdots + \lambda_n{y_n}^2 > 0$$

よって, ${}^t\boldsymbol{x}A\boldsymbol{x}$ は正値である. □

行列式によって正値性を判定する方法もある.

定理 6.11 (小行列式による正値性の判定)

n 次実対称行列 $A=[a_{ij}]$ に対して

$$A_k = \begin{bmatrix} a_{11} & \cdots & a_{1k} \\ \vdots & & \vdots \\ a_{k1} & \cdots & a_{kk} \end{bmatrix} \qquad (k=1,2,\cdots,n)$$

とおく. このとき, ${}^t\boldsymbol{x}A\boldsymbol{x}$ が正値であるための必要十分条件は

$$|A_k|>0 \qquad (k=1,2,\cdots,n)$$

となることである.

証明　A および $\boldsymbol{x}$ を

$$A=\begin{bmatrix} A_{n-1} & \boldsymbol{b} \\ {}^t\boldsymbol{b} & a_{nn} \end{bmatrix}, \qquad \boldsymbol{x}=\begin{bmatrix} \boldsymbol{z} \\ x_n \end{bmatrix}$$

と分割すれば

$$ {}^t\boldsymbol{x}A\boldsymbol{x} = {}^t\boldsymbol{z}A_{n-1}\boldsymbol{z} + 2x_n{}^t\boldsymbol{b}\boldsymbol{z} + a_{nn}{x_n}^2 \qquad ① $$

となる. また, もし A_{n-1} が正則ならば, 変数変換

$$\boldsymbol{x}=P\boldsymbol{y} \qquad \left(P=\begin{bmatrix} I & {A_{n-1}}^{-1}\boldsymbol{b} \\ \boldsymbol{o} & -1 \end{bmatrix}, \quad \boldsymbol{y}=\begin{bmatrix} \boldsymbol{w} \\ y_n \end{bmatrix}\right)$$

を行うと

$$ {}^tPAP=\begin{bmatrix} A_{n-1} & \boldsymbol{o} \\ \boldsymbol{o} & c \end{bmatrix} \qquad (\text{ただし,}\quad c=a_{nn}-{}^t\boldsymbol{b}{A_{n-1}}^{-1}\boldsymbol{b})$$

より

$$ {}^t\boldsymbol{x}A\boldsymbol{x} = {}^t\boldsymbol{w}A_{n-1}\boldsymbol{w} + c{y_n}^2 \qquad ② $$

となる. このとき

$$|A|=|{}^tPAP|=\begin{vmatrix} A_{n-1} & \boldsymbol{o} \\ \boldsymbol{o} & c \end{vmatrix} = |A_{n-1}|c \qquad ③$$

である.

以上を準備として, 以下, n に関する帰納法によって定理を証明しよう.

(必要性)　$n=1$ のとき, ${}^t\boldsymbol{x}A\boldsymbol{x}=a_{11}{x_1}^2$ だから, ${}^t\boldsymbol{x}A\boldsymbol{x}$ が正値ならば, $|A_1|=a_{11}>0$ である. $n-1$ のとき成り立つと仮定する. ${}^t\boldsymbol{x}A\boldsymbol{x}$ が正値とするとき, ① で $x_n=0$ とおけば ${}^t\boldsymbol{z}A_{n-1}\boldsymbol{z}$ も正値であることがわかる. したがって, 帰納法の仮定から $|A_1|>0,\cdots,|A_{n-1}|>0$. 特に, A_{n-1} は正則となるから②が使えて, ②に $\boldsymbol{w}=\boldsymbol{o}$ を代入すれば, $c>0$ を得る. よって, ③より

$$|A_n|=|A|=|A_{n-1}|c>0$$

となり, n のときも成り立つ.

(十分性) $n=1$ のとき, $|A_1|=a_{11}>0$ とすると, ${}^t\boldsymbol{x}A\boldsymbol{x}=a_{11}{x_1}^2$ は明らかに正値である. $n-1$ のとき成り立つと仮定し, $|A_1|>0,\cdots,|A_n|>0$ とする. すると, 特に, $|A_1|>0,\cdots,|A_{n-1}|>0$ であるから, 帰納法の仮定により ${}^t\boldsymbol{w}A_{n-1}\boldsymbol{w}$ は正値. また, $|A_n|>0$, $|A_{n-1}|>0$ と③から $c>0$ となるから, ②より ${}^t\boldsymbol{x}A\boldsymbol{x}$ は正値となり, n のときも成り立つ.

よって, 定理は証明された. □

6 章の問題

★ 基礎問題 ★

6.1 次の行列の固有値を求めよ.

(1) $\begin{bmatrix} 1 & 3 \\ -1 & -2 \end{bmatrix}$ (2) $\begin{bmatrix} i & 1 \\ 1 & -i \end{bmatrix}$ (3) $\begin{bmatrix} 1 & 0 & 1 \\ 1 & 1 & 1 \\ 0 & 0 & 1 \end{bmatrix}$

(4) $\begin{bmatrix} 1 & 2 & 3 \\ 0 & 4 & 0 \\ 0 & 5 & 6 \end{bmatrix}$ (5) $\begin{bmatrix} 1 & 1 & 3 & 0 \\ 1 & 1 & 0 & 3 \\ 0 & 0 & 2 & 2 \\ 0 & 0 & 2 & 2 \end{bmatrix}$ (6) $\begin{bmatrix} 1 & 0 & 0 & 0 \\ 2 & 3 & 4 & 4 \\ 2 & 0 & 5 & 0 \\ 2 & 0 & 6 & 7 \end{bmatrix}$

6.2 次の行列の固有値, 固有空間の基底と次元を求めよ.

(1) $\begin{bmatrix} 0 & 0 & 1 \\ 0 & 1 & 0 \\ 1 & 0 & 0 \end{bmatrix}$ (2) $\begin{bmatrix} 1 & 1 & -2 \\ -1 & 2 & 1 \\ 0 & 1 & -1 \end{bmatrix}$ (3) $\begin{bmatrix} 0 & -4 & 4 \\ 2 & 6 & -4 \\ 1 & 2 & 0 \end{bmatrix}$

(4) $\begin{bmatrix} 1 & 2 & 2 \\ 1 & 2 & -1 \\ -1 & 1 & 4 \end{bmatrix}$ (5) $\begin{bmatrix} 5 & 4 & 3 \\ -1 & 0 & -3 \\ 1 & -2 & 1 \end{bmatrix}$ (6) $\begin{bmatrix} 1 & 0 & 0 \\ 1 & 0 & -1 \\ 1 & 1 & 0 \end{bmatrix}$

6.3 (1) $A=\begin{bmatrix} -2 & 1 \\ -5 & 2 \end{bmatrix}$ のとき, $A^{100}+3A^{23}+A^{20}$ を求めよ.

(2) $A=\begin{bmatrix} 0 & 0 & 2 \\ 1 & -3 & -2 \\ -1 & 3 & 3 \end{bmatrix}$ のとき, A^{1000} を求めよ.

6.4 $A=\begin{bmatrix} 2 & -3 \\ 5 & 1 \end{bmatrix}$, $B=\begin{bmatrix} 1 & 2 \\ 0 & 3 \end{bmatrix}$, $f(x)=2x^2-5x+6$, $g(x)=x^3-2x^2+x+3$ とする. このとき, $f(A)$, $g(A)$, $f(B)$, $g(B)$ を求めよ.

6.5 次の対称行列 A を対角化する直交行列 P を求めよ.

(1) $\begin{bmatrix} 2 & 2 \\ 2 & 2 \end{bmatrix}$ (2) $\begin{bmatrix} 2 & 0 & -1 \\ 0 & 2 & 0 \\ -1 & 0 & 2 \end{bmatrix}$ (3) $\begin{bmatrix} 3 & 2 & 2 \\ 2 & 2 & 0 \\ 2 & 0 & 4 \end{bmatrix}$

(4) $\begin{bmatrix} -1 & -2 & 1 \\ -2 & 2 & -2 \\ 1 & -2 & -1 \end{bmatrix}$ (5) $\begin{bmatrix} 4 & -1 & 1 \\ -1 & 4 & -1 \\ 1 & -1 & 4 \end{bmatrix}$ (6) $\begin{bmatrix} 1 & 8 & -4 \\ 8 & 1 & 4 \\ -4 & 4 & 7 \end{bmatrix}$

6.6 次の行列 A は対角化可能か．可能ならば正則行列 P を求めて，$P^{-1}AP$ を対角行列にせよ．

(1) $\begin{bmatrix} 2 & 1 \\ 2 & 3 \end{bmatrix}$ (2) $\begin{bmatrix} 5 & -1 \\ 1 & 3 \end{bmatrix}$ (3) $\begin{bmatrix} 0 & 2 \\ -2 & 4 \end{bmatrix}$

(4) $\begin{bmatrix} 3 & 1 & 1 \\ 2 & 4 & 2 \\ 1 & 1 & 3 \end{bmatrix}$ (5) $\begin{bmatrix} 2 & 1 & 0 \\ 0 & 3 & 0 \\ -1 & 0 & 2 \end{bmatrix}$ (6) $\begin{bmatrix} 0 & -1 & -2 \\ 2 & 3 & 2 \\ 1 & 1 & 3 \end{bmatrix}$

★ 標準問題 ★

6.7 次の行列の固有値，固有ベクトルを求めよ．ここで，a, b, c は 0 でない実数とする．

(1) $\begin{bmatrix} a & b \\ -b & a \end{bmatrix}$ (2) $\begin{bmatrix} a & b & b \\ b & a & b \\ b & b & a \end{bmatrix}$ (3) $\begin{bmatrix} a & b & 0 \\ c & a & b \\ 0 & c & a \end{bmatrix}$

6.8 次の n 次正方行列の固有多項式を求めよ．ただし，$n \geqq 2$ とする．

(1) $\begin{bmatrix} 0 & 0 & \cdots & 0 & -a_n \\ 1 & 0 & \cdots & 0 & -a_{n-1} \\ 0 & 1 & \ddots & \vdots & \vdots \\ \vdots & \vdots & \ddots & 0 & \vdots \\ 0 & 0 & \cdots & 1 & -a_1 \end{bmatrix}$ (2) $\begin{bmatrix} O & & & 1 \\ & & 1 & \\ & \iddots & & \\ 1 & & & O \end{bmatrix}$

6.9 A, B を同じ次数の正方行列とする．もし λ が AB の固有値ならば，λ は BA の固有値でもあることを示せ．

6.10 A が正則行列ならば，$A^{-1} = f(A)$ を満たす多項式 $f(x)$ が存在することを示せ．

6.11 P は直交行列とする．このとき，次を示せ．

(1) $|P| = -1$ ならば，P は -1 を固有値にもつ．

(2) P が奇数次で，$|P| = 1$ ならば，P は 1 を固有値にもつ．また，さらに P が -1 を固有値にもつならば，-1 の重複度は偶数である．

6.12 A はべき等行列とする．このとき，次を示せ．

(1) A の固有値は，0 または 1 である．

(2) $\mathrm{tr}\, A = \mathrm{rank}\, A$

6.13 実対称行列の階数は，0 でない固有値の (重複度を込めて考えた) 個数に等しいことを示せ．

6.14 3次正方行列 A の固有値が $-i,\ 1,\ i$ のとき，A^{2n} を A の2次以下の式で表せ．

6.15 n 次正則行列 A の固有値が $\lambda_1, \lambda_2, \cdots, \lambda_n$ のとき，逆行列 A^{-1} の固有値は $\dfrac{1}{\lambda_1},\ \dfrac{1}{\lambda_2},\ \cdots,\ \dfrac{1}{\lambda_n}$ であることを示せ．

6.16 正方行列 A, B がともに正則行列 P で対角化可能ならば，$AB = BA$ であることを示せ．

6.17 ${}^t\boldsymbol{x}A\boldsymbol{x}$ が正値2次形式ならば，$\operatorname{tr} A > 0,\ |A| > 0$ を示せ．

★ 発展問題 ★

6.18 $\begin{bmatrix} O & & a_1 \\ & a_2 & \\ \cdot^{\cdot^{\cdot}} & & \\ a_n & & O \end{bmatrix}$ の固有値を求めよ．

6.19 A を正方行列，λ を A の固有値とする．もし λ の重複度が m ならば，λ に対する固有空間 W_λ の次元は

$$\dim W_\lambda \leqq m$$

であることを示せ．

6.20 A を n 次正方行列とする．もし n より大きいある自然数 k に対して，$A^k = O$ ならば，$A^n = O$ であることを示せ．

6.21 n 次正方行列 A, B はともに対角化可能で，A の固有値はすべて異なるとする．もし A と B が可換 (すなわち $AB = BA$) ならば，$P^{-1}AP,\ P^{-1}BP$ がともに対角行列となるような正則行列 P が存在することを示せ．これを同時対角化という．

6.22 A, B をともに n 次正方行列とするとき，AB と BA の固有多項式は等しいことを示せ．

問題解答

1章

問1　第3行の成分 $1, 0, -1, -2$,　第4列の成分 $6, 2, -2$,
$(1, 3)$ 成分 7,　$(2, 4)$ 成分 2,　$(3, 2)$ 成分 0.

問2　$\begin{bmatrix} 1 & 1 & 1 & 1 \\ 1 & 2 & 1 & 2 \\ 1 & 1 & 3 & 1 \\ 1 & 2 & 1 & 4 \end{bmatrix}$, $\begin{bmatrix} 1 & 2 & 3 & 4 \\ 2 & 2 & 6 & 4 \\ 3 & 6 & 3 & 12 \\ 4 & 4 & 12 & 4 \end{bmatrix}$

問3　(1) $\begin{bmatrix} -6 & 5 & 0 \\ 1 & 1 & 1 \end{bmatrix}$　(2) $\begin{bmatrix} 12 & -5 & 10 \\ 13 & 3 & -7 \end{bmatrix}$　(3) $\begin{bmatrix} 3 & -3 & -1 \\ -2 & -1 & 0 \end{bmatrix}$

問4　AB は定義されない．$BA = \begin{bmatrix} -7 & -2 & 7 \\ -5 & 1 & 22 \end{bmatrix}$

問5　$\begin{bmatrix} b_1a_1 & b_1a_2 & \cdots & b_1a_n \\ b_2a_1 & b_2a_2 & \cdots & b_2a_n \\ \vdots & \vdots & & \vdots \\ b_na_1 & b_na_2 & \cdots & b_na_n \end{bmatrix}$

問6　$\begin{cases} x_1 + x_2 + 9x_3 = 1 \\ \quad -2x_2 + 3x_3 = 2 \\ 2x_1 + 9x_2 + x_3 = 3 \end{cases}$

問7　略

問8　A はべき零行列，B はべき等行列

問9　${}^t\boldsymbol{a} = [1, 2, 3]$，${}^tB = \begin{bmatrix} 4 & 2 \\ 3 & 1 \end{bmatrix}$

問10　${}^t(ABC) = {}^tC\,{}^t(AB) = {}^tC\,{}^tB\,{}^tA$

問11　$a_{ii} = -a_{ii}$　$\therefore\ a_{ii} = 0$

問12　${}^t(A^2) = ({}^tA)^2 = (-A)^2 = A^2$

問13　A の第 i 行 (または A の第 i 列) の成分がすべて 0 ならば，AX (または XA) の (i, i) 成分はつねに 0 となる．

問14　定理 1.2 (2) を繰り返し使う．

問15　(1) $\begin{bmatrix} Z & W \\ X & Y \end{bmatrix}$　(2) $\begin{bmatrix} X+BZ & Y+BW \\ Z & W \end{bmatrix}$　(3) $\begin{bmatrix} I & O \\ O & I \end{bmatrix}$

(4) $\begin{bmatrix} A & O \\ C & D \end{bmatrix}$

問16　略

1 章の問題

1.1 (1) $AB=I$ の両辺に左から C を掛けて，左辺に $CA=I$ を代入すれば $B=C$ を得る．

(2) A は n 次正則行列だから，逆行列 A^{-1} が存在する．A^{-1} を与えられた等式の左から両辺に掛けると $A^{-1}AB=A^{-1}AC$．　$\therefore\ B=C$

1.2 $A=\begin{bmatrix} \frac{4}{3} & 1 & \frac{5}{3} \\ \frac{3}{2} & 1 & 2 \\ 2 & 1 & 3 \end{bmatrix}$

1.3 (1) $\begin{bmatrix} 10 & 5 & -1 \\ 5 & 5 & -2 \\ -1 & -2 & 1 \end{bmatrix}$　(2) $\begin{bmatrix} 6 & 5 \\ 5 & 10 \end{bmatrix}$　(3) $\begin{bmatrix} 4 & 1 & 5 \\ -3 & 1 & -1 \\ -1 & 4 & 9 \end{bmatrix}$

(4) $\begin{bmatrix} 0 & 1 & -2 \\ 5 & 1 & 3 \end{bmatrix}$　(5) 10　(6) $\begin{bmatrix} 3 & 2 \\ -6 & -4 \\ 3 & 2 \end{bmatrix}$

1.4 略

1.5 (1) $AB=BA$　(2) $AB=BA$ (条件の必要性と十分性を確かめる)

1.6 $X=\begin{bmatrix} x & y & z \\ u & v & w \\ p & q & r \end{bmatrix}$ とおくと，$AX=\begin{bmatrix} p & q & r \\ u & v & w \\ x & y & z \end{bmatrix}$，$XA=\begin{bmatrix} z & y & x \\ w & v & u \\ r & q & p \end{bmatrix}$ となるから，

成分を比較して，$X=\begin{bmatrix} x & y & z \\ u & v & u \\ z & y & x \end{bmatrix}$ $(x,y,z,u,v$ は任意$)$.

1.7 ${}^t({}^tAA)={}^tA\,{}^t({}^tA)={}^tAA$

1.8 略

1.9 ${}^t(A^k)=({}^tA)^k=A^k$

1.10 $\lambda_1\lambda_2\cdots\lambda_n\neq 0$ のとき，正則となり，$D^{-1}=\begin{bmatrix} {\lambda_1}^{-1} & & O \\ & \ddots & \\ O & & {\lambda_n}^{-1} \end{bmatrix}$.

1.11 $\boldsymbol{x}=\boldsymbol{e}_i$ とすると，$A\boldsymbol{e}_i=B\boldsymbol{e}_i$．よって，例 15 より，各 i に対して A と B の第 i 列が等しい．　$\therefore\ A=B$

1.12 ${}^t(A^{-1})=({}^tA)^{-1}=A^{-1}$

1.13 (1) ${}^t\left(\dfrac{1}{2}(A+{}^tA)\right)=\dfrac{1}{2}\{{}^tA+{}^t({}^tA)\}=\dfrac{1}{2}({}^tA+A)$ より，$\dfrac{1}{2}(A+{}^tA)$ は対称行列．また，${}^t\left(\dfrac{1}{2}(A-{}^tA)\right)=\dfrac{1}{2}\{{}^tA-{}^t({}^tA)\}=\dfrac{1}{2}({}^tA-A)=-\dfrac{1}{2}(A-{}^tA)$ より，$\dfrac{1}{2}(A-{}^tA)$ は交代行列.

(2) (1) の結果を用いて $A=\dfrac{1}{2}(A+{}^tA)+\dfrac{1}{2}(A-{}^tA)$ と書くことができる.

1.14 (1) $B^2 = A({}^tAA)^{-1}({}^tAA)({}^tAA)^{-1}\,{}^tA = A({}^tAA)^{-1}\,{}^tA = B$,
${}^tB = {}^t\{A({}^tAA)^{-1}\,{}^tA\} = {}^t({}^tA)\,{}^t\{({}^tAA)^{-1}\}\,{}^tA = A\{{}^tA\,{}^t({}^tA)\}^{-1}\,{}^tA = A({}^tAA)^{-1}{}^tA = B$
(2) $(I-B)^2 = I - BI - IB + B^2 = I - 2B + B^2 = I - 2B + B = I - B$

1.15 $(I-X)(I+X+X^2+\cdots+X^{k-1}) = I - X^k$ の両辺に $(I-X)^{-1}$ を左から掛けると

$$I+X+X^2+\cdots+X^{k-1} = (I-X)^{-1}(I-X^k)$$

となる．また，$(I+X+X^2+\cdots+X^{k-1})(I-X) = I - X^k$ の両辺に $(I-X)^{-1}$ を右から掛けると

$$I+X+X^2+\cdots+X^{k-1} = (I-X^k)(I-X)^{-1}$$

が成り立つ．

1.16 (1) $A = [a_{ij}]$，$B = [b_{ij}]$ とすると

$$\mathrm{tr}(A+B) = \sum_{i=1}^{n}(a_{ii}+b_{ii}) = \mathrm{tr}\,A + \mathrm{tr}\,B$$

(2) $$\mathrm{tr}(AB) = \sum_{i=1}^{n}\left(\sum_{k=1}^{n} a_{ik}b_{ki}\right) = \sum_{i=1}^{n}\sum_{k=1}^{n} a_{ik}b_{ki} = \sum_{k=1}^{n}\sum_{i=1}^{n} b_{ki}a_{ik} = \sum_{k=1}^{n}\left(\sum_{i=1}^{n} b_{ki}a_{ik}\right) = \mathrm{tr}(BA)$$

(3) $\mathrm{tr}(B^{-1}AB) = \mathrm{tr}\{B^{-1}(AB)\} = \mathrm{tr}\{(AB)B^{-1}\} = \mathrm{tr}\{A(BB^{-1})\} = \mathrm{tr}\,A$

1.17 両辺のトレースをとれ．

1.18 ${}^tAA$ の対角成分は，すべて実数の 2 乗の和の形をしている．

1.19 E_{ij} を (i,j) 成分だけ 1 で，他の成分は 0 の n 次正方行列とすると

$$0 = \mathrm{tr}(AE_{ij}) = a_{ji} \qquad \therefore\ A = O$$

1.20 (1), (2) ともに，積が単位行列になることを確かめよ．

1.21 $A = \begin{bmatrix} a_{11} & \cdots & a_{1n} \\ \vdots & & \vdots \\ a_{n1} & \cdots & a_{nn} \end{bmatrix}$，$\boldsymbol{x} = \begin{bmatrix} x_1 \\ \vdots \\ x_n \end{bmatrix}$ とおくと ${}^t\boldsymbol{x} = [x_1,\ \cdots,\ x_n]$ だから

$$\begin{aligned} {}^t\boldsymbol{x}A\boldsymbol{x} &= \left[\sum_{i=1}^{n} x_i a_{i1},\ \sum_{i=1}^{n} x_i a_{i2},\ \cdots,\ \sum_{i=1}^{n} x_i a_{in}\right]\begin{bmatrix} x_1 \\ \vdots \\ x_n \end{bmatrix} = \sum_{j=1}^{n}\sum_{i=1}^{n} x_i a_{ij} x_j \\ &= a_{11}{x_1}^2 + (a_{12}+a_{21})x_1x_2 + (a_{13}+a_{31})x_1x_3 + \cdots + a_{nn}{x_n}^2 = 0 \end{aligned}$$

となる．これがすべての列ベクトル $\boldsymbol{x}$ に対して成り立つから，上式はすべての実数 x_i $(i=1,2,\cdots,n)$ に関する恒等式である．すなわち，$i=j$ のとき $a_{ij}=0$．$i \neq j$ のとき $a_{ij}+a_{ji}=0$．よって，$a_{ij} = -a_{ji}$ となるから，A は交代行列となる．

1.22 $AX+BY = C \cdots$①，$BX+AY = D \cdots$② とする．①＋② と ①－②より

$$X+Y = (A+B)^{-1}(C+D), \qquad X-Y = (A-B)^{-1}(C-D)$$

$$\therefore\ X = \frac{1}{2}\{(A+B)^{-1}(C+D) + (A-B)^{-1}(C-D)\},$$

$$Y = \frac{1}{2}\{(A+B)^{-1}(C+D) - (A-B)^{-1}(C-D)\}$$

1.23 $\begin{bmatrix} A & B \\ B & A \end{bmatrix}\begin{bmatrix} X & Z \\ Y & W \end{bmatrix}=\begin{bmatrix} I & O \\ O & I \end{bmatrix}$ となる X, Y, Z, W を求める．両辺を比較して

$$AX+BY=I, \quad BX+AY=O, \quad AZ+BW=O, \quad BZ+AW=I$$

ここで，問題 1.22 を使えば

$$\begin{bmatrix} A & B \\ B & A \end{bmatrix}^{-1}=\frac{1}{2}\begin{bmatrix} (A+B)^{-1}+(A-B)^{-1} & (A+B)^{-1}-(A-B)^{-1} \\ (A+B)^{-1}-(A-B)^{-1} & (A+B)^{-1}+(A-B)^{-1} \end{bmatrix}$$

1.24 (1) A を $m\times n$ 行列として $A=\begin{bmatrix}a_{ij}\end{bmatrix}$ とおくと

$$\sum_{k=1}^{m} a_{ki}a_{kj}=0 \qquad (i=1,2,\cdots,n;\ j=1,2,\cdots,n)$$

となる．特に，$\displaystyle\sum_{k=1}^{m} {a_{kj}}^2=0$ より，$a_{kj}=0$ $(k=1,2,\cdots,m;\ j=1,2,\cdots,n)$．よって，$A=\begin{bmatrix}a_{ij}\end{bmatrix}=O$．

(2) $(P\,{}^tA-Q\,{}^tA)\,{}^t(P\,{}^tA-Q\,{}^tA)=(P\,{}^tAA-Q\,{}^tAA)({}^tP-{}^tQ)=O$．よって，(1) より，$P\,{}^tA-Q\,{}^tA=O$．

1.25 問題 1.15 をみよ．

1.26 A を正則の場合と正則でない場合に分けて考える．

A が正則ならば，A^{-1} を $A^n=O$ の両辺に掛けて $A^{-1}A^n=A^{-1}O$．したがって，$A^{n-1}=O$．この操作を繰り返すと，$A=O$ となり矛盾．

A が正則でないならば，$A=\begin{bmatrix} a & b \\ c & d \end{bmatrix}$ とすれば $ad-bc=0$．したがって，$ad=bc$．

$$\begin{aligned} A^2&=\begin{bmatrix} a^2+bc & (a+d)b \\ c(a+b) & bc+d^2 \end{bmatrix}=\begin{bmatrix} a(a+d) & b(a+d) \\ c(a+d) & d(a+d) \end{bmatrix}=(a+b)\begin{bmatrix} a & b \\ c & d \end{bmatrix} \\ &=(a+b)A \end{aligned}$$

よって，$A^3=A^2A=(a+d)^2A$．同様にして $A^n=(a+b)^{n-1}A=O$ となる．このとき，$a+d=0$ のときは $A^2=0A=O$．$a+b\neq 0$ のとき $A=O$ だから，$A^2=O$ が成り立つ．

1.27 $A^n=\begin{bmatrix} a^n & na^{n-1} & \frac{n(n-1)}{2}a^{n-2} \\ 0 & a^n & na^{n-1} \\ 0 & 0 & a^n \end{bmatrix}$

1.28 $A=\dfrac{1}{3}\begin{bmatrix} 2 & 1 \\ 1 & 2 \end{bmatrix}$ のとき，$A^2=\dfrac{1}{3^2}\begin{bmatrix} 5 & 4 \\ 4 & 5 \end{bmatrix}$，$A^3=\dfrac{1}{3^3}\begin{bmatrix} 14 & 13 \\ 13 & 14 \end{bmatrix}$ となるから，一般に，$A^n=\dfrac{1}{3^n}\begin{bmatrix} a_n & a_n-1 \\ a_n-1 & a_n \end{bmatrix}$ の形に書けることが推定できる．これは帰納法を用いて

$$A^{n+1}=A^nA=\frac{1}{3^{n+1}}\begin{bmatrix} 3a_n-1 & 3a_n-2 \\ 3a_n-2 & 3a_n-1 \end{bmatrix}$$

より正しいことが示される．また，$a_{n+1}=3a_n-1$，$a_1=2$ が成り立つから

$$a_{n+1}-\frac{1}{2}=3\left(a_n-\frac{1}{2}\right)=3^n\left(a_1-\frac{1}{2}\right)$$

よって，$a_n=\dfrac{1}{2}(3^n+1)$ だから

$$\lim_{n\to\infty} A^n = \lim_{n\to\infty} \frac{1}{2}\begin{bmatrix} 1+3^{-n} & 1-3^{-n} \\ 1-3^{-n} & 1+3^{-n} \end{bmatrix} = \frac{1}{2}\begin{bmatrix} 1 & 1 \\ 1 & 1 \end{bmatrix}$$

1.29 $B=\begin{bmatrix} 0 & 0 & 1 \\ 0 & 1 & 0 \\ 1 & 0 & 0 \end{bmatrix}$, $\boldsymbol{c}=\begin{bmatrix} 1 \\ 1 \\ 1 \end{bmatrix}$ とおくと，$A=\begin{bmatrix} B & \boldsymbol{c} \\ \boldsymbol{o} & 1 \end{bmatrix}$.

$$\therefore\ A^n = \begin{bmatrix} B^n & (B^{n-1}+\cdots+B+I)\boldsymbol{c} \\ \boldsymbol{o} & 1 \end{bmatrix}$$

ここで，$B^n=\begin{cases} B & (n \text{ が偶数のとき}) \\ I & (n \text{ が奇数のとき}) \end{cases}$ と $B\boldsymbol{c}=\boldsymbol{c}$ であることから

$$A^n = \begin{bmatrix} 0 & 0 & 1 & n \\ 0 & 1 & 0 & n \\ 1 & 0 & 0 & n \\ 0 & 0 & 0 & 1 \end{bmatrix} \ (n\text{：奇数}), \qquad \begin{bmatrix} 1 & 0 & 0 & n \\ 0 & 1 & 0 & n \\ 0 & 0 & 1 & n \\ 0 & 0 & 0 & 1 \end{bmatrix} \ (n\text{：偶数})$$

1.30 略

2 章

問 1 (1) $\begin{bmatrix} 1 & 4 & 7 \\ 2 & 5 & 8 \\ 1 & 2 & 3 \end{bmatrix}$ (2) $\begin{bmatrix} 1 & 2 & 3 \\ 0 & 1 & 2 \\ 0 & 1 & 2 \end{bmatrix}$ (3) $\begin{bmatrix} 4 & 9 & 2 \\ 3 & 5 & 7 \\ 8 & 1 & 6 \end{bmatrix}$

問 2 略

問 3 (1) $\begin{bmatrix} 1 & * \\ 0 & 0 \end{bmatrix}$, $\begin{bmatrix} 0 & 1 \\ 0 & 0 \end{bmatrix}$, I_2

(2) $\begin{bmatrix} 1 & * & * \\ 0 & 0 & 0 \end{bmatrix}$, $\begin{bmatrix} 0 & 1 & * \\ 0 & 0 & 0 \end{bmatrix}$, $\begin{bmatrix} 0 & 0 & 1 \\ 0 & 0 & 0 \end{bmatrix}$, $\begin{bmatrix} 1 & 0 & * \\ 0 & 1 & * \end{bmatrix}$, $\begin{bmatrix} 1 & * & 0 \\ 0 & 0 & 1 \end{bmatrix}$, $\begin{bmatrix} 0 & 1 & 0 \\ 0 & 0 & 1 \end{bmatrix}$

(3) $\begin{bmatrix} 1 & * \\ 0 & 0 \\ 0 & 0 \end{bmatrix}$, $\begin{bmatrix} 0 & 1 \\ 0 & 0 \\ 0 & 0 \end{bmatrix}$, $\begin{bmatrix} 1 & 0 \\ 0 & 1 \\ 0 & 0 \end{bmatrix}$

問 4 階段行列の定義の記号のもとで，$k=n$ より，$1\leqq q_1<\cdots<q_n\leqq n$. したがって，$q_1=1,\cdots,q_n=n$. 条件 (3) より，第 q_i 列は $\boldsymbol{e}_i$. よって，この行列は単位行列.

問 5 (1) $\begin{bmatrix} 1 & 0 & 11 \\ 0 & 1 & -4 \end{bmatrix}$, 階数は 2. (2) $\begin{bmatrix} 1 & 0 & -2 & 1 \\ 0 & 1 & 3 & 1 \\ 0 & 0 & 0 & 0 \end{bmatrix}$, 階数は 2.

(3) $\begin{bmatrix} 1 & 0 & 0 & 0 \\ 0 & 1 & 0 & 4 \\ 0 & 0 & 1 & 1 \end{bmatrix}$, 階数は 3.

問 6 A の階段行列を B とする. 変形定理より，$B=PA$ (P は正則) と表せる. このとき，$BX=PAX=PI=P$ は正則だから，B は行零ベクトルを 1 つも含まない. したがって，$B=I$ (問 4) ゆえ，$X=P$. よって，$XA=PA=I$.

問 7　必要条件は定理 2.4 より明らか．十分条件は $n \geqq \mathrm{rank}\left[A, \boldsymbol{b}\right] \geqq \mathrm{rank}\, A$ による．

問 8　(1)　$x=3,\ y=2,\ z=-1$　　(2)　$x=3,\ y=1,\ z=-2$

問 9　(1)　$\begin{bmatrix} x \\ y \\ z \end{bmatrix} = \begin{bmatrix} -2 \\ -7 \\ 0 \end{bmatrix} + a \begin{bmatrix} 2 \\ 8 \\ 1 \end{bmatrix}$　　(2)　$\begin{bmatrix} x \\ y \\ z \\ w \end{bmatrix} = \begin{bmatrix} 1 \\ 2 \\ 1 \\ 0 \end{bmatrix} + a \begin{bmatrix} 29 \\ -40 \\ -37 \\ 1 \end{bmatrix}$

問 10　(1)　$\mathrm{rank}\left[A, \boldsymbol{b}\right] = 3 \neq \mathrm{rank}\, A = 2$ より，解なし．

(2)　$\mathrm{rank}\left[A, \boldsymbol{b}\right] = 3 \neq \mathrm{rank}\, A = 2$ より，解なし．

問 11　$\mathrm{rank}\, A \leqq \min\{m, n\} <$「未知数の個数」より，無数の解をもつ．

問 12　$A(c_1\boldsymbol{x}_1 + c_2\boldsymbol{x}_2) = c_1 A\boldsymbol{x}_1 + c_2 A\boldsymbol{x}_2 = \boldsymbol{o}$

問 13　(1)　$x=y=z=0$　　(2)　$\begin{bmatrix} x \\ y \\ z \\ w \end{bmatrix} = a \begin{bmatrix} -1 \\ -1 \\ 1 \\ 0 \end{bmatrix} + b \begin{bmatrix} 0 \\ -2 \\ 0 \\ 1 \end{bmatrix}$

問 14　(1)　$P_1(-1)P_{12}$　　(2)　$P_3(3)P_2(2)P_{23}P_{12}$　　(3)　$P_{12}(1)P_{23}(1)$

問 15　(1)　$\begin{bmatrix} 0 & 1 & -1 \\ 1 & -1 & 1 \\ -1 & 1 & 0 \end{bmatrix}$　　(2)　$\begin{bmatrix} 6 & -3 & 1 \\ -8 & 5 & -2 \\ 3 & -2 & 1 \end{bmatrix}$　　(3)　正則でない．

問 16　(1)　$\begin{bmatrix} 1 & 4 & \frac{7}{3} \\ 2 & 5 & \frac{8}{3} \\ 3 & 6 & 3 \end{bmatrix}$　　(2)　$\begin{bmatrix} -3 & 2 & 3 \\ -8 & 5 & 8 \\ -2 & 1 & 2 \end{bmatrix}$　　(3)　$\begin{bmatrix} 6 & 1 & 8 \\ 7 & 5 & 3 \\ 2 & 9 & 4 \end{bmatrix}$

問 17　(1)　$\begin{bmatrix} 1 & 0 & 0 \\ 0 & 1 & 0 \\ 0 & 0 & 0 \end{bmatrix}$　　(2)　$\begin{bmatrix} 1 & 0 & 0 \\ 0 & 1 & 0 \\ 0 & 0 & 1 \\ 0 & 0 & 0 \end{bmatrix}$　　(3)　$\begin{bmatrix} 1 & 0 & 0 & 0 \\ 0 & 1 & 0 & 0 \\ 0 & 0 & 1 & 0 \end{bmatrix}$

問 18　(1)　$\mathrm{rank} \begin{bmatrix} A \\ A \end{bmatrix} = \mathrm{rank} \begin{bmatrix} A \\ O \end{bmatrix} = \mathrm{rank}\, A$

(2)　$\mathrm{rank}\left[A, A\right] = \mathrm{rank}\left[A, O\right] = \mathrm{rank}\, A$

問 19　$\mathrm{rank}(AB) \leqq \mathrm{rank}\, A \leqq \min\{m, n\} < m$ による．

2 章の問題

2.1　(1)　$\begin{bmatrix} 1 & 0 & -1 \\ 0 & 1 & 3 \\ 0 & 0 & 0 \end{bmatrix}$，階数は 2.　　(2)　$\begin{bmatrix} 1 & 0 & -1 & 0 \\ 0 & 1 & 2 & 0 \\ 0 & 0 & 0 & 1 \end{bmatrix}$，階数は 3.

(3)　$\begin{bmatrix} 1 & 0 & 2 \\ 0 & 1 & 1 \\ 0 & 0 & 0 \\ 0 & 0 & 0 \end{bmatrix}$，階数は 2.　　(4)　$\begin{bmatrix} 0 & 1 & 0 & 0 \\ 0 & 0 & 1 & 0 \\ 0 & 0 & 0 & 1 \\ 0 & 0 & 0 & 0 \end{bmatrix}$，階数は 3.

(5) $\begin{bmatrix} 1 & 0 & 0 & 0 \\ 0 & 1 & 0 & 0 \\ 0 & 0 & 1 & 0 \\ 0 & 0 & 0 & 1 \end{bmatrix}$, 階数は 4. (6) $\begin{bmatrix} 1 & 0 & -1 & 0 & 1 \\ 0 & 1 & 0 & 0 & 2 \\ 0 & 0 & 0 & 1 & 3 \\ 0 & 0 & 0 & 0 & 0 \end{bmatrix}$, 階数は 3.

2.2 (1) $\begin{bmatrix} -9 & 8 \\ 8 & -7 \end{bmatrix}$ (2) $\begin{bmatrix} 1 & -3 & 2 \\ -3 & 3 & -1 \\ 2 & -1 & 0 \end{bmatrix}$

(3) $\begin{bmatrix} -2 & 3 & -2 \\ 2 & -4 & 1 \\ 1 & -3 & 0 \end{bmatrix}$ (4) $\dfrac{1}{7}\begin{bmatrix} 5 & -2 & -2 \\ -2 & 5 & -2 \\ -2 & -2 & 5 \end{bmatrix}$

(5) $\begin{bmatrix} -3 & 2 & 0 & 0 \\ 2 & -1 & 0 & 0 \\ 5 & -4 & -7 & 6 \\ -4 & 3 & 6 & -5 \end{bmatrix}$ (6) $\dfrac{1}{2}\begin{bmatrix} 5 & -2 & -1 & 0 \\ -2 & 3 & 0 & -1 \\ -1 & 0 & 1 & 0 \\ 0 & -1 & 0 & 1 \end{bmatrix}$

2.3 (1) $\begin{bmatrix} x \\ y \\ z \end{bmatrix} = \begin{bmatrix} -6 \\ 2 \\ 5 \end{bmatrix}$ (2) $\begin{bmatrix} x \\ y \\ z \\ w \end{bmatrix} = \begin{bmatrix} 1 \\ 0 \\ 0 \\ 0 \end{bmatrix} + a\begin{bmatrix} 2 \\ 1 \\ 0 \\ 0 \end{bmatrix} + b\begin{bmatrix} -1 \\ 0 \\ 1 \\ 0 \end{bmatrix} + c\begin{bmatrix} 3 \\ 0 \\ 0 \\ 1 \end{bmatrix}$

(3) $\begin{bmatrix} x \\ y \\ z \end{bmatrix} = \begin{bmatrix} 1 \\ -1 \\ 0 \end{bmatrix} + \dfrac{a}{3}\begin{bmatrix} 5 \\ 4 \\ 3 \end{bmatrix}$ (4) $\begin{bmatrix} x \\ y \\ z \\ w \end{bmatrix} = \begin{bmatrix} -4 \\ 8 \\ 0 \\ 0 \end{bmatrix} + a\begin{bmatrix} 5 \\ -7 \\ 1 \\ 0 \end{bmatrix} + b\begin{bmatrix} -3 \\ -1 \\ 0 \\ 1 \end{bmatrix}$

(5) $\begin{bmatrix} x \\ y \\ z \end{bmatrix} = \begin{bmatrix} -29 \\ -228 \\ 660 \end{bmatrix}$ (6) 解なし.

(7) $\begin{bmatrix} x \\ y \\ z \end{bmatrix} = \dfrac{1}{3}\begin{bmatrix} 1 \\ 0 \\ -1 \end{bmatrix}$ (8) $\begin{bmatrix} x \\ y \\ z \\ w \end{bmatrix} = \begin{bmatrix} -2 \\ 5 \\ 0 \\ 0 \end{bmatrix} + a\begin{bmatrix} 4 \\ -3 \\ 1 \\ 0 \end{bmatrix} + b\begin{bmatrix} -1 \\ -1 \\ 0 \\ 1 \end{bmatrix}$

2.4 (1) $\begin{bmatrix} x \\ y \\ z \end{bmatrix} = a\begin{bmatrix} -3 \\ 0 \\ 1 \end{bmatrix}$ (2) $\begin{bmatrix} x \\ y \\ z \\ w \end{bmatrix} = a\begin{bmatrix} -2 \\ -3 \\ -1 \\ 1 \end{bmatrix}$ (3) $\begin{bmatrix} x \\ y \\ z \end{bmatrix} = \begin{bmatrix} 0 \\ 0 \\ 0 \end{bmatrix}$

(4) $\begin{bmatrix} x \\ y \\ z \\ w \end{bmatrix} = a\begin{bmatrix} 2 \\ -3 \\ 1 \\ 0 \end{bmatrix} + b\begin{bmatrix} 1 \\ -2 \\ 0 \\ 1 \end{bmatrix}$

2.5 何通りもの答え方がある. 以下はその一例に過ぎない.

(1) $P_{12}(-2)P_{12}P_1(-1)$ (2) $P_{12}(2)P_{21}(2)$ (3) $P_{32}(1)P_{21}(1)P_{13}$

(4) $P_{12}P_{21}(1)P_{32}(1)P_3(2)P_{13}(1)P_{23}(-1)$ (5) $P_{43}(2)P_{12}(2)P_{13}P_{24}$

(6) $P_2(2)P_3(3)P_4(4)P_{12}(1)P_{23}(1)P_{34}(1)$

2.6 (1) $\begin{bmatrix}1&0&0&0\\0&1&0&0\\0&0&1&0\end{bmatrix}$ (2) $\begin{bmatrix}1&0&0\\0&1&0\\0&0&0\\0&0&0\end{bmatrix}$ (3) $\begin{bmatrix}1&0&0&0\\0&1&0&0\\0&0&0&0\\0&0&0&0\end{bmatrix}$

2.7 (1) $P=P_{21}(-3)P_1\left(\frac{1}{2}\right)=\begin{bmatrix}\frac{1}{2}&0\\-\frac{3}{2}&1\end{bmatrix}$, $Q=P_{12}(-2)=\begin{bmatrix}1&-2\\0&1\end{bmatrix}$

(2) $P=P_{32}(-2)P_{12}(-3)P_{31}(-1)P_{21}(-1)=\begin{bmatrix}4&-3&0\\-1&1&0\\1&-2&1\end{bmatrix}$,

$Q=P_{13}(-9)P_{14}(7)P_{23}(1)P_{24}(-2)=\begin{bmatrix}1&0&-9&7\\0&1&1&-2\\0&0&1&0\\0&0&0&1\end{bmatrix}$

(3) $P=P_{43}(-1)P_{23}(-2)P_{13}(1)P_{12}(-1)P_{23}P_{31}(-1)P_{21}(-1)P_{14}$

$=\begin{bmatrix}0&1&-1&1\\0&-2&1&1\\0&1&0&-1\\1&-1&0&1\end{bmatrix}$, $Q=P_{34}(-3)=\begin{bmatrix}1&0&0&0\\0&1&0&0\\0&0&1&-3\\0&0&0&1\end{bmatrix}$

2.8 (1) 正則でない. (2) $\begin{bmatrix}-2&-4&-3\\-6&1&-1\\-5&-6&-5\end{bmatrix}$

(3) $\begin{bmatrix}0&0&1\\0&1&-b\\1&-b&-a+b^2\end{bmatrix}$ (4) $\begin{bmatrix}22&-49&71&-1\\-19&52&-69&-1\\-19&51&-68&-1\\-1&-1&-1&1\end{bmatrix}$

(5) $\begin{bmatrix}1&1&1&1\\3&4&5&6\\3&6&10&15\\1&4&10&20\end{bmatrix}$ (6) $\begin{bmatrix}1&0&0&0\\-a&1&0&0\\a^2&-2a&1&0\\-a^3&3a^2&-3a&1\end{bmatrix}$

2.9 (1) $c=5$ (2) $c=-3$

2.10 (1) (i) $c\neq-3,\ 2$; (ii) $c=2$; (iii) $c=-3$

(2) (i) $c\neq-2,\ 1$; (ii) $c=1$; (iii) $c=-2$

2.11 「係数行列の階数」$=2<3=$「未知数の個数」による.

2.12 $5a-b-2c=0$

2.13 $A(\boldsymbol{x}_1-\boldsymbol{x}_2)=A\boldsymbol{x}_1-A\boldsymbol{x}_2=\boldsymbol{b}-\boldsymbol{b}=\boldsymbol{o}$

2.14 $A\boldsymbol{x}=\boldsymbol{b}$ の任意の解を $\boldsymbol{y}$ とすると, $A(\boldsymbol{y}-\boldsymbol{x}_0)=\boldsymbol{o}$. よって, $\boldsymbol{z}=\boldsymbol{y}-\boldsymbol{x}_0$ は $A\boldsymbol{x}=\boldsymbol{o}$ の解.

2.15 (1) $\begin{bmatrix}1&0&*\\0&1&*\\0&0&0\end{bmatrix}$, $\begin{bmatrix}1&*&0\\0&0&1\\0&0&0\end{bmatrix}$, $\begin{bmatrix}0&1&0\\0&0&1\\0&0&0\end{bmatrix}$, I_3

(2) $\begin{bmatrix}1&*&*\\0&0&0\\0&0&0\\0&0&0\end{bmatrix}$, $\begin{bmatrix}0&1&*\\0&0&0\\0&0&0\\0&0&0\end{bmatrix}$, $\begin{bmatrix}0&0&1\\0&0&0\\0&0&0\\0&0&0\end{bmatrix}$, $\begin{bmatrix}1&0&*\\0&1&*\\0&0&0\\0&0&0\end{bmatrix}$, $\begin{bmatrix}1&*&0\\0&0&1\\0&0&0\\0&0&0\end{bmatrix}$,

$\begin{bmatrix}0&1&0\\0&0&1\\0&0&0\\0&0&0\end{bmatrix}$, $\begin{bmatrix}1&0&0\\0&1&0\\0&0&1\\0&0&0\end{bmatrix}$, $O_{4\times 3}$

2.16 (1) $\operatorname{rank} A$ (2) $\operatorname{rank} A$ (3) $2\operatorname{rank} A$

2.17 (1) $A=\begin{bmatrix}1&0\\0&1\end{bmatrix}$, $B=\begin{bmatrix}1&0\\0&-1\end{bmatrix}$ (2) $A=\begin{bmatrix}1&0\\0&0\end{bmatrix}$, $B=\begin{bmatrix}0&0\\0&1\end{bmatrix}$

(3) $A=\begin{bmatrix}1&0\\0&0\end{bmatrix}$, $B=\begin{bmatrix}0&0\\0&1\end{bmatrix}$

2.18 (1) $\operatorname{rank}[A, A+B]=\operatorname{rank}[A, (A+B)-A]=\operatorname{rank}[A, B]$

(2) $$\begin{aligned}\operatorname{rank}[A, B, A+B]&=\operatorname{rank}[A, B, (A+B)-A-B]\\&=\operatorname{rank}[A, B, O]=\operatorname{rank}[A, B]\end{aligned}$$

(3) $$\begin{aligned}\operatorname{rank}\begin{bmatrix}A&A+B\\O&B\end{bmatrix}&=\operatorname{rank}\begin{bmatrix}A&A+B-B\\O&B\end{bmatrix}=\operatorname{rank}\begin{bmatrix}A&A\\O&B\end{bmatrix}\\&=\operatorname{rank}\begin{bmatrix}A&A-A\\O&B\end{bmatrix}=\operatorname{rank}\begin{bmatrix}A&O\\O&B\end{bmatrix}\\&=\operatorname{rank} A+\operatorname{rank} B\end{aligned}$$

2.19 $B=P_{1n}(1)\cdots P_{13}(1)P_{12}(1)A$ の第 1 行は $\boldsymbol{o}$ ゆえ，B は正則でない．したがって，A も正則でない．

2.20 $\begin{bmatrix}\lambda_1\\\lambda_2\\\lambda_3\\\lambda_4\end{bmatrix}=\begin{bmatrix}\frac{1}{31}(16a+13b)\\a\\b\\c\end{bmatrix}$ $(a, b, c$ は任意定数$)$

2.21 (1) $\operatorname{rank}\begin{bmatrix}1&a&b&1\\a&b&1&a\\b&1&a&b\end{bmatrix}=\operatorname{rank}\begin{bmatrix}1&a&b\\a&b&1\\b&1&a\end{bmatrix}$ による．

(2) $\begin{bmatrix}x\\y\\z\end{bmatrix}=\begin{bmatrix}1\\0\\0\end{bmatrix}+c\begin{bmatrix}1\\1\\1\end{bmatrix}$ (c は任意定数) (3) $\begin{bmatrix}x\\y\\z\end{bmatrix}=\begin{bmatrix}1\\0\\0\end{bmatrix}$

2.22 $\boldsymbol{y}=\sum_{i=1}^{k}\lambda_i\boldsymbol{x}_i$ とおくと

$$A\boldsymbol{y}=A\sum_{i=1}^{k}\lambda_i\boldsymbol{x}_i=\sum_{i=1}^{k}\lambda_i A\boldsymbol{x}_i=\left(\sum_{i=1}^{k}\lambda_i\right)\boldsymbol{b}$$

$A\boldsymbol{y}=\boldsymbol{b}$ ならば，$\boldsymbol{b}\neq\boldsymbol{o}$ より，$\sum_{i=1}^{k}\lambda_i=1$ が成り立つ．

逆に，$\sum_{i=1}^{k}\lambda_i=1$ ならば，$A\boldsymbol{y}=\boldsymbol{b}$ となり，$\boldsymbol{y}$ は $A\boldsymbol{x}=\boldsymbol{b}$ の解である．

2.23 $\operatorname{rank} A = \operatorname{rank}({}^t\boldsymbol{a}\boldsymbol{b}) \leqq \operatorname{rank} \boldsymbol{b} = 1$. ここで，$A \neq O$ だから $\operatorname{rank} A = 1$.

2.24 (1) $x \neq -2, 1$ のとき，階数 3. $x = -2$ のとき，階数 2. $x = 1$ のとき，階数 1.

(2) $x \neq -\dfrac{1}{2}, 1$ のとき，階数 3. $x = -\dfrac{1}{2}$ のとき，階数 2. $x = 1$ のとき，階数 1.

(3) $x \neq 1$ のとき，階数 3. $x = 1$ のとき，階数 1.

2.25 ${}^tAA\boldsymbol{x} = \boldsymbol{o}$ ならば，${}^t\boldsymbol{x}\,{}^tAA\boldsymbol{x} = 0$ ゆえ，${}^t(A\boldsymbol{x})(A\boldsymbol{x}) = 0$. よって，$A\boldsymbol{x} = \boldsymbol{o}$.
逆に，$A\boldsymbol{x} = \boldsymbol{o}$ ならば，${}^tAA\boldsymbol{x} = \boldsymbol{o}$ ゆえ，$A\boldsymbol{x} = \boldsymbol{o}$ と ${}^tAA\boldsymbol{x} = \boldsymbol{0}$ の解空間は等しい. 特に，次元が一致するから $\operatorname{rank} A = \operatorname{rank}({}^tAA)$ を得る.

2.26 $B = [\boldsymbol{b}_1, \boldsymbol{b}_2, \cdots, \boldsymbol{b}_l]$，$X = [\boldsymbol{x}_1, \boldsymbol{x}_2, \cdots, \boldsymbol{x}_l]$ とするとき

$$AX = B \text{ なる } X \text{ が存在} \Longleftrightarrow A\boldsymbol{x}_i = \boldsymbol{b}_i \text{ なる } \boldsymbol{x}_i \text{ が存在}$$

2.27 PA を A の階段行列，$\operatorname{rank} A = k$ として，$PA = \begin{bmatrix} C \\ O_{m-k} \end{bmatrix}$，$P^{-1} = [B, D]$ とおく.

3 章

問 1 $n!$ 個　　問 2 9　　問 3 -1

問 4 符号が 1 の順列の 1 番目と 2 番目の数字を入れ替えた順列の符号は -1 となる (例 3). したがって，「符号が 1 の順列の個数」$\leqq$「符号が -1 の順列の個数」である.
同様にして，逆向きの不等号も成り立つ.

問 5 (1) -1　(2) 4　(3) 1

問 6 (1) 0　(2) -24　(3) $a^3 - 2a$

問 7 8　　問 8 例 12 による.

問 9 (1) -8　(2) 8

問 10 (1) 9　(2) $|P^{-1}AP| = |P^{-1}|\,|AP| = |AP|\,|P^{-1}| = |APP^{-1}| = |A|$

問 11 (1) $k \neq \dfrac{3}{2}$　(2) $k \neq 1, -2$

問 12 定理 3.16 による.

問 13 $\widetilde{a}_{12} = 2$,　$\widetilde{a}_{22} = -6$,　$\widetilde{a}_{32} = -1$

問 14 $\widetilde{A} = \begin{bmatrix} 0 & -20 & 40 \\ -4 & 8 & -16 \\ 1 & 13 & -31 \end{bmatrix}$

3 章の問題

3.1 (1) 転倒数 14; 符号 1.

(2) 転倒数 $\dfrac{n(n-1)}{2}$; 符号 $n = 4k, 4k+1$ のとき 1，$n = 4k+2, 4k+3$ のとき -1.

(3) 転倒数 n; 符号 n が偶数のとき 1，n が奇数のとき -1.

3.2 (1) 1 (2) -55 (3) 1 (4) 4 (5) 160 (6) -304
(7) 4 (8) 0

3.3 定理 3.2 (1) による.

3.4 定理 3.8 による.

3.5 (1) 行列式 1; 余因子行列 $\begin{bmatrix} 4 & 4 & -3 \\ -7 & -6 & 5 \\ 9 & 7 & -6 \end{bmatrix}$; 逆行列 $\begin{bmatrix} 4 & 4 & -3 \\ -7 & -6 & 5 \\ 9 & 7 & -6 \end{bmatrix}$

(2) 行列式 7; 余因子行列 $\begin{bmatrix} 3 & -4 & 2 \\ -1 & 6 & -3 \\ 0 & -7 & 7 \end{bmatrix}$; 逆行列 $\dfrac{1}{7}\begin{bmatrix} 3 & -4 & 2 \\ -1 & 6 & -3 \\ 0 & -7 & 7 \end{bmatrix}$

3.6 (1) $x=2, y=3, z=1$ (2) $x=2, y=\dfrac{1}{5}, z=0, w=\dfrac{4}{5}$

3.7 略

3.8 略

3.9 $n=3k, 3k+1$ のとき $(-1)^k$, $n=3k+2$ のとき 0.

3.10 $x \neq 1, -\dfrac{1}{2}$

3.11 ${}^tA=-A$ の両辺の行列式をとれ.

3.12 (1) 定理 3.6 による. (2) 定理 3.17 (2) による.

(3) $\begin{bmatrix} A & B \\ O & D \end{bmatrix} = \begin{bmatrix} I & O \\ O & D \end{bmatrix} \begin{bmatrix} A & B \\ O & I \end{bmatrix}$ に注意.

3.13 分割行列にも基本変形が使えることに注意.

3.14 略

3.15 (1)$\Longrightarrow$(2) 行列式は行列の成分の多項式だから, A と A^{-1} の各成分が整数ならば, $|A|$ と $|A^{-1}|$ は整数. $|A|\,|A^{-1}|=1$ だから, $|A|=\pm 1$.

(2)$\Longrightarrow$(1) A の余因子は A の成分の多項式だから $\widetilde{A}$ の各成分は整数. よって, $|A|=\pm 1$ ならば, $A^{-1}=\dfrac{1}{|A|}\widetilde{A}$ の各成分も整数.

3.16 A の 0 でない小行列式の最大次数を $m(A)$ とおくとき, 次の 2 つを示す.

(1) A が階段行列のとき $\operatorname{rank} A=m(A)$.

(2) 基本変形によって $m(A)$ の値は変わらない.

3.17 A が正則のときは, $A\widetilde{A}=|A|I$ の両辺の行列式をとればよい. A が正則でないとき, $|A|=0$ であるから, $A\widetilde{A}=O$. ここで, もし $\widetilde{A}$ が正則ならば, その逆行列をこの等式の両辺に右から掛けて $A=O$. したがって, $\widetilde{A}=O$ となり, $\widetilde{A}$ が正則としたことに矛盾. よって, $\widetilde{A}$ は正則でないから, $|\widetilde{A}|=0$.

3.18 $\begin{bmatrix} A & C \\ B & D \end{bmatrix} = \begin{bmatrix} A & O \\ B & D-BA^{-1}C \end{bmatrix} \begin{bmatrix} I & A^{-1}C \\ O & I \end{bmatrix}$ による.

3.19 問題 3.18 と $\widetilde{A}=|A|A^{-1}$ による．

3.20 $\mathrm{A}(a_1, b_1, 1)$, $\mathrm{B}(a_2, b_2, 1)$, $\mathrm{C}(a_3, b_3, 1)$ とするとき，$\begin{vmatrix} a_1 & b_1 & 1 \\ a_2 & b_2 & 1 \\ a_3 & b_3 & 1 \end{vmatrix}$ の絶対値は，OA, OB, OC を 3 辺とする平行六面体 P の体積に等しい．P と平面 $z=1$ の交わりは (a_1, b_1), (a_2, b_2), (a_3, b_3) を頂点とする三角形 T と合同である．P を平面 $z=1$ で切ったとき，O を含む方は三角形 T を底面とし，高さ 1 の三角錐であり，また P の体積の $\dfrac{1}{6}$ であることが容易にわかる．これらのことから結論が導かれる．

3.21 円の方程式は $x^2+y^2+ax+by+c=0$ の形で表せるので，直線や平面の方程式と同様の議論による．

4 章

問 1　$\boldsymbol{a}=-7\boldsymbol{e}_1+9\boldsymbol{e}_3$　(注意：係数が 0 の項 $0\boldsymbol{e}_2$ は省略して書かない)

問 2　(1) $\boldsymbol{c}=-6\boldsymbol{a}+3\boldsymbol{b}$　(2) 略

問 3　(前半) 略　(後半) $2\boldsymbol{a}-\boldsymbol{b}-\boldsymbol{c}=\boldsymbol{o}$

問 4　略　問 5　1 次独立

問 6　(1) NO　(2) YES

問 7　(S3) を繰り返し使う．

問 8　略　問 9　略

問 10　定義に従う．

問 11　略　問 12　略

問 13　(1) 基底 $\left\{\begin{bmatrix} -1 \\ 1 \\ 0 \\ 0 \end{bmatrix}, \begin{bmatrix} -1 \\ 0 \\ 1 \\ 0 \end{bmatrix}, \begin{bmatrix} -1 \\ 0 \\ 0 \\ 1 \end{bmatrix}\right\}$, 次元 3.

(2) 基底 $\left\{\begin{bmatrix} -1 \\ 2 \\ 1 \\ 0 \end{bmatrix}, \begin{bmatrix} 2 \\ -3 \\ 0 \\ 1 \end{bmatrix}\right\}$, 次元 2.

問 14　$\dim W_1=2$,　$\dim W_2=3$,　$\dim(W_1 \cap W_2)=1$,　$\dim(W_1+W_2)=4$

問 15　定理 4.10 による．

問 16　$\begin{bmatrix} 4 \\ 0 \\ 3 \end{bmatrix}$

問 17　(1) YES　(2) NO

問 18　(L3) で，$k=\ell=1$ とすれば (L1) が得られ，$\ell=0$ とすれば (L2) が得られる．逆に，(L1), (L2) を使うと，$f(k\boldsymbol{a}+\ell\boldsymbol{b})=f(k\boldsymbol{a})+f(\ell\boldsymbol{b})=k\,f(\boldsymbol{a})+\ell\,f(\boldsymbol{b})$.

問 19 $\begin{bmatrix} 6 & 3 & 1 \\ -1 & 0 & 1 \end{bmatrix}$ **問 20** $\begin{bmatrix} O & & & 1 \\ & & \cdot^{\cdot^{\cdot}} & \\ & 1 & & \\ 1 & & & O \end{bmatrix}$

問 21 それぞれ，1 章の問題 1.16 (3)，2 章の定理 2.12 (4)，3 章の問 10 (2) による．

問 22 $\mathrm{Im}\, f = \left\langle \begin{bmatrix} 1 \\ 2 \end{bmatrix} \right\rangle$，$\mathrm{Ker}\, f = \left\langle \begin{bmatrix} 1 \\ 1 \\ 0 \end{bmatrix}, \begin{bmatrix} -1 \\ 0 \\ 1 \end{bmatrix} \right\rangle$

4 章の問題

4.1 $\begin{bmatrix} 1 \\ 2 \\ 2 \\ -3 \end{bmatrix} = \begin{bmatrix} 2 \\ 3 \\ -1 \\ 1 \end{bmatrix} + 3 \begin{bmatrix} 1 \\ -1 \\ 1 \\ 0 \end{bmatrix} - 2 \begin{bmatrix} 2 \\ -1 \\ 0 \\ 2 \end{bmatrix}$

4.2 (1) 1 次独立 (2) 1 次従属，例えば $3 \begin{bmatrix} 1 \\ 2 \\ -2 \end{bmatrix} + \begin{bmatrix} 4 \\ -1 \\ 3 \end{bmatrix} - \begin{bmatrix} 7 \\ 5 \\ -3 \end{bmatrix} = \boldsymbol{o}$.

(3) 1 次独立 (4) 1 次従属，例えば $14 \begin{bmatrix} 1 \\ 3 \\ 5 \\ 2 \end{bmatrix} - 11 \begin{bmatrix} 1 \\ 4 \\ 6 \\ 3 \end{bmatrix} + \begin{bmatrix} -3 \\ 2 \\ -4 \\ 5 \end{bmatrix} = \boldsymbol{o}$.

4.3 (1) YES (2) NO (3) YES (4) NO

4.4 $\boldsymbol{c}$ は属し，$\boldsymbol{d}$ は属さない．

4.5 (1) 基底 $\left\{ \begin{bmatrix} \frac{2}{5} \\ -\frac{4}{5} \\ 1 \end{bmatrix} \right\}$，次元 1. (2) 基底 $\left\{ \begin{bmatrix} -\frac{5}{4} \\ -\frac{7}{4} \\ 1 \\ 0 \\ 0 \end{bmatrix}, \begin{bmatrix} -1 \\ -1 \\ 0 \\ 1 \\ 0 \end{bmatrix}, \begin{bmatrix} -\frac{1}{2} \\ -\frac{1}{2} \\ 0 \\ 0 \\ 1 \end{bmatrix} \right\}$，次元 3.

4.6 基底になることは略，$\boldsymbol{b} = \boldsymbol{a}_1 - 2\boldsymbol{a}_2 + \boldsymbol{a}_3$.

4.7 (1) NO (2) YES

4.8 (1) $\begin{bmatrix} 1 & 2 \\ 0 & -1 \\ 3 & 0 \end{bmatrix}$ (2) $\begin{bmatrix} 5 & 22 & 25 \\ 5 & 17 & 19 \end{bmatrix}$

4.9 (1) $\begin{bmatrix} 3 & 0 \\ 0 & 6 \end{bmatrix}$ (2) $\begin{bmatrix} 3 & 3 & 3 \\ -6 & -6 & -2 \\ 6 & 5 & -1 \end{bmatrix}$

4.10 (1) 像の基底 $\left\{ \begin{bmatrix} 1 \\ 0 \\ 1 \end{bmatrix}, \begin{bmatrix} 2 \\ 1 \\ 1 \end{bmatrix} \right\}$，次元 2; 核の基底 $\left\{ \begin{bmatrix} 3 \\ -1 \\ 1 \end{bmatrix} \right\}$，次元 1.

(2) 像の基底 $\left\{ \begin{bmatrix} 1 \\ 1 \\ 1 \end{bmatrix}, \begin{bmatrix} -1 \\ 0 \\ 1 \end{bmatrix} \right\}$，次元 2; 核の基底 $\left\{ \begin{bmatrix} -2 \\ -1 \\ 1 \\ 0 \end{bmatrix}, \begin{bmatrix} 1 \\ 2 \\ 0 \\ 1 \end{bmatrix} \right\}$，次元 2.

4.11 (1) $x=0$ (2) $x=0,\ \pm\sqrt{2}$

4.12 (1) 1 次独立 (2) r が偶数のとき 1 次従属，奇数のとき 1 次独立.
(3) 1 次独立

4.13 略

4.14 $\boldsymbol{a}_1$，$\boldsymbol{a}_2$，$\boldsymbol{a}_4$; $\boldsymbol{a}_3=2\boldsymbol{a}_1+\boldsymbol{a}_2$，$\boldsymbol{a}_5=-2\boldsymbol{a}_1-3\boldsymbol{a}_2+\boldsymbol{a}_4$

4.15 (1) 基底 $\{\boldsymbol{a}_1,\boldsymbol{a}_2\}$, 次元 2. (2) 例えば $\{\boldsymbol{a}_1,\boldsymbol{a}_2,\boldsymbol{e}_3,\boldsymbol{e}_4\}$.

4.16 (1) $W_1\cap W_2$ の基底 $\left\{\begin{bmatrix}-2\\-1\\1\\1\end{bmatrix}\right\}$, 次元 1.

W_1+W_2 の基底 $\left\{\begin{bmatrix}-2\\-1\\1\\1\end{bmatrix},\begin{bmatrix}0\\0\\1\\1\end{bmatrix},\begin{bmatrix}0\\-2\\1\\0\end{bmatrix}\right\}$, 次元 3.

(2) $W_1\cap W_2$ の基底 $\left\{\begin{bmatrix}0\\1\\2\\-1\end{bmatrix}\right\}$, 次元 1.

W_1+W_2 の基底 $\left\{\begin{bmatrix}0\\1\\2\\-1\end{bmatrix},\begin{bmatrix}2\\1\\1\\0\end{bmatrix},\begin{bmatrix}1\\1\\0\\1\end{bmatrix}\right\}$, 次元 3.

4.17 (1)$\Longrightarrow$(2) 任意の $\boldsymbol{a}\in W$ をとる. 定理 4.3 より，$\{\boldsymbol{a}_1,\boldsymbol{a}_2,\cdots,\boldsymbol{a}_r,\boldsymbol{a}\}$ は 1 次従属である. したがって，定理 4.1 の対偶により，$\boldsymbol{a}$ は $\boldsymbol{a}_1,\boldsymbol{a}_2,\cdots,\boldsymbol{a}_r$ の 1 次結合で表せる. よって，$\{\boldsymbol{a}_1,\boldsymbol{a}_2,\cdots,\boldsymbol{a}_r\}$ は W の生成系である.

(2)$\Longrightarrow$(1) $\boldsymbol{a}_1,\boldsymbol{a}_2,\cdots,\boldsymbol{a}_r$ の中で 1 次独立なベクトルの最大個数を $s(\leqq r)$ とする (仮に，$\boldsymbol{a}_1,\boldsymbol{a}_2,\cdots,\boldsymbol{a}_s$ が 1 次独立であるとする). もし $s<r$ ならば，各 $j=s+1,\cdots,r$ に対して，$\boldsymbol{a}_1,\boldsymbol{a}_2,\cdots,\boldsymbol{a}_s,\boldsymbol{a}_j$ は 1 次従属である. したがって，各 $\boldsymbol{a}_j$ は $\boldsymbol{a}_1,\boldsymbol{a}_2,\cdots,\boldsymbol{a}_s$ の 1 次結合で表せるので，$\{\boldsymbol{a}_1,\boldsymbol{a}_2,\cdots,\boldsymbol{a}_s\}$ は W の生成系，特に W の基底となる. これは $\dim W=r$ に反する. よって，$s=r$ でなければならない.

(1) と (2) の同値がいえたので，(3) との同値は基底の定義から直ちに導かれる.

4.18 $f\left(\begin{bmatrix}x\\y\\z\end{bmatrix}\right)=\begin{bmatrix}x+\ \ 3y+2z\\x+12y+8z\end{bmatrix}$

4.19 定理 4.14 による.

4.20 (1) $k_1f(\boldsymbol{a}_1)+k_2f(\boldsymbol{a}_2)+\cdots+k_nf(\boldsymbol{a}_n)=\boldsymbol{o}$ とすると，$k_1\boldsymbol{a}_1+k_2\boldsymbol{a}_2+\cdots+k_n\boldsymbol{a}_n\in\mathrm{Ker}\,f$ より，$k_1=k_2=\cdots=k_n=0$ を得る.

(2) $k_1\boldsymbol{a}_1+k_2\boldsymbol{a}_2+\cdots+k_n\boldsymbol{a}_n=\boldsymbol{o}$ とすると，$k_1f(\boldsymbol{a}_1)+k_2f(\boldsymbol{a}_2)+\cdots+k_nf(\boldsymbol{a}_n)=\boldsymbol{o}$ となり，$k_1=k_2=\cdots=k_n=0$ が得られる.

4.21 略

4.22　$\{\boldsymbol{x}_1, \cdots, \boldsymbol{x}_r\}$ が 1 次従属とすると，少なくとも 1 つは 0 ではないスカラー $\lambda_1, \cdots, \lambda_r$ が存在して，$\lambda_1 \boldsymbol{x}_1 + \cdots + \lambda_r \boldsymbol{x}_r = \boldsymbol{o}$.

この式の両辺に ${}^t\boldsymbol{x}_i$ を左から掛けて

$$\lambda_1 {}^t\boldsymbol{x}_i \boldsymbol{x}_1 + \cdots + \lambda_r {}^t\boldsymbol{x}_i \boldsymbol{x}_r = 0 \qquad (i = 1, \cdots, r)$$

ゆえに

$$\begin{bmatrix} {}^t\boldsymbol{x}_1\boldsymbol{x}_1 & \cdots & {}^t\boldsymbol{x}_1\boldsymbol{x}_r \\ \vdots & & \vdots \\ {}^t\boldsymbol{x}_r\boldsymbol{x}_1 & \cdots & {}^t\boldsymbol{x}_r\boldsymbol{x}_r \end{bmatrix} \begin{bmatrix} \lambda_1 \\ \vdots \\ \lambda_r \end{bmatrix} = \boldsymbol{o}$$

よって，$\begin{bmatrix} {}^t\boldsymbol{x}_1\boldsymbol{x}_1 & \cdots & {}^t\boldsymbol{x}_1\boldsymbol{x}_r \\ \vdots & & \vdots \\ {}^t\boldsymbol{x}_r\boldsymbol{x}_1 & \cdots & {}^t\boldsymbol{x}_r\boldsymbol{x}_r \end{bmatrix}$ は正則でない．すなわち，この行列式は 0.

逆に，行列式が 0 とすると，少なくとも 1 つは 0 でないスカラー $\lambda_1, \cdots, \lambda_r$ が存在して

$$\begin{bmatrix} {}^t\boldsymbol{x}_1\boldsymbol{x}_1 & \cdots & {}^t\boldsymbol{x}_1\boldsymbol{x}_r \\ \vdots & & \vdots \\ {}^t\boldsymbol{x}_r\boldsymbol{x}_1 & \cdots & {}^t\boldsymbol{x}_r\boldsymbol{x}_r \end{bmatrix} \begin{bmatrix} \lambda_1 \\ \vdots \\ \lambda_r \end{bmatrix} = \boldsymbol{o}$$

$$\therefore\ {}^t\boldsymbol{x}_i(\lambda_1 \boldsymbol{x}_1 + \cdots + \lambda_r \boldsymbol{x}_r) = 0 \qquad (i = 1, \cdots, r)$$

この i 番目の式を λ_i 倍してたし合わせると

$$^t(\lambda_1 \boldsymbol{x}_1 + \cdots + \lambda_r \boldsymbol{x}_r)(\lambda_1 \boldsymbol{x}_1 + \cdots + \lambda_r \boldsymbol{x}_r) = 0$$

$$\therefore\ \lambda_1 \boldsymbol{x}_1 + \cdots + \lambda_r \boldsymbol{x}_r = \boldsymbol{o}$$

すなわち，$\{\boldsymbol{x}_1, \cdots, \boldsymbol{x}_r\}$ は 1 次従属.

4.23　次元定理より $\dim(W_1 \cap W_2) \geqq 1$ を導け.

4.24　成り立つことは略．一致しない例としては，$\mathbb{R}^2$ にて W_1 を直線 $y = x$，W_2 を x 軸，W_3 を y 軸とする．

4.25　任意の $\boldsymbol{x} \in \mathbb{R}^n$ に対して，$f(\boldsymbol{x}) \in \operatorname{Im} f$ であり，$\boldsymbol{x} - f(\boldsymbol{x}) \in \operatorname{Ker} f$ である ($\because\ f(\boldsymbol{x} - f(\boldsymbol{x})) = f(\boldsymbol{x}) - f \circ f(\boldsymbol{x}) = \boldsymbol{o}$) から

$$\boldsymbol{x} = f(\boldsymbol{x}) + (\boldsymbol{x} - f(\boldsymbol{x})) \in \operatorname{Im} f + \operatorname{Ker} f$$

ゆえに，$\mathbb{R}^n = \operatorname{Im} f + \operatorname{Ker} f$.

次に，$\boldsymbol{x} \in \operatorname{Im} f \cap \operatorname{Ker} f$ とすると，$\boldsymbol{x} \in \operatorname{Im} f$ より，$f(\boldsymbol{y}) = \boldsymbol{x}$ となる $\boldsymbol{y} \in \mathbb{R}^n$ が存在し，$\boldsymbol{x} \in \operatorname{Ker} f$ より，$f(\boldsymbol{x}) = \boldsymbol{o}$．よって

$$\boldsymbol{o} = f(\boldsymbol{x}) = f \circ f(\boldsymbol{y}) = f(\boldsymbol{y}) = \boldsymbol{x} \qquad \therefore\ \boldsymbol{x} = \boldsymbol{o}$$

4.26　任意の $\boldsymbol{x} \in \mathbb{R}^n$ に対して，$\boldsymbol{x} = f(\boldsymbol{x}) + g(\boldsymbol{x}) \in \operatorname{Im}\ f + \operatorname{Im}\ g$．ゆえに

$$\mathbb{R}^n = \operatorname{Im} f + \operatorname{Im} g$$

次に，$\boldsymbol{x} \in \operatorname{Im} f \cap \operatorname{Im} g$ とすると，$f(\boldsymbol{y}) = \boldsymbol{x}$，$g(\boldsymbol{z}) = \boldsymbol{x}$ となる $\boldsymbol{y}, \boldsymbol{z} \in \mathbb{R}^n$ が存在する．よって

$$\boldsymbol{x} = f(\boldsymbol{x}) + g(\boldsymbol{x}) = f \circ g(\boldsymbol{z}) + g \circ f(\boldsymbol{y}) = \boldsymbol{o} + \boldsymbol{o} = \boldsymbol{o} \qquad \therefore\ \boldsymbol{x} = \boldsymbol{o}$$

4.27 $B=\left[\boldsymbol{b}_1, \boldsymbol{b}_2, \cdots, \boldsymbol{b}_n\right]$ の列ベクトルの生成する部分空間を W とする.

$$AB=\left[A\boldsymbol{b}_1, A\boldsymbol{b}_2, \cdots, A\boldsymbol{b}_n\right]=O \qquad \therefore\ A\boldsymbol{b}_i=\boldsymbol{o} \quad (i=1,2,\cdots,n)$$

したがって，同次連立 1 次方程式 $A\boldsymbol{x}=\boldsymbol{o}$ の解空間を U とすると

$$\boldsymbol{b}_i \in U \quad (i=1,2\cdots,n) \qquad \therefore\ W \subset U$$

よって，$\operatorname{rank} B=\dim W \leqq \dim U=n-\operatorname{rank} A$ となる.

$$\therefore\ \operatorname{rank} A+\operatorname{rank} B \leqq n$$

4.28 $A=\left[\boldsymbol{a}_1,\ \cdots,\ \boldsymbol{a}_n\right]$，$B=\left[\boldsymbol{b}_1,\ \cdots,\ \boldsymbol{b}_n\right]$ とおくと

$$\left\langle \boldsymbol{a}_1+\boldsymbol{b}_1, \cdots, \boldsymbol{a}_n+\boldsymbol{b}_n \right\rangle \subseteqq \left\langle \boldsymbol{a}_1, \cdots, \boldsymbol{a}_n \right\rangle + \left\langle \boldsymbol{b}_1, \cdots, \boldsymbol{b}_n \right\rangle$$

$$\therefore\ \operatorname{rank}(A+B) \leqq \operatorname{rank} A+\operatorname{rank} B$$

4.29 略

4.30 (1) $A=\begin{bmatrix} \boldsymbol{a}^{(1)} \\ \vdots \\ \boldsymbol{a}^{(m)} \end{bmatrix}$ とおき，PA の行ベクトルを $\boldsymbol{b}^{(1)}, \cdots, \boldsymbol{b}^{(m)}$ とすれば，

$\begin{bmatrix} \boldsymbol{b}^{(1)} \\ \vdots \\ \boldsymbol{b}^{(m)} \end{bmatrix} = P \begin{bmatrix} \boldsymbol{a}^{(1)} \\ \vdots \\ \boldsymbol{a}^{(m)} \end{bmatrix}$. ここで，$P=\left[p_{ij}\right]$ として $\boldsymbol{b}^{(1)}, \cdots, \boldsymbol{b}^{(m)}$ を求めれば

$$\boldsymbol{b}^{(i)}=\sum_{j=1}^{m} p_{ij}\boldsymbol{a}^{(j)} \qquad (i=1,2,\cdots,m)$$

よって，$\boldsymbol{b}^{(1)}, \cdots, \boldsymbol{b}^{(m)} \in \langle \boldsymbol{a}^{(1)}, \cdots, \boldsymbol{a}^{(m)} \rangle$.

$$\therefore\ \left\langle \boldsymbol{b}^{(1)}, \cdots, \boldsymbol{b}^{(m)} \right\rangle \subseteqq \left\langle \boldsymbol{a}^{(1)}, \cdots, \boldsymbol{a}^{(m)} \right\rangle$$

一方，P は正則で $\begin{bmatrix} \boldsymbol{a}^{(1)} \\ \vdots \\ \boldsymbol{a}^{(m)} \end{bmatrix} = P^{-1} \begin{bmatrix} \boldsymbol{b}^{(1)} \\ \vdots \\ \boldsymbol{b}^{(m)} \end{bmatrix}$ であるから，同様に

$$\left\langle \boldsymbol{a}^{(1)}, \cdots, \boldsymbol{a}^{(m)} \right\rangle \subseteqq \left\langle \boldsymbol{b}^{(1)}, \cdots, \boldsymbol{b}^{(m)} \right\rangle$$

を得る. したがって，$\left\langle \boldsymbol{a}^{(1)}, \cdots, \boldsymbol{a}^{(m)} \right\rangle = \left\langle \boldsymbol{b}^{(1)}, \cdots, \boldsymbol{b}^{(m)} \right\rangle$

$$\therefore\ \dim \left\langle \boldsymbol{a}^{(1)}, \cdots, \boldsymbol{a}^{(m)} \right\rangle = \dim \left\langle \boldsymbol{b}^{(1)}, \cdots, \boldsymbol{b}^{(m)} \right\rangle$$

すなわち，(1) が成り立つ.

(2) $A=\left[\boldsymbol{a}_1,\ \boldsymbol{a}_2,\ \cdots,\ \boldsymbol{a}_n\right]$ とすれば，$PA=\left[P\boldsymbol{a}_1,\ P\boldsymbol{a}_2,\ \cdots,\ P\boldsymbol{a}_n\right]$ だから，$\{\boldsymbol{a}_{i_1}, \cdots, \boldsymbol{a}_{i_k}\}$ の 1 次独立性と $\{P\boldsymbol{a}_{i_1}, \cdots, P\boldsymbol{a}_{i_k}\}$ の 1 次独立性とが同値なことを示せばよい.

まず，$\{\boldsymbol{a}_{i_1}, \cdots, \boldsymbol{a}_{i_k}\}$ が 1 次独立と仮定する. $\lambda_1 P\boldsymbol{a}_{i_1}+\cdots+\lambda_k P\boldsymbol{a}_{i_k}=\boldsymbol{o}$ とおくと

$$P(\lambda_1\boldsymbol{a}_{i_1}+\cdots+\lambda_k\boldsymbol{a}_{i_k})=\boldsymbol{o}$$

両辺の左から P^{-1} を掛ければ，$\lambda_1\boldsymbol{a}_{i_1}+\cdots+\lambda_k\boldsymbol{a}_{i_k}=\boldsymbol{o}$. $\{\boldsymbol{a}_{i_1}, \cdots, \boldsymbol{a}_{i_k}\}$ は 1 次独立だから

$$\therefore\ \lambda_1=\cdots=\lambda_k=0$$

ゆえに，$\{P\boldsymbol{a}_{i_1}, \cdots, P\boldsymbol{a}_{i_k}\}$ も 1 次独立である．

逆に，$\{P\boldsymbol{a}_{i_1}, \cdots, P\boldsymbol{a}_{i_k}\}$ が 1 次独立と仮定する．$\lambda_1\boldsymbol{a}_{i_1} + \cdots + \lambda_k\boldsymbol{a}_{i_k} = \boldsymbol{o}$ とおき，左から P を掛ければ，$P(\lambda_1\boldsymbol{a}_{i_1} + \cdots + \lambda_k\boldsymbol{a}_{i_k}) = \boldsymbol{o}$.

$$\therefore\ \lambda_1 P\boldsymbol{a}_{i_1} + \cdots + \lambda_k P\boldsymbol{a}_{i_k} = \boldsymbol{o}$$

$\{P\boldsymbol{a}_{i_1}, \cdots, P\boldsymbol{a}_{i_k}\}$ は 1 次独立だから

$$\therefore\ \lambda_1 = \cdots = \lambda_k = 0$$

ゆえに，$\{\boldsymbol{a}_{i_1}, \cdots, \boldsymbol{a}_{i_k}\}$ は 1 次独立である．よって，(2) が成り立つ．

5 章

問 1 $(2)'$ $(\boldsymbol{a}, \boldsymbol{b}+\boldsymbol{c}) \overset{(1)}{=} (\boldsymbol{b}+\boldsymbol{c}, \boldsymbol{a}) \overset{(2)}{=} (\boldsymbol{b}, \boldsymbol{a}) + (\boldsymbol{c}, \boldsymbol{a}) \overset{(1)}{=} (\boldsymbol{a}, \boldsymbol{b}) + (\boldsymbol{a}, \boldsymbol{c})$

$(3)'$ $(\boldsymbol{a}, k\boldsymbol{b}) \overset{(1)}{=} (k\boldsymbol{b}, \boldsymbol{a}) \overset{(3)}{=} k(\boldsymbol{b}, \boldsymbol{a}) \overset{(1)}{=} k(\boldsymbol{a}, \boldsymbol{b})$

問 2 $(\boldsymbol{o}, \boldsymbol{b}) = (0\boldsymbol{o}, \boldsymbol{b}) = 0(\boldsymbol{o}, \boldsymbol{b}) = 0$

問 3 (1), (2), (3) は容易．

(4) $(\boldsymbol{a}, \boldsymbol{a}) = {a_1}^2 + 2a_1a_2 + 2{a_2}^2 = (a_1 + a_2)^2 + {a_2}^2 \geqq 0$

問 4 $(\boldsymbol{a}, \boldsymbol{b}) = 6$, $\|\boldsymbol{a}\| = \sqrt{6}$, $\|\boldsymbol{b}\| = 2\sqrt{3}$, なす角 $\theta = \dfrac{\pi}{4}$

問 5 $\left\|\dfrac{1}{\|\boldsymbol{a}\|}\boldsymbol{a}\right\| = \dfrac{1}{\|\boldsymbol{a}\|}\|\boldsymbol{a}\| = 1$

問 6 略

問 7 $\left\{\dfrac{1}{\sqrt{2}}\begin{bmatrix} 0 \\ 1 \\ -1 \end{bmatrix}, \dfrac{\sqrt{2}}{6}\begin{bmatrix} 4 \\ 1 \\ -1 \end{bmatrix}, \dfrac{1}{3}\begin{bmatrix} 1 \\ -2 \\ 2 \end{bmatrix}\right\}$

問 8 例えば，$\langle \boldsymbol{e}_2 \rangle$ と $\langle \boldsymbol{e}_1 + \boldsymbol{e}_2 \rangle$

問 9 略

問 10 $\boldsymbol{x} \in W$ とする．任意の $\boldsymbol{y} \in W^\perp$ をとる．$W^\perp$ の定義より $\boldsymbol{y} \perp W$．特に $\boldsymbol{y} \perp \boldsymbol{x}$．$\boldsymbol{y} \in W^\perp$ は任意ゆえ $\boldsymbol{x} \perp W^\perp$．よって $\boldsymbol{x} \in \left(W^\perp\right)^\perp$．すなわち

$$W \subset \left(W^\perp\right)^\perp \quad \cdots ①$$

一方，$W \oplus W^\perp = \mathbb{R}^n = W^\perp \oplus \left(W^\perp\right)^\perp$ より

$$\dim W + \dim W^\perp = n = \dim W^\perp + \dim\left(W^\perp\right)^\perp$$

よって

$$\dim W^\perp = \dim\left(W^\perp\right)^\perp \quad \cdots ②$$

したがって，① と ② より $W = \left(W^\perp\right)^\perp$.

問 11 略　　**問 12** 略

問 13 $(\boldsymbol{a}, k\boldsymbol{b}) \overset{(1)}{=} \overline{(k\boldsymbol{b}, \boldsymbol{a})} \overset{(3)}{=} \overline{k(\boldsymbol{b}, \boldsymbol{a})} = \overline{k}\,\overline{(\boldsymbol{b}, \boldsymbol{a})} \overset{(1)}{=} \overline{k}(\boldsymbol{a}, \boldsymbol{b})$

5 章の問題

5.1 (1) $(\boldsymbol{a},\boldsymbol{b})=6,\ \|\boldsymbol{a}\|=\sqrt{6},\ \|\boldsymbol{b}\|=3$ (2) $c\begin{bmatrix}-1\\0\\1\end{bmatrix}$ (c は任意)

5.2 (1) $\dfrac{5\pi}{6}$ (2) $\dfrac{\pi}{3}$

5.3 (1) 定義しない ($\boldsymbol{a}=\begin{bmatrix}-1\\1\end{bmatrix}$ に対し，$(\boldsymbol{a},\boldsymbol{a})=0$ となり，内積の条件 (4) を満たさない). (2) 定義する.

5.4 略

5.5 略

5.6 (1) $(\boldsymbol{a}+\boldsymbol{b},\boldsymbol{a}-\boldsymbol{b})=\|\boldsymbol{a}\|^2-\|\boldsymbol{b}\|^2$ より

$$\|\boldsymbol{a}\|=\|\boldsymbol{b}\|\Longleftrightarrow(\boldsymbol{a}+\boldsymbol{b},\boldsymbol{a}-\boldsymbol{b})=0\Longleftrightarrow(\boldsymbol{a}+\boldsymbol{b})\perp(\boldsymbol{a}-\boldsymbol{b})$$

(2) $\|\boldsymbol{a}+\boldsymbol{b}\|^2=\|\boldsymbol{a}\|+2(\boldsymbol{a},\boldsymbol{b})+\|\boldsymbol{b}\|^2$ より

$$\|\boldsymbol{a}+\boldsymbol{b}\|^2=\|\boldsymbol{a}\|^2+\|\boldsymbol{b}\|^2\Longleftrightarrow(\boldsymbol{a},\boldsymbol{b})=0\Longleftrightarrow\boldsymbol{a}\perp\boldsymbol{b}$$

(3) $\|\boldsymbol{a}\pm\boldsymbol{b}\|^2=\|\boldsymbol{a}\|^2\pm2(\boldsymbol{a},\boldsymbol{b})+\|\boldsymbol{b}\|^2$ による.

(4) (3) と同様.

(5) $|(\boldsymbol{a},\boldsymbol{b})|\leqq\|\boldsymbol{a}\|\,\|\boldsymbol{b}\|$ より

$$(\|\boldsymbol{a}\|-\|\boldsymbol{b}\|)^2\leqq\|\boldsymbol{a}\|^2-2(\boldsymbol{a},\boldsymbol{b})+\|\boldsymbol{b}\|^2=\|\boldsymbol{a}-\boldsymbol{b}\|^2$$

5.7 (1) $\left\{\dfrac{1}{\sqrt{2}}\begin{bmatrix}1\\-1\\0\end{bmatrix},\dfrac{\sqrt{2}}{6}\begin{bmatrix}1\\1\\-4\end{bmatrix},\dfrac{1}{3}\begin{bmatrix}-2\\-2\\-1\end{bmatrix}\right\}$

(2) $\left\{\dfrac{1}{2}\begin{bmatrix}1\\1\\-1\\-1\end{bmatrix},\dfrac{1}{6}\begin{bmatrix}3\\1\\5\\-1\end{bmatrix},\dfrac{\sqrt{2}}{6}\begin{bmatrix}3\\-2\\-1\\2\end{bmatrix},\dfrac{1}{\sqrt{2}}\begin{bmatrix}0\\1\\0\\1\end{bmatrix}\right\}$

5.8 $\boldsymbol{b}=\boldsymbol{o}$ のときは明らか. $\boldsymbol{b}\neq\boldsymbol{o}$ のとき $\lambda=-\dfrac{(\boldsymbol{a},\boldsymbol{b})}{\|\boldsymbol{b}\|^2}$ とおくと

$$\|\boldsymbol{a}+\lambda\boldsymbol{b}\|^2=\|\boldsymbol{a}\|^2+2\lambda(\boldsymbol{a},\boldsymbol{b})+\lambda^2\|\boldsymbol{b}\|^2=0$$

よって，$\boldsymbol{a}+\lambda\boldsymbol{b}=\boldsymbol{o}$. すなわち，$\boldsymbol{a},\boldsymbol{b}$ は 1 次従属である.

5.9 仮定より，$\lambda_1\boldsymbol{a}+\lambda_2\boldsymbol{b}+\lambda_3\boldsymbol{c}=\boldsymbol{o}$ かつ，$\lambda_1,\lambda_2,\lambda_3$ のうち少なくとも 1 つは 0 でない. いま $\lambda_1\neq0$ であるとすると，$\boldsymbol{a}=-\dfrac{\lambda_2}{\lambda_1}\boldsymbol{b}-\dfrac{\lambda_3}{\lambda_1}\boldsymbol{c}$ と表され

$$(\boldsymbol{a},\boldsymbol{a})=\left(\boldsymbol{a},\ -\frac{\lambda_2}{\lambda_1}\boldsymbol{b}-\frac{\lambda_3}{\lambda_1}\boldsymbol{c}\right)=-\frac{\lambda_2}{\lambda_1}(\boldsymbol{a},\boldsymbol{b})-\frac{\lambda_3}{\lambda_1}(\boldsymbol{a},\boldsymbol{c})=0$$

したがって，$\boldsymbol{a}=\boldsymbol{o}$ となり矛盾. ゆえに $\lambda_1=0$ である. よって，$\lambda_2\boldsymbol{b}+\lambda_3\boldsymbol{c}=\boldsymbol{o}$ かつ，λ_2,λ_3 のうち少なくとも 1 つは 0 でない. すなわち，$\boldsymbol{b},\boldsymbol{c}$ は 1 次従属である.

5.10 (1) $\boldsymbol{c}=x\boldsymbol{a}+y\boldsymbol{b}$ とすれば

$$x+2y=4, \quad 2x+y=2, \quad 3x-y=3, \quad 4x+y=1$$

この連立 1 次方程式の係数行列，拡大係数行列の階数はそれぞれ 2, 3. したがって，解をもたない．よって，$\boldsymbol{c}$ は $\boldsymbol{a}, \boldsymbol{b}$ の 1 次結合として表せないから，$\boldsymbol{c}\notin W_1$.

(2) W_2 のベクトルは $\boldsymbol{x}=x_1\boldsymbol{a}+x_2\boldsymbol{b}+x_3\boldsymbol{c}$ と表されるから，$(\boldsymbol{x},\boldsymbol{a})=(\boldsymbol{x},\boldsymbol{b})=0$. すなわち，連立 1 次方程式 $30x_1+5x_2+21x_3=5x_1+7x_2+8x_3=0$ を解いて

$$\boldsymbol{x}=a\begin{bmatrix}121\\7\\123\\-126\end{bmatrix} \quad (a\text{ は任意定数})$$

5.11 $\boldsymbol{a}_1=\dfrac{1}{3}\begin{bmatrix}1\\2\\2\end{bmatrix}$, $\boldsymbol{a}_2=\begin{bmatrix}1\\0\\0\end{bmatrix}$, $\boldsymbol{a}_3=\begin{bmatrix}0\\1\\0\end{bmatrix}$ とすれば，$\{\boldsymbol{a}_1,\boldsymbol{a}_2,\boldsymbol{a}_3\}$ は $\mathbb{R}^3$ の基底．

これを正規直交化して，$\left\{\dfrac{1}{3}\begin{bmatrix}1\\2\\2\end{bmatrix}, \dfrac{\sqrt{2}}{6}\begin{bmatrix}4\\-1\\-1\end{bmatrix}, \dfrac{1}{\sqrt{2}}\begin{bmatrix}0\\1\\-1\end{bmatrix}\right\}$.

(注意：$\boldsymbol{a}_2, \boldsymbol{a}_3$ の選び方を変えると別の結果を得るが，それも正解)

5.12 (1) $\left\{\begin{bmatrix}-2\\1\\0\\0\\0\end{bmatrix}, \begin{bmatrix}13\\0\\-4\\1\\0\end{bmatrix}, \begin{bmatrix}-17\\0\\5\\0\\1\end{bmatrix}\right\}$

(注意：基底の取り方は一意的でないのでこれ以外の解もある)

(2) $\boldsymbol{c}=\begin{bmatrix}1\\2\\4\\3\\-3\end{bmatrix}+\begin{bmatrix}-4\\0\\1\\1\\1\end{bmatrix}$

5.13 (1) $\begin{bmatrix}1\\\frac{5}{2}\\\frac{5}{2}\end{bmatrix}$ (2) $\begin{bmatrix}0\\\frac{1}{2}\\-\frac{1}{2}\end{bmatrix}$

5.14 (1) $\mathbb{R}^n$ の任意のベクトル $\boldsymbol{x}$ に対して

$$\boldsymbol{x}\perp(W_1+W_2) \iff \boldsymbol{x}\perp W_1 \text{ かつ } \boldsymbol{x}\perp W_2$$

よって，$(W_1+W_2)^{\perp}={W_1}^{\perp}\cap{W_2}^{\perp}$.

(2) (1) の W_1, W_2 として ${W_1}^{\perp}, {W_2}^{\perp}$ をとれば

$$({W_1}^{\perp}+{W_2}^{\perp})^{\perp}=({W_1}^{\perp})^{\perp}\cap({W_2}^{\perp})^{\perp}=W_1\cap W_2$$

よって，$(W_1\cap W_2)^{\perp}=(({W_1}^{\perp}+{W_2}^{\perp})^{\perp})^{\perp}={W_1}^{\perp}+{W_2}^{\perp}$.

5.15 $\{\boldsymbol{a}_1,\cdots,\boldsymbol{a}_n\}$ を $\mathbb{R}^n$ の正規直交基底とし，この基底に関する f の表現行列を $F=[f_{ij}]$ とすると

$$f(\boldsymbol{a}_j)=\sum_{i=1}^{n} f_{ij}\boldsymbol{a}_i$$

f が直交変換であるとすると

$$\begin{aligned}\delta_{ij}&=(\boldsymbol{a}_i,\boldsymbol{a}_j)=\big(f(\boldsymbol{a}_i),f(\boldsymbol{a}_j)\big)\\&=\left(\sum_k f_{ki}\boldsymbol{a}_k,\sum_\ell f_{\ell j}\boldsymbol{a}_\ell\right)=\sum_k\sum_\ell f_{ki}f_{\ell j}(\boldsymbol{a}_k,\boldsymbol{a}_\ell)\\&=\sum_k\sum_\ell f_{ki}f_{\ell j}\delta_{k\ell}=\sum_k f_{ki}f_{kj}\end{aligned}$$

よって，${}^tFF=I$．すなわち，F は直交行列である．

5.16 $\|\boldsymbol{a}_1+\boldsymbol{a}_2+\cdots+\boldsymbol{a}_n\|^2=\|\boldsymbol{a}_1\|+\|\boldsymbol{a}_2\|+\cdots+\|\boldsymbol{a}_n\|^2=n$ による．

5.17 略

5.18 W を $\mathbb{R}^n$ の部分空間とし，$\{\boldsymbol{a}_1,\cdots,\boldsymbol{a}_r\}$ を $W^\perp$ の基底とすれば，$(W^\perp)^\perp=W$ であることと，定理 5.4 より，W は同次連立 1 次方程式 $(\boldsymbol{a}_i,\boldsymbol{x})=0$ $(i=1,\cdots,r)$ の解空間である．

5.19 (1) は直接計算で確かめる．

(2) $\sin^2\theta=1-\dfrac{(\boldsymbol{a},\boldsymbol{b})^2}{\|\boldsymbol{a}\|^2\,\|\boldsymbol{b}\|^2}$ から求まる．

(3) $\boldsymbol{c}$ と $\boldsymbol{a}\times\boldsymbol{b}$ のなす角を θ とすると，体積 $=\|\boldsymbol{a}\times\boldsymbol{b}\|\,\|\boldsymbol{c}\|\,|\cos\theta|$．

6 章

問 1 A の固有値は 1 と 3，B の固有値は -3 (重複度 2)，C の固有値は $\dfrac{-1\pm\sqrt{3}i}{2}$，$D$ の固有値は $\dfrac{1\pm\sqrt{3}i}{2}$．

問 2 A の固有値は 1 (重複度 2) と 3，B の固有値は 2 (重複度 2) と 1，C の固有値は -1 と $\dfrac{1\pm\sqrt{3}i}{2}$．

問 3 例 1 の B: W_3 の基底 $\left\{\begin{bmatrix}-1\\2\end{bmatrix}\right\}$, $\dim W_3=1$.

問 1 の A: W_1 の基底 $\left\{\begin{bmatrix}1\\0\end{bmatrix}\right\}$, $\dim W_1=1$; W_3 の基底 $\left\{\begin{bmatrix}1\\1\end{bmatrix}\right\}$, $\dim W_3=1$.

問 1 の B: W_{-3} の基底 $\left\{\begin{bmatrix}-1\\2\end{bmatrix}\right\}$, $\dim W_{-3}=1$.

問 1 の C: $W_{\frac{-1+\sqrt{3}i}{2}}$ の基底 $\left\{\begin{bmatrix}\frac{-1-\sqrt{3}i}{2}\\1\end{bmatrix}\right\}$, $\dim W_{\frac{-1+\sqrt{3}i}{2}}=1$;

$W_{\frac{-1-\sqrt{3}i}{2}}$ の基底 $\left\{\begin{bmatrix}\frac{-1+\sqrt{3}i}{2}\\1\end{bmatrix}\right\}$, $\dim W_{\frac{-1-\sqrt{3}i}{2}}=1$.

問 1 の D: $W_{\frac{1+\sqrt{3}i}{2}}$ の基底 $\left\{\begin{bmatrix}\frac{\sqrt{3}-i}{2}\\1\end{bmatrix}\right\}$, $\dim W_{\frac{1+\sqrt{3}i}{2}}=1$;

$W_{\frac{1-\sqrt{3}i}{2}}$ の基底 $\left\{\begin{bmatrix}\frac{\sqrt{3}+i}{2}\\1\end{bmatrix}\right\}$, $\dim W_{\frac{1-\sqrt{3}i}{2}}=1$.

問4　例 2 の A: W_0 の基底 $\left\{\begin{bmatrix}-7\\-1\\2\end{bmatrix}\right\}$, $\dim W_0=1$;

W_{-2} の基底 $\left\{\begin{bmatrix}1\\1\\0\end{bmatrix}\right\}$, $\dim W_{-2}=1$.

例 2 の C: W_1 の基底 $\left\{\begin{bmatrix}1\\1\\1\end{bmatrix}\right\}$, $\dim W_1=1$;

W_ω の基底 $\left\{\begin{bmatrix}\omega\\\omega^2\\1\end{bmatrix}\right\}$, $\dim W_\omega=1$;

W_{ω^2} の基底 $\left\{\begin{bmatrix}\omega^2\\\omega\\1\end{bmatrix}\right\}$, $\dim W_{\omega^2}=1$.

問 2 の A: W_1 の基底 $\left\{\begin{bmatrix}0\\1\\0\end{bmatrix}\right\}$, $\dim W_1=1$;　W_3 の基底 $\left\{\begin{bmatrix}-1\\1\\0\end{bmatrix}\right\}$, $\dim W_3=1$.

問 2 の B: W_2 の基底 $\left\{\begin{bmatrix}-1\\1\\0\end{bmatrix}, \begin{bmatrix}2\\0\\1\end{bmatrix}\right\}$, $\dim W_2=2$;

W_1 の基底 $\left\{\begin{bmatrix}-1\\2\\1\end{bmatrix}\right\}$, $\dim W_1=1$.

問 2 の C: W_{-1} の基底 $\left\{\begin{bmatrix}1\\-1\\1\end{bmatrix}\right\}$, $\dim W_{-1}=1$;

$W_{\frac{1+\sqrt{3}i}{2}}$ の基底 $\left\{\begin{bmatrix}\frac{-1+\sqrt{3}i}{2}\\\frac{1+\sqrt{3}i}{2}\\1\end{bmatrix}\right\}$, $\dim W_{\frac{1+\sqrt{3}i}{2}}=1$;

$W_{\frac{1-\sqrt{3}i}{2}}$ の基底 $\left\{\begin{bmatrix}\frac{-1-\sqrt{3}i}{2}\\\frac{1-\sqrt{3}i}{2}\\1\end{bmatrix}\right\}$, $\dim W_{\frac{1-\sqrt{3}i}{2}}=1$.

問5　$x_{11}\boldsymbol{a}_{11}+\cdots+x_{rn_r}\boldsymbol{a}_{rn_r}=\boldsymbol{o}$ とする．このとき，$\boldsymbol{b}_i=x_{i1}\boldsymbol{a}_{i1}+\cdots+x_{in_i}\boldsymbol{a}_{in_i}$ $(1\leqq i\leqq r)$ とおくと，$\boldsymbol{b}_i\in W_{\lambda_i}$ で $\boldsymbol{b}_1+\cdots+\boldsymbol{b}_r=\boldsymbol{o}$ だから，$\boldsymbol{b}_1=\cdots=\boldsymbol{b}_r=\boldsymbol{o}$．よって，$x_{11}=\cdots=x_{rn_r}=0$ を得る．

問6　$|AP-\lambda I|=|P(AP-\lambda I)P^{-1}|=|PA-\lambda I|$ による．

問7　(1) 固有値 1 (重複度 3)　　(2) 固有値 1 (重複度 2) と 2 (重複度 2)
(3) 固有値 1, 2, 3, 4

問 8 (1) $P^{-1}AP=\begin{bmatrix}0&1\\1&1\end{bmatrix}A\begin{bmatrix}-1&1\\1&0\end{bmatrix}=\begin{bmatrix}3&2\\0&3\end{bmatrix}$

(2) $P^{-1}AP=\dfrac{1}{15}\begin{bmatrix}1&-2&2\\-5&10&5\\9&-3&-12\end{bmatrix}A\begin{bmatrix}7&2&2\\1&2&1\\5&1&0\end{bmatrix}=\begin{bmatrix}0&0&0\\0&3&0\\0&0&5\end{bmatrix}$

(3) $P^{-1}AP=\begin{bmatrix}-1&0&0\\1&1&0\\0&0&1\end{bmatrix}A\begin{bmatrix}-1&0&0\\1&1&0\\0&0&1\end{bmatrix}=\begin{bmatrix}3&0&-1\\0&1&3\\0&0&1\end{bmatrix}$

問 9 問 2 より固有値がすべて異なるから対角化可能．問 4 で求めた固有ベクトルを用いて，$P=\begin{bmatrix}1&\frac{-1+\sqrt{3}i}{2}&\frac{-1-\sqrt{3}i}{2}\\-1&\frac{1+\sqrt{3}i}{2}&\frac{1-\sqrt{3}i}{2}\\1&1&1\end{bmatrix}$ とおけば，$P^{-1}AP=\begin{bmatrix}-1&0&0\\0&\frac{1+\sqrt{3}i}{2}&0\\0&0&\frac{1-\sqrt{3}i}{2}\end{bmatrix}$.

問 10 (1), (3), (4) は対角化可能，(2) は対角化可能でない．

問 11 「A が正則 $\iff |A|\neq 0$」と「$|A|=$ 固有値の積」による．

問 12 $f_A(\lambda)=\lambda^2-\lambda-2$ より，$A^2-A-2I=O$ だから

(1) $A^{-1}=\dfrac{1}{2}\begin{bmatrix}-1&1\\2&0\end{bmatrix}$ (2) $A^3=\begin{bmatrix}2&3\\6&5\end{bmatrix}$ (3) $A^5-2A^4=\begin{bmatrix}-2&1\\2&-1\end{bmatrix}$

問 13 A の固有値は $-1,\ 2$ だから

(1) $-1,\ \dfrac{1}{2}$ (2) $-1,\ 8$ (3) $-3,\ 0$

問 14 (1) $P=\dfrac{1}{\sqrt{2}}\begin{bmatrix}1&-1\\1&1\end{bmatrix}$ で，$P^{-1}AP=\begin{bmatrix}1&0\\0&-1\end{bmatrix}$.

(2) $P=\dfrac{1}{\sqrt{6}}\begin{bmatrix}-\sqrt{3}&-1&\sqrt{2}\\\sqrt{3}&-1&\sqrt{2}\\0&2&\sqrt{2}\end{bmatrix}$ で，$P^{-1}AP=\begin{bmatrix}-1&0&0\\0&-1&0\\0&0&5\end{bmatrix}$.

(3) $P=\dfrac{1}{\sqrt{6}}\begin{bmatrix}\sqrt{3}&-1&\sqrt{2}\\\sqrt{3}&1&-\sqrt{2}\\0&2&\sqrt{2}\end{bmatrix}$ で，$P^{-1}AP=\begin{bmatrix}1&0&0\\0&1&0\\0&0&-2\end{bmatrix}$.

問 15 $\begin{bmatrix}1&1&-\frac{3}{2}\\1&0&3\\-\frac{3}{2}&3&3\end{bmatrix}$

問 16 $P=\dfrac{1}{\sqrt{5}}\begin{bmatrix}-2&1\\1&2\end{bmatrix}$ として，変数変換 $\begin{bmatrix}x_1\\x_2\end{bmatrix}=P\begin{bmatrix}y_1\\y_2\end{bmatrix}$ を行えば，標準形 ${3y_1}^2-2{y_2}^2$ を得る．

6 章の問題

6.1 (1) $\dfrac{-1\pm\sqrt{3}i}{2}$ (2) 0 (重複度 2) (3) 1 (重複度 3)

(4) 1, 4, 6 (5) 0 (重複度 2), 2, 4 (6) 1, 3, 5, 7

6.2 (1) 固有値 1 (重複度 2) と -1; W_1 の基底 $\left\{\begin{bmatrix}1\\0\\1\end{bmatrix}, \begin{bmatrix}0\\1\\0\end{bmatrix}\right\}$,

W_{-1} の基底 $\left\{\begin{bmatrix}-1\\0\\1\end{bmatrix}\right\}$; $\dim W_1 = 2$, $\dim W_{-1} = 1$.

(2) 固有値 $\pm 1, 2$; W_1 の基底 $\left\{\begin{bmatrix}3\\2\\1\end{bmatrix}\right\}$, W_{-1} の基底 $\left\{\begin{bmatrix}1\\0\\1\end{bmatrix}\right\}$,

W_2 の基底 $\left\{\begin{bmatrix}1\\3\\1\end{bmatrix}\right\}$; $\dim W_1 = 1$, $\dim W_{-1} = 1$, $\dim W_2 = 1$.

(3) 固有値 2 (重複度 3); W_2 の基底 $\left\{\begin{bmatrix}-2\\1\\0\end{bmatrix}, \begin{bmatrix}2\\0\\1\end{bmatrix}\right\}$; $\dim W_2 = 2$.

(4) 固有値 3 (重複度 2) と 1; W_3 の基底 $\left\{\begin{bmatrix}1\\1\\0\end{bmatrix}, \begin{bmatrix}1\\0\\1\end{bmatrix}\right\}$; W_1 の基底 $\left\{\begin{bmatrix}2\\-1\\1\end{bmatrix}\right\}$;

$\dim W_3 = 2$, $\dim W_1 = 1$.

(5) 固有値 4 (重複度 2) と -2; W_4 の基底 $\left\{\begin{bmatrix}1\\-1\\1\end{bmatrix}\right\}$, W_{-2} の基底 $\left\{\begin{bmatrix}1\\1\\1\end{bmatrix}\right\}$;

$\dim W_4 = 1$, $\dim W_{-2} = 1$.

(6) 固有値 1 と $\pm i$; W_1 の基底 $\left\{\begin{bmatrix}1\\0\\1\end{bmatrix}\right\}$, W_i の基底 $\left\{\begin{bmatrix}0\\i\\1\end{bmatrix}\right\}$,

W_{-i} の基底 $\left\{\begin{bmatrix}0\\-i\\1\end{bmatrix}\right\}$; $\dim W_1 = 1$, $\dim W_i = 1$, $\dim W_{-i} = 1$.

6.3 (1) $f_A(\lambda) = \lambda^2 + 1$ ゆえ, ケーリー・ハミルトンの定理から, $A^2 + I = O$. これより, $A^4 = I$ となり

$$A^{100} + 3A^{23} + A^{20} = I + 3A^3 + I = 2I + 3A(-I) = 2I - 3A = \begin{bmatrix}8 & -3\\15 & -4\end{bmatrix}$$

(2) $f_A(\lambda) = \lambda^3 - \lambda$ ゆえ, $A^3 - A = O$. したがって, 任意の自然数 n に対して, $A^{3^n} = A$. これより

$$A^{1000} = A^{729+243+27+1} = A^4 = A^3 A = A^2 = \begin{bmatrix}-2 & 6 & 6\\-1 & 3 & 2\\0 & 0 & 1\end{bmatrix}$$

6.4 $f(A) = A - 28I = \begin{bmatrix}-26 & -3\\5 & -27\end{bmatrix}$, $g(A) = -13A - 14I = \begin{bmatrix}-40 & 39\\-65 & -27\end{bmatrix}$,

$f(B) = 3B = \begin{bmatrix}3 & 6\\0 & 9\end{bmatrix}$, $g(B) = -6B - 3I = \begin{bmatrix}3 & 12\\0 & 15\end{bmatrix}$

6.5 何通りもの答え方がある．以下はその一例である．

(1) $P=\dfrac{1}{\sqrt{2}}\begin{bmatrix}-1 & 1\\ 1 & 1\end{bmatrix}$ (2) $P=\dfrac{1}{\sqrt{2}}\begin{bmatrix}1 & 0 & -1\\ 0 & \sqrt{2} & 0\\ 1 & 0 & 1\end{bmatrix}$

(3) $P=\dfrac{1}{3}\begin{bmatrix}-2 & -1 & 2\\ 2 & -2 & 1\\ 1 & 2 & 2\end{bmatrix}$ (4) $P=\dfrac{1}{\sqrt{30}}\begin{bmatrix}2\sqrt{6} & -1 & \sqrt{5}\\ \sqrt{6} & 2 & -2\sqrt{5}\\ 0 & 5 & \sqrt{5}\end{bmatrix}$

(5) $P=\dfrac{1}{\sqrt{6}}\begin{bmatrix}\sqrt{3} & -1 & \sqrt{2}\\ \sqrt{3} & 1 & -\sqrt{2}\\ 0 & 2 & \sqrt{2}\end{bmatrix}$ (6) $P=\dfrac{1}{3\sqrt{2}}\begin{bmatrix}3 & -1 & 2\sqrt{2}\\ 3 & 1 & -2\sqrt{2}\\ 0 & 4 & \sqrt{2}\end{bmatrix}$

6.6 (2), (3), (5) は対角化可能でない．

(1) $P=\begin{bmatrix}-1 & 1\\ 1 & 2\end{bmatrix}$, $P^{-1}AP=\begin{bmatrix}1 & 0\\ 0 & 4\end{bmatrix}$

(4) $P=\begin{bmatrix}-1 & -1 & 1\\ 1 & 0 & 2\\ 0 & 1 & 1\end{bmatrix}$, $P^{-1}AP=\begin{bmatrix}2 & 0 & 0\\ 0 & 2 & 0\\ 0 & 0 & 6\end{bmatrix}$

(6) $P=\begin{bmatrix}-1 & -1 & -1\\ 1 & 0 & 1\\ 0 & 1 & 1\end{bmatrix}$, $P^{-1}AP=\begin{bmatrix}1 & 0 & 0\\ 0 & 2 & 0\\ 0 & 0 & 3\end{bmatrix}$

6.7 (1) 固有値 $a\pm bi$; 固有ベクトル $c\begin{bmatrix}\mp i\\ 1\end{bmatrix}$ ($c\neq 0$, 複号同順).

(2) 固有値 $a-b$ (重複度 2) と $a+2b$;

$a-b$ に対する固有ベクトル $c_1\begin{bmatrix}-1\\ 1\\ 0\end{bmatrix}+c_2\begin{bmatrix}-1\\ 0\\ 1\end{bmatrix}$ (${c_1}^2+{c_2}^2\neq 0$),

$a+2b$ に対する固有ベクトル $c\begin{bmatrix}1\\ 1\\ 1\end{bmatrix}$ ($c\neq 0$).

(3) 固有値 a, $a\pm\sqrt{2bc}$;

a に対する固有ベクトル $c_1\begin{bmatrix}-b\\ 0\\ c\end{bmatrix}$ ($c_1\neq 0$),

$a\pm\sqrt{2bc}$ に対する固有ベクトル $c_2\begin{bmatrix}-b\\ \pm\sqrt{2bc}\\ c\end{bmatrix}$ ($c_2\neq 0$, 複号同順).

6.8 (1) $f_n(\lambda)=|A-\lambda I|$ を第 1 行で展開すると

$$f_n(\lambda)=-\lambda f_{n-1}(\lambda)+(-1)^n a_n$$

ところで，$f_2(\lambda)=\lambda^2+a_1\lambda+a_2$ だから

$$f_n(\lambda)=(-1)^n(\lambda^n+a_1\lambda^{n-1}+\cdots+a_{n-1}\lambda+a_n)$$

(2) $n=2m$ のとき，$|A-\lambda I|=(-1)^m(1-\lambda)^m(1+\lambda)^m$.

$n=2m+1$ のとき，$|A-\lambda I|=(-1)^m(1-\lambda)^{m+1}(1+\lambda)^m$.

6.9 $\lambda=0$ のとき，$|AB|=0$ より，$|BA|=|AB|=0$. よって，BA も 0 を固有値にもつ.

$\lambda\neq 0$ のとき，λ に対する AB の固有ベクトルを $\boldsymbol{x}$ とすると，$AB\boldsymbol{x}=\lambda\boldsymbol{x}$ $(\boldsymbol{x}\neq\boldsymbol{o})$. $\lambda\neq 0$ より，右辺は $\boldsymbol{o}$ でないから，左辺も $\boldsymbol{o}$ でない．特に，$B\boldsymbol{x}\neq\boldsymbol{o}$ で，$AB\boldsymbol{x}=\lambda\boldsymbol{x}$ の両辺に左から B を掛けると，$BA(B\boldsymbol{x})=\lambda(B\boldsymbol{x})$ となるから，λ は BA の固有値でもある.

6.10 $f_A(\lambda)=a_0\lambda^n+\cdots+a_{n-1}\lambda+a_n$ とすると，仮定から，$a_n=|A|\neq 0$ である．したがって，$f(\lambda)=-\dfrac{1}{a_n}(f_A(\lambda)-a_n)\lambda^{-1}$ とおけばよい.

6.11 λ を P の固有値，$\boldsymbol{x}$ をその固有ベクトルとすると，$(P\boldsymbol{x},P\boldsymbol{x})=(\boldsymbol{x},{}^tPP\boldsymbol{x})=(\boldsymbol{x},\boldsymbol{x})$ より，$\lambda\bar{\lambda}=1$. ここで，λ が実数でなければ，$\bar{\lambda}$ もまた P の固有値で，$\lambda,\bar{\lambda}$ の重複度は等しく，λ が実数ならば，$\lambda=\pm 1$ である．これより，(1), (2) とも明らかである.

6.12 (1) $A\boldsymbol{x}=\lambda\boldsymbol{x}$ $(\boldsymbol{x}\neq\boldsymbol{o})$ とすると，$A^2\boldsymbol{x}=\lambda A\boldsymbol{x}=\lambda^2\boldsymbol{x}$. A はべき等行列だから $A^2=A$ で，$A^2\boldsymbol{x}=A\boldsymbol{x}=\lambda\boldsymbol{x}$. したがって，$(\lambda^2-\lambda)\boldsymbol{x}=\boldsymbol{o}$. よって，$\lambda=0,1$.

(2) A の固有値 1, 0 の重複度をそれぞれ r, s とし，A を三角化する正則行列を P とすると

$$P^{-1}AP=\begin{bmatrix} B & C \\ O & D \end{bmatrix}$$

と表せる．ここで，B は対角成分が 1 の r 次三角行列，D は対角成分が 0 の s 次三角行列である．このとき，$D^s=O$ だから

$$(P^{-1}AP)^s=\begin{bmatrix} B^s & C' \\ O & D^s \end{bmatrix}=\begin{bmatrix} B^s & C' \\ O & O \end{bmatrix}$$

と表せる．しかし，A はべき等行列なので，$(P^{-1}AP)^s=P^{-1}A^sP=P^{-1}AP$. したがって，$D=O$ となり

$$P^{-1}AP=\begin{bmatrix} B & C \\ O & O \end{bmatrix}$$

ところで，$\mathrm{tr}\,A$ は A の固有値の和なので

$$\mathrm{tr}\,A=r=\mathrm{rank}(P^{-1}AP)=\mathrm{rank}\,A$$

6.13 実対称行列 A は，ある直交行列 P で，$P^{-1}AP$ と対角化される．このとき，$P^{-1}AP$ は，A の固有値を対角成分にもつ対角行列．よって

$$\mathrm{rank}\,A=\mathrm{rank}(P^{-1}AP)=\text{「0 でない } A \text{ の固有値の個数」}$$

6.14 仮定より，A の固有多項式 $f_A(\lambda)$ は

$$f_A(\lambda)=(1-\lambda)(i-\lambda)(i+\lambda)=-\lambda^3+\lambda^2-\lambda+1$$

したがって，$A^3-A^2+A-I=O$ となり，$A^4=I$ を得る.

$$\therefore\quad A^{2n}=\begin{cases} I & (n \text{ が偶数}) \\ A^2 & (n \text{ が奇数}) \end{cases}$$

6.15 $|A|=\lambda_1\lambda_2\cdots\lambda_n$ だから，$|A^{-1}|={\lambda_1}^{-1}{\lambda_2}^{-1}\cdots{\lambda_n}^{-1}$ である．$\lambda\neq 0$ のとき

$$\begin{aligned}|A^{-1}-\lambda I|&=|I-\lambda A|\,|A^{-1}|=(-\lambda)^n|A-\lambda^{-1}I|\,|A^{-1}|\\&=(-\lambda)^n(\lambda_1-\lambda^{-1})(\lambda_2-\lambda^{-1})\cdots(\lambda_n-\lambda^{-1}){\lambda_1}^{-1}{\lambda_2}^{-1}\cdots{\lambda_n}^{-1}\\&=({\lambda_1}^{-1}-\lambda)({\lambda_2}^{-1}-\lambda)\cdots({\lambda_n}^{-1}-\lambda)\end{aligned}$$

したがって，$|A^{-1}-\lambda I|=({\lambda_1}^{-1}-\lambda)\cdots({\lambda_n}^{-1}-\lambda)$ はすべての λ で成り立つ．よって，A^{-1} の固有値は ${\lambda_1}^{-1},{\lambda_2}^{-1},\cdots,{\lambda_n}^{-1}$ である．

6.16 $P^{-1}AP=S$，$P^{-1}BP=T$ とおくと，S, T はともに対角行列だから $ST=TS$．したがって

$$\begin{aligned}AB&=(PSP^{-1})(PTP^{-1})=PSTP^{-1}=PTSP^{-1}\\&=(PTP^{-1})(PSP^{-1})=BA\end{aligned}$$

6.17 定理 6.10 より，A の固有値はすべて正となるから，固有値の和と積の性質 [IV] による．

6.18 $n=2m-1$ のとき，$|A-\lambda I|=-(\lambda-a_m)\prod_{k=1}^{m-1}(\lambda^2-a_ka_{n-k+1})$ より

$$a_m,\qquad \pm\sqrt{a_ka_{n-k+1}}\qquad (k=1,2,\cdots,m-1)$$

$n=2m$ のとき，$|A-\lambda I|=\prod_{k=1}^{m}(\lambda^2-a_ka_{n-k+1})$ より

$$\pm\sqrt{a_ka_{n-k+1}}\qquad (k=1,2,\cdots,m)$$

6.19 ある正則行列 P で，$P^{-1}AP$ と三角化されたとする．$P^{-1}AP$ の対角成分には λ がちょうど m 個並んでいるから

$$\mathrm{rank}(A-\lambda I)=\mathrm{rank}(P^{-1}AP-\lambda I)\geqq n-m$$

である．よって，$\dim W_\lambda\leqq m$ が成り立つ．

6.20 $f(x)=x^k$ とすると $f(A)=A^k=O$．したがって，フロベニウスの定理により，A の固有値はすべて 0 となるから $f_A(\lambda)=(-\lambda)^n$．よって，$f_A(A)=(-A)^n=O$. 特に，$A^n=O$ を得る．

6.21 A の固有値を $\lambda_1,\cdots,\lambda_n$，$\boldsymbol{p}_i\in W_{\lambda_i}$ を λ_i に対する固有ベクトルとすると

$$AB\boldsymbol{p}_i=BA\boldsymbol{p}_i=B(\lambda_i\boldsymbol{p}_i)=\lambda_iB\boldsymbol{p}_i$$

だから，$B\boldsymbol{p}_i\in W_{\lambda_i}$ である．ところで，仮定より A の固有値はすべて異なるから $\dim W_{\lambda_i}=1$．したがって，$B\boldsymbol{p}_i=\mu_i\boldsymbol{p}_i$ とおける．このとき，$P=[\boldsymbol{p}_1,\cdots,\boldsymbol{p}_n]$ が求める正則行列である．

6.22 $X=\begin{bmatrix}AB-\lambda I & A\\ O & -\lambda I\end{bmatrix}$，$Y=\begin{bmatrix}I & O\\ -B & I\end{bmatrix}$，$Z=\begin{bmatrix}-\lambda I & A\\ O & BA-\lambda I\end{bmatrix}$ とおくと，$Y^{-1}XY=Z$．したがって，$|X|=|Z|$ から

$$|AB-\lambda I|\,|-\lambda I|=|-\lambda I|\,|BA-\lambda I|$$

よって，$|AB-\lambda I|=|BA-\lambda I|$．すなわち，$AB$ と BA の固有多項式は等しい．

索　引

さ行

●● ま 行 ●●

●● や 行 ●●

●● ら 行 ●●

●● わ 行 ●●

著者略歴

村上正康（むらかみ まさやす）

1947年　九州大学理学部数学科卒業
1989年　千葉大学名誉教授

佐藤恒雄（さとう つねお）

1959年　千葉大学文理学部数学科卒業，
　　　　東京工業大学理学部研究生
2001年　千葉大学名誉教授（理学博士）

野澤宗平（のざわ そうへい）

1975年　東京大学大学院理学系研究科
　　　　博士課程満期退学
現　在　千葉大学名誉教授（理学博士）

稲葉尚志（いなば たかし）

1979年　東京大学大学院理学系研究科
　　　　博士課程単位修得
現　在　千葉大学名誉教授（理学博士）

1977年 1月15日　初版発行
1985年 1月15日　改訂版発行
1992年 3月20日　三訂版発行
1997年11月20日　四訂版発行
2008年 2月28日　五訂版発行
2016年 2月29日　六訂版発行
2017年 9月20日　六訂第3刷発行

教養の線形代数

著　者　村上正康
　　　　佐藤恒雄
　　　　野澤宗平
　　　　稲葉尚志
発行者　山本　格

発行所　株式会社　培風館
東京都千代田区九段南 4-3-12・郵便番号 102-8260
電話 (03) 3262-5256（代表）・振替 00140-7-44725

D.T.P. アベリー・中央印刷・牧製本

PRINTED IN JAPAN

ISBN 978-4-563-01205-2 C3041